MW01381004

OTRAS OBRAS DEL AUTOR EN CASTELLANO

La quinta esencia. La búsqueda de la materia oscura en el universo
Alianza Editorial, Madrid, 1992

Miedo a la física. Una guía para perplejos
Editorial Andrés Bello, Santiago de Chile, 1995

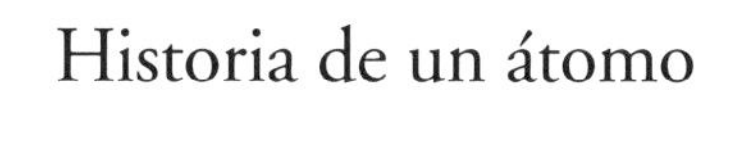
Historia de un átomo

En colaboración con
el Vicerrectorado de Estudiantes y Extensión Universitaria de la
Universidad Pública de Navarra / Nafarroako Unibertsitate Publikoa

Universidad
Pública de
Navarra

Lawrence M. Krauss

HISTORIA DE UN ÁTOMO

Una odisea desde el Big Bang hasta la vida en la Tierra... y más allá

Traducción de Francisco Páez de la Cadena

LAETOLI OCEANO

Título original:
Atom. An Odyssey from the Big Bang to Life on Earth ... and Beyond
Little, Brown and Company
Nueva York, 2001

1ª edición: abril 2005
2ª edición: junio 2005
3ª edición: noviembre 2005

Diseño de cubierta: Serafín Senosiáin
Fotografía de cubierta: José Luis Larrión
Maquetación: Carlos Álvarez, www.estudiooberon.com

Avda. de Bayona, 40, 5º
31011 Pamplona, España
Tel. (34) 948 171741
Fax (34) 948 171741
info@laetoli.es
www.laetoli.net

D. R. por la presente edición:
Editorial Océano de México S. A. de C. V.
Eugenio Sue 59, Colonia Chapultepec Polanco
Delegación Miguel Hidalgo C. P.
11560 México D. F.
Tel. (52) 5552 799000
Fax (52)5552 799006
info@oceano.com.mx

ISBN: 970-777-123-2
Depósito legal: NA-865-05
Impreso por: GraphyCems
Polígono Industrial San Miguel
31132 Villatuerta, Navarra

Printed in the European Union

Para Kate, por 21 años de paciencia

Soy hombre: duro poco
y es enorme la noche.
Pero miro hacia arriba:
las estrellas escriben.
Sin entender comprendo:
también soy escritura
y en este mismo instante
alguien me deletrea.

Octavio Paz

La ciudad en el límite del tiempo

Una vez que se deja atrás el Hotel de Matignon, residencia oficial del primer ministro francés, y las tiendas de arte y antigüedades que se apiñan en medio del bullicioso y colorista distrito VII de París, se llega al patio de una grandiosa finca del siglo XVIII, cuyos muros protegen del tráfico, el ruido y las preocupaciones del mundo exterior un enclave ajardinado. En los jardines y en la mansión situada en su centro se pueden admirar las obras de uno de los más grandes escultores del siglo XIX, Auguste Rodin.

Si se paga la entrada, se llega caminando hasta la casa y se sube a continuación por la espléndida escalinata al salón de entrada del piso superior para contemplar los inmaculados jardines que quedan abajo, uno queda cara a cara ante el milagro por el que la piedra maciza se ha transformado en el contorno sensual de la forma humana. Así como los escultores han creado bellas imágenes a lo largo de los siglos en toda clase de materiales, que van de la piedra y el bronce a la madera y el vidrio, la singularidad y la majestad del arte de Rodin residen en gran parte en la chocante yuxtaposición de la forma y lo informe. Parece como si la propia piedra diera a luz las formas humanas suaves y en ocasiones trágicas que surgen de ella: una pareja enlazada en una caricia, una ninfa en reposo, la humanidad acunada en una gran mano protectora. Siempre que paso la mirada por los bordes toscamente labrados de esas suaves formas, se me dispara la mente hacia un horizonte mucho más amplio. No puedo evitar imaginar esta transformación como una alegoría de nuestro largo camino a partir de la nada. Cuando toco el sólido y frío mármol y me maravillo ante una pareja enlazada en un abrazo extático, aparentemente eterno, me pregunto si también esto es una ilusión, si hay algo eterno y qué futuro nos espera. Pienso en la gran suerte que tengo de ser una criatura viva y consciente que puede plantearse estas especulaciones en una época en la que algunos de los misterios más confusos de la naturaleza pueden estar revelándose ante nuestra terca insistencia. Supongo que ése es el poder pertinaz del gran arte: transportarte más allá de tus preocupaciones inmediatas y dejar que corran libres el espíritu y la mente.

También las religiones hablan de creación y transformación, de vida y muerte y, a veces, de resurrección. El ciclo de la vida —nacer, morir y volver a nacer— se ha venido dando con regularidad cronométrica a escalas que van desde el minuto a los milenios durante el transcurso de los eones de vida de la Tierra. Pero, todas juntas, esas innumerables vidas y muertes no representan más que una instantánea del tiempo cósmico. El universo que conocemos existió un lapso de tiempo unas dos veces mayor antes de que se formara la Tierra y ésta ha existido desde que fragmentos cósmicos de roca y polvo se aglutinaron en torno a una estrella de mediano tamaño en el borde de la galaxia llamada Vía Láctea. Sabemos con seguridad que el universo seguirá existiendo, prácticamente sin cambios, por lo menos durante otro lapso de tiempo también dos veces mayor, mucho después de que nuestro Sol se haya hinchado y se haya tragado nuestra Tierra, y mucho después de que aquél se extinga lentamente, como los rescoldos en una chimenea, perdiendo su brillo en la oscuridad al final de una larga noche de invierno.

Se nos dice que somos cenizas que vamos a las cenizas, polvo al polvo. Pero aunque nuestra naturaleza nos impulsa a creer que el rasgo definitorio de la existencia es nuestra propia experiencia, no es así. Los protagonistas fundamentales del drama de la vida son los mismísimos átomos que componen nuestros cuerpos. Pueden experimentar lo que todos nosotros deseamos: una posibilidad de inmortalidad.

Este libro cuenta su historia.

Como cualquier buena obra de teatro, esta historia no habla de *todos* los átomos, porque los átomos, como las personas y los perros, y hasta las cucarachas, tienen historias individuales. Por el contrario, ésta es una historia acerca de un átomo en particular, un átomo de oxígeno situado en una gota de agua sobre un planeta cuya superficie está prácticamente cubierta por agua pero cuya evolución está, por el momento, dominada por seres inteligentes que viven en tierra. Podría estar localizado en este mismo momento en el vaso de agua que usted bebe mientras lee este libro. Pudo haber estado en una gota de sudor que cayó de la nariz de Michael Jordan al saltar por una canasta en el último partido de su carrera deportiva o en una enorme ola a punto de romper en el litoral tras viajar más de 6.000 kilómetros a través del Océano Pacífico. No importa. Nuestra historia comienza antes de que existiera el agua en sí y termina mucho después de que desaparezca el planeta donde se encontraba el agua, cuando hayan sido olvidados tal vez hace muchísimo tiempo los millones de tragedias humanas. Es una historia rica en dramatismo, en poesía, con momentos de suerte y mucha casualidad y no pocos de tragedia.

Al embarcarme en esta historia, no puedo evitar reflexionar sobre cuántas veces me regañaba mi madre de pequeño cuando me decía: "¡No toques eso, a saber dónde habrá estado!" Qué sorpresa se habría llevado...

Primera parte
Viento divino

El mundo se nos vuelve más extraño,
más complicada la ordenación
de lo muerto y lo vivo. No el intenso
momento
aislado, sin antes ni después,
sino toda una vida ardiendo en
cada momento

T. S. Eliot

1
El universo en un átomo

Muchos son los llamados y pocos los elegidos.

Mateo 22,14

En el año 1281 comenzó y terminó la segunda invasión mongola de Japón. Los invasores fueron derrotados tanto por los guerreros japoneses como por las fuerzas de la naturaleza, habida cuenta de que los barcos mongoles sufrieron graves pérdidas debidas al *kamikaze* o "viento divino". Éste puso en fuga a los invasores y fomentó el orgullo de los japoneses por la invencibilidad de su isla, del mismo modo que las tormentas que ayudaron a expulsar a la Armada Invencible de las costas británicas 307 años después (inmortalizadas en una medalla conmemorativa con las palabras "Sopló Dios y se dispersaron") contribuyeron a reafirmar el sentimiento de derecho divino que la Madre Inglaterra abrigó luego durante siglos.

Los barcos mongoles que sobrevivieron a la travesía del Mar del Japón pudieron avistar la cadena montañosa que se yergue abruptamente desde el agua cerca de la ciudad de Toyama. Hay quien la conoce como "los Alpes japoneses" y hoy es una famosa zona de esquí. En el interior más recóndito de esos picos nevados, donde no brilla el Sol y nunca ha brillado, puede residir el secreto de nuestra existencia, fraguado por un viento llameante, no necesariamente divino pero sí más intenso que cualquiera que haya barrido la Tierra y tan antiguo como la propia creación.

En la profunda mina de Mozumi, en la ciudad de Kamioka, hay un inmenso depósito de agua pura y cristalina, que se renueva todos los días para eliminar las impurezas. El detector Super-Kamiokande, como se le denomina, de 40 metros de diámetro y más de otros tantos de altura, alberga 50.000 toneladas de agua, suficientes para aplacar durante un día la sed de todos los habitantes de una ciudad del tamaño de Chicago. Y sin embargo, este dispositivo, situado en una mina todavía en uso, se mantiene con la limpieza inmaculada de la pulcra sala de un laboratorio ultra-purificado. Así tiene que ser. El contaminante radiactivo más imperceptible podría ocultar la señal, frustrantemente pequeña, que no cesan de buscar las decenas de científicos que observan el depósito con 11.200 fototubos (de un raro parecido al tubo de una televisión) alineados fuera del depósito. Si la atención de los científicos flaqueara incluso un segundo, podrían perderse un acontecimiento que quizás no vuelva a producirse en toda la vida del detector o de los científicos. Un único suceso podría explicar por qué vivimos en un universo de materia y cuánto tiempo sobrevivirá el universo tal y como lo conocemos. La señal que buscan lleva escondida por lo menos 10.000 millones de años: es más antigua que la Tierra, el Sol y la galaxia. Y sin embargo, comparada con la escala de los procesos que enmarcan el suceso buscado, hasta ese período de tiempo no es más que un parpadeo del ojo cósmico.

Estamos a punto de embarcarnos en un viaje por el espacio y el tiempo, atravesando escalas que hace tan sólo una generación eran inimaginables. Puede que un depósito de agua colocado en la oscuridad parezca un sitio raro para empezar, pero es de lo más apropiado por varios motivos. Este detector descomunal alberga más átomos (unos 100.000 millones de veces más) que estrellas hay en el universo visible. No obstante, entre los 10^{34} (un uno seguido de 34 ceros) átomos existentes, más o menos, en el tanque, hay un único átomo de oxígeno cuya historia va a adquirir un interés especialísimo para nosotros. No sabemos cuál. No hay nada en su apariencia externa que nos proporcione una clave de los procesos que pueden estar ocurriendo en su interior. Por ello debemos tratar cada átomo del depósito como un individuo.

La enorme diferencia de escala que separa el inmenso depósito Super-Kamiokande de los diminutos objetos que alberga es un prólogo a un viaje hacia el interior en el que abandonaremos todo lo que nos es familiar. La posible muerte súbita de un único átomo del depósito podría retrotraernos a acontecimientos ocurridos en el comienzo de los tiempos.

Pero los inicios y los finales están muchas veces inextricablemente unidos. Desde luego, todos los domingos se puede escuchar cómo se proclama en voz alta en iglesias de todas partes: "El mundo es y será siempre tal como fue en el principio". Pero quienes pronuncian estas palabras, ¿creen referirse a nuestro mundo de la experiencia humana? Seguramente, no. Nuestra Tierra tuvo un principio. La vida tuvo un principio. Y tan seguro como que el Sol brilla, nuestro mundo terminará.

¿No podemos aceptar esta oración al menos como una metáfora? Nuestro mundo perecerá, pero no es, al parecer, más que uno de los incontables mundos que rodean un insondable número de estrellas situadas en cada una de las galaxias, cuyo número es aún mayor. Este estado de cosas ya se sospechaba en fecha bien temprana, 1548, cuando el filósofo italiano Giordano Bruno escribió su *De l'infinito universo e mondi*. Decía así:

> Hay incontables soles e incontables tierras rotando todas ellas en torno a su sol exactamente igual que los siete planetas de nuestro sistema. Sólo vemos los soles porque son los cuerpos más grandes y son luminosos, pero sus planetas nos resultan invisibles porque son más pequeños y no tienen luz. Los incontables mundos del universo no son peores ni están menos habitados que nuestra Tierra.

Si contemplamos la eternidad dentro de este mayor contexto de posibilidades, ¿qué creemos exactamente que va a perdurar para siempre? ¿Nos referimos a la vida? ¿A la materia? ¿A la luz? ¿A la consciencia? ¿Es que nuestros propios átomos durarán eternamente?

Por ello, nuestro viaje comienza en este oscuro pozo minero. Si exploramos en profundidad incluso una gota de agua, tal vez alojada en el depósito Super-Kamiokande, quizás podremos llegar a distinguir las huellas de la creación y la prefiguración de nuestro futuro.

El agua está en calma, es clara e incolora, pero esa aparente serenidad es ficticia. Investiguemos más atentamente (por ejemplo, sumergiendo una mota de polvo en una gota de agua a la luz de un microscopio) y se evidenciará la violenta agitación de la naturaleza a pequeña escala. La mota de polvo saltará de aquí para allá misteriosamente, como si estuviera viva. A este fenómeno se le llama movimiento *browniano*, en honor del botánico escocés Robert Brown, quien en 1827 observó al microscopio este movimiento en diminutos granos de polen suspendidos en agua, creyendo en un primer momento que tan estrambótica actividad podría indicar la existencia de una fuerza vital oculta a esa escala. Pronto se dio cuenta de que los movimientos al azar se producían en todos los objetos pequeños, tanto inorgánicos como orgánicos, y por ello descartó la noción de que tal fenómeno tuviera algo que ver con la vida. Hacia la década de 1860, los físicos ya empezaron a apuntar que podían deberse a movimientos internos del propio fluido. En su milagroso año de actividad de 1905, Albert Einstein demostró, a pocos meses de diferencia de su famoso artículo sobre la relatividad, que el movimiento browniano podía comprenderse por los grupos de átomos individuales unidos que formaban las moléculas de agua. Y aún más: demostró que unas observaciones sencillas del movimiento browniano permitían determinar de manera directa el número de moléculas de una gota de agua. La realidad del mundo atómico, previamente oculto, empezaba a manifestarse por primera vez.

Hoy nos es difícil darnos cuenta por completo de lo reciente que es la noción de que los átomos son entidades físicas reales y no meras construcciones matemáticas o filosóficas. Incluso en 1906, los científicos todavía no aceptaban de forma general que los átomos fueran reales. Ese año, el famoso científico austríaco Ludwig Boltzmann se quitó la vida, desesperado por considerarse incapaz de convencer a sus colegas de que el mundo de nuestra experiencia no podía estar determinado por el comportamiento aleatorio de esas "invenciones matemáticas".

Pero los átomos *son* reales, e incluso a la temperatura de una habitación llevan una existencia más turbulenta que una granja en medio de un tornado, con continuos tirones y empujones y moviéndose a velocidades de cientos de kilómetros por hora. A esa escala un único átomo puede, en principio, viajar en un segundo una distancia 100.000 millones de veces su tamaño. Pero los átomos reales de la materia cambian de dirección por lo menos 100.000 millones de veces por segundo debido a las colisiones que sufren con sus vecinos. Y así, en el transcurso de un minuto, una única molécula de agua, que contiene dos átomos de hidrógeno y uno de oxígeno, puede haber recorrido sólo un milímetro desde su punto de partida, como un borracho que, al salir de un bar, se mueve toda la noche adelante y atrás sin llegar a la esquina de la manzana donde se encuentra el local.

¡Imagine, entonces, esa energía encadenada! ¡Una velocidad natural de cien metros por segundo se reduce a una velocidad efectiva de un milímetro por minuto! La inmensidad de las fuerzas que aseguran la estabilidad del mundo de nuestra experiencia es algo que rara vez llegamos a percibir de inmediato. Normalmente queda reservada a las ocasiones en que se producen grandes desastres.

Podemos hacernos cierta idea del impacto que los diminutos átomos pueden tener unos sobre otros hinchando un globo, atando el extremo y estrujándolo luego con las manos. Note la presión. ¿Qué es lo que le empuja las manos hacia atrás y le impide tocárselas con el globo en medio? Al fin y al cabo, la mayor parte del espacio interior del globo está vacía. La distancia media entre átomos en un gas a temperatura y presión ambiente es más de diez veces su tamaño individual. Tal y como lo explicó por vez primera el físico escocés del siglo XIX James Clerk Maxwell, el físico teórico más grande de su época, la presión que notamos es el resultado del continuo bombardeo de miles y miles de millones de moléculas individuales de aire sobre las paredes del globo. Conforme las moléculas rebotan en la pared, ceden a ésta parte de su impulso, impidiendo su tendencia natural a contraerse. Así que cuando sentimos la presión, lo que "sentimos" es la fuerza combinada de las colisiones aleatorias de incontables átomos sobre las paredes del globo.

Aunque este comportamiento *colectivo* de los átomos nos sea familiar, el mundo de nuestra experiencia directa casi nunca supone la intervención de un único átomo. Pero intentar visualizar el mundo desde una perspectiva atómica nos abre grandes panoramas y nos proporciona una oportunidad de entender más profundamente nuestras propias circunstancias. El escritor del siglo XVIII Jonathan Swift reconoció la miopía inherente a nuestra visión del mundo cuando escribió sus *Viajes de Gulliver*, donde señalaba que los rituales y las tradiciones de cualquier sociedad pueden parecer perfectamente racionales para quien haya crecido con ellos. Los liliputienses de Swift libraban guerras para exigir que los huevos se cascaran por su extremo más pequeño. Desde nuestro privilegiado punto de vista, esta exigencia parece ridícula. Lo mismo puede decirse de nuestra manera de ver el mundo físico, adornada por toda una vida de experiencias sensoriales.

Y así, mientras nos aproximamos al inicio del viaje de nuestro átomo de oxígeno, tenemos que ampliar nuestras mentes en la tradición de Swift. Los átomos que hoy se agitan en una gota de agua pueden llevar una existencia dura, pero eso no es nada en comparación con las dificultades que acompañaron a su nacimiento. Para imaginar esos momentos debemos regresar a un tiempo anterior a la presencia del agua en el universo. Debemos aventurarnos hasta una época en que las cosas eran muchísimo más violentas, retroceder más de 10.000 millones de años y, tal vez, a menos de una trillonésima de segundo desde el comienzo del tiempo. Debemos visualizar el universo a una escala tan pequeña que las palabras no pueden describirlo. Y desde luego debemos retroceder a una época en la que no *había* ni átomos... ni Evas.

Empezamos cuando lo que ahora es *todo* el universo visible de más de 400.000 millones de galaxias, cada una de las cuales contiene más de 400.000 millones de estrellas, cada una de ellas con una masa un millón de veces mayor que la Tierra, abarcaba un volumen de una pelota de béisbol aproximadamente.

La simplicidad de esta afirmación oculta lo que tiene de exorbitante. Es imposible apreciar de manera intuitiva este lapso de tiempo dando un salto de gigante. Pero sí *es* posible imaginar una serie de pasos menores, cada uno de los cuales nos lleva al límite de lo que somos capaces de visualizar y nos acerca cada vez más a sondear los entornos realmente extremos en los que estamos a punto de entrar.

Nuestro primer paso empieza con nuestro propio Sol. Con una masa casi un millón de veces mayor que la de la Tierra, tiene en su centro una temperatura de 15 millones de grados, que se enfría más de 2.000 veces en la superficie hasta quedar en unos escasos 6.000 grados, el doble más o menos de la temperatura de ebullición del hierro. Sin embargo, la densidad media del Sol es sólo algo mayor que la del agua, y desde luego no muy diferente de la densidad media de la Tierra. Si comprimimos el Sol reduciendo su radio diez veces, de modo que equivalga a diez veces el de la Tierra, pasa a ser mucho más denso que cualquier planeta del sistema solar. Por término medio, una cucharada de su materia pesaría entonces varios kilos. Comprimamos el Sol diez veces más. Con el tamaño de la Tierra, y una masa un millón de veces mayor, cada cucharadita de materia pesaría varias toneladas. Comprimamos el Sol ahora 1.000 veces más. Su radio será de unos seis kilómetros, el tamaño de una pequeña ciudad. ¡Una única cucharadita de materia pesaría 1.000 millones de toneladas! (por cierto, para realizar esta hazaña de compresión, la cantidad de trabajo necesaria es equivalente a toda la energía radiante emitida por el Sol a lo largo de ¡3.000 millones de años!).

A semejante densidad, los átomos del Sol pierden su identidad individual. En condiciones normales, el átomo está compuesto por un núcleo denso formado por las partículas elementales llamadas protones y neutrones que, a su vez, están formadas por partículas fundamentales más pequeñas llamadas quarks. El núcleo alberga el 99'9% de la masa total del átomo. Está rodeado de una "nube" de electrones que ocupan un espacio cuyo radio es más de 10.000 veces el del núcleo, aunque apenas poseen nada de la masa del átomo.

Cuando digo "nube" no quiero decir que se parezca a una nube. "Nube" es simplemente un nombre que damos a la distribución de los electrones porque en realidad no sabemos cómo definirla. Es imposible describir con palabras lo que "hacen" los electrones cuando dan vueltas en torno al núcleo. A esa escala los describen las leyes de la mecánica cuántica, para la cual los objetos materiales se comportan de manera completamente distinta a como lo hacen a escala humana, de manera que nuestra experiencia normal no nos sirve de ninguna ayuda. Las partículas elementales individuales, como los electrones, no se comportan en absoluto como "partículas". No están localizadas en el espacio cuando orbitan alrededor del núcleo, como si fueran los planetas en torno al Sol, sino más bien "esparcidas". Y digo esto incluso aunque sabemos que los electrones pueden localizarse, bajo ciertas condiciones cuidadosamente controladas, a escalas tan pequeñas que no hemos sido capaces todavía de establecer un límite inferior a su tamaño ni de tener pruebas de ninguna estructura interna. En nuestro lenguaje, derivado de nuestra experiencia intuitiva del mundo, no hay cabida para comportamientos semejantes.

Pero los electrones de un átomo no están esparcidos por todo el espacio sino en un volumen que es aproximadamente un billón de veces mayor que el volumen del núcleo. Cuando comprimimos el Sol al tamaño de la zona central de Washington, comprimimos los átomos hasta el punto de empujar casi a sus nubes de electrones a meterse *dentro* de los núcleos, que a su vez se tocan unos a otros. La masa entera del Sol es entonces en la práctica como un inmenso núcleo atómico. (Por extravagante y surrealista que pueda parecer tal propuesta para un objeto como el Sol, lo cierto es que esto ocurre un centenar de veces por segundo en el universo visible. En nuestra propia galaxia, aproximadamente una vez cada treinta años, el núcleo interior de una estrella llega al final de su vida en un estado semejante tras una explosión estelar masiva —una supernova— del tipo que nos creó a nosotros).

Sigamos comprimiendo. Tomemos este gigantesco núcleo atómico de masa 10^{56} veces mayor que la masa de un núcleo de hidrógeno y continuemos comprimiéndolo otras 100.000 veces más, de manera que una cucharadita de materia pese un millón de trillones de toneladas: ¡la masa de 1.000 Tierras! El Sol tiene ahora el tamaño de un balón de baloncesto.

Sin embargo, hay unos 400.000 millones de Soles en nuestra galaxia y al menos otras tantas galaxias en el universo visible. Incluso aunque se comprimiera cada estrella al tamaño indicado y se colocaran muy apretadas todas las estrellas de todas las galaxias, todavía seguirían abarcando un volumen tan grande como el de la Tierra. (Lo que supone, por cierto, y por si a usted le viene bien saberlo, que en la Tierra caben tantos balones de baloncesto como estrellas hay en el universo visible).

Tenemos que dar otro gran paso. Comprimamos toda esta masa, 160.000 trillones de veces más que la masa del Sol, achicando su radio otros diez millones de veces. La materia de todo el universo visible en la actualidad está contenida ahora en un espacio del tamaño de una pelota de béisbol. La masa de una sola cucharadita de esta materia equivale ya a un millón de galaxias, que suponen una masa total un trillón de veces mayor que la de nuestro Sol. En el espacio que habitualmente ocupa un *único núcleo atómico*, la cantidad de materia contenida daría de sobra ¡para construir todo Nueva York! En el espacio habitualmente ocupado por un único átomo, incluida la zona en que normalmente orbitan los electrones, la cantidad de materia sería ¡casi la masa de toda la Tierra!

Estos números pueden parecer apabullantes pero la cosa no acaba ahí. Lo cierto es que pasan por alto la parte más importante. Cuando se comprime la materia, la energía que se ejerce sobre ella la calienta. En un sistema cerrado, una parte cada vez más importante de la energía total se halla en forma de energía radiante emitida y absorbida por las partículas calientes. Mucho antes de que todo el sistema esté comprimido a los niveles insondables antes descritos (en realidad, cuando el universo observable se comprime sólo unas 10.000 veces, teniendo aproximadamente un millón de años luz de diámetro), su energía estará dominada no por la materia sino por la energía de la *radiación*.

En este momento la radiación es tan caliente y densa que ¡es capaz de contrarrestar el tirón gravitatorio de 160.000 trillones de estrellas! Pero cuando comprimimos el universo visible hasta el tamaño de una pelota de béisbol, la fracción de energía total asociada a la masa de toda la materia que hoy componen todas las galaxias es sólo de unos 10^{-25}, es decir, ¡de aproximadamente una parte por cada diez cuatrillones! (Esta radiación tiene una enorme presión y la ejerce sobre un universo en expansión, de tal manera que al cabo de unos pocos miles de años su energía se disipa y se hace insignificante, dejando a la parte de la materia dominar nuestro universo actual). Así, mientras en el espacio que hoy ocupa normalmente un único átomo la materia contenida en ese tiempo tendría una masa en reposo comparable a la de la Tierra, la cantidad efectiva de energía contenida en ese mismo espacio, incluyendo la energía de radiación, habría sido mucho mayor. En realidad, correspondería a la energía de *todo el universo ahora visible*.

¡El universo en un átomo!

Detengámonos a reflexionar sobre nuestro viaje. Incluso después de esos mínimos pasos, sigue siendo muy confuso intentar representarse las condiciones imperantes cuando cada volumen atómico contiene una cantidad de energía equivalente a la contenida en todo el universo visible en la actualidad. Pero podemos preguntarnos si siquiera merece la pena. Después de todo, bajo tales condiciones se disuelve por completo el significado de los protagonistas de nuestra historia, los "átomos". ¿Cómo podemos asociar entidades individuales, como los átomos de oxígeno que contribuyen a componer las moléculas de nuestro ADN, con nada semejante en ese increíble embrollo?

También podríamos habernos preguntado, ya que vamos tan atrás, por qué no retrocedemos hasta el principio y comenzamos nuestra historia en el mismísimo Big Bang infinitamente denso. Abordemos primero esta segunda cuestión. La razón de que no retrotraigamos nuestra historia hasta el momento t=0 es que ese instante sigue envuelto en misterios que superan nuestro alcance científico, de modo que no tenemos nada concreto que decir. Pero para poder comprender el origen de nuestros átomos no nos parece que debamos retrotraernos hasta el momento t=0. Creemos que el experimento del Super-Kamiokande, u otro de mayor alcance que pueda hacerse más adelante, nos permitirá deducir los sucesos que tuvieron que ocurrir en el preciso momento en que la existencia de los átomos en nuestro universo se hizo posibilidad real por primera vez. Y, respondiendo a la primera cuestión, ese momento se dio muy al inicio de la historia del universo. Se puede decir, con toda propiedad, que cada átomo de nuestro cuerpo comenzó su vida justamente entonces, aunque los átomos en sí no existieron todavía durante un tiempo que podría parecer una eternidad.

Aunque en el tanque del Super-Kamiokande todavía no se hayan observado sucesos que nos permitan recrear con cierta seguridad los acontecimientos de aquel momento, sabemos que para que hoy pueda existir nuestro átomo de oxígeno tuvo que darse una serie de sucesos, por sutiles que fueran, en aquella pelota de béisbol. Tan sutiles y raros, todo hay que decirlo, que de haber habido alguien por allí para poder fijarse, no los habría notado.

De hecho, parece que sin una serie de acontecimientos muy improbables (por lo menos tan improbables como que alguien acierte dos décimos del gordo de la lotería en dos sorteos del mismo año) no habría nadie por aquellos contornos para celebrar la creación o jugar a la lotería.

Sin embargo, hay una máxima que siempre tengo presente en mi trabajo: como el universo es grande y viejo, si algo puede suceder, sucederá, sin importar lo improbable que sea. Accidentes mucho más improbables que los que se darían una sola vez en toda nuestra vida se dan cada segundo en alguna parte de las profundidades del cosmos. Por tanto, la pregunta más importante de la ciencia moderna, y puede que también de la teología, es: ¿somos sólo un accidente?

Como el Super-Kamiokande todavía no nos ha proporcionado la prueba empírica que necesitamos para deducir con precisión qué serie de acontecimientos fue la que se dio en aquel primerísimo instante, sólo sabemos que debieron producirse determinadas cosas concretas, que ya describiré, para que nuestro átomo de oxígeno exista hoy. En este sentido, la historia de nuestro átomo adquiere un aire al estilo de *Rashomon*. En su famosa película, Akira Kurosawa ofrece tres versiones diferentes de los mismos hechos, una violación y un asesinato, tal como los recuerdan sus tres protagonistas. Debido a sus diferentes puntos de vista y a sus diferentes experiencias anteriores, cada cual cuenta una historia distinta. Ninguna es exacta en su totalidad, pero cada cual contiene al menos un germen de verdad.

Si los átomos pudieran hablar, cada uno de ellos tendría una historia diferente que contar. Pero nosotros esperamos que el comienzo de todas esas historias, cuando nuestro universo podía encajar en el tamaño de un átomo, sea el mismo. Sus líneas generales empezaron ya a surgir a lo largo del siglo pasado, conforme los científicos registraban y analizaban las señales ofrecidas por la naturaleza. Creemos que el suceso que aguardamos en el Super-Kamiokande, o en otro experimento posterior, deberá fijar los detalles. Hasta entonces queda garantizado que la historia que viene a continuación contiene al menos el principio de la verdad.

2
Elegidos para la gloria

Para que gire la rueda, para que viva la vida, se necesitan impurezas.
Primo Levi

Una simple casualidad marca muchas veces la diferencia entre la vida y la muerte. Puede darse en el arte, como en la película de 1999 *Mientras dormías*, en la que la pérdida de un metro cambia el curso del futuro de una joven, o en la vida real, como en el caso de un amigo mío que, por ir a visitar a su padre al hospital perdió el vuelo 800 de la TWA a París el 17 de julio de 1996 , evitando así quedar incinerado en los aires.

Los acontecimientos cercanos al inicio del tiempo que precedieron de forma inmediata al nacimiento de nuestro átomo pueden parecer francamente inocuos. Pero con una leve alteración de las condiciones iniciales no existirían los átomos y el cosmos tal como lo conocemos. Así como los héroes de ficción, desde el Hamlet de Shakespeare al Yossarian de Heller, están sometidos a fuerzas históricas dominantes, las más de las veces fuera de su control, nuestro héroe inanimado depende de los accidentes y las vicisitudes de la historia cósmica.

Cuando hablo de casualidades puede parecer que he abandonado toda pretensión de precisión científica. Lo que ocurre, en realidad, es que las casualidades predecibles son la base de prácticamente toda la investigación científica moderna. Hoy en nuestros laboratorios estamos literalmente a la espera de casualidades... aunque cargamos los dados al crear unas condiciones favorables de acuerdo con las cuales deben agotarse las leyes de la probabilidad mientras nosotros observamos y esperamos. A veces, eso significa construir tanques de agua descomunales en profundas minas. En otros casos supone construir máquinas más complejas y mayores que ninguna otra cosa creada anteriormente por la humanidad. En esas máquinas recreamos durante un brevísimo instante algunos rasgos de los primeros momentos del Big Bang.

Entre las montañas del Jura, por el norte, y el lago de Ginebra y los Alpes, por el sur, se encuentra el aeropuerto internacional de Ginebra. Si se tiene suerte y no aparece el banco de nubes bajas que a veces oculta el valle, inmediatamente antes de aterrizar se puede atisbar un conjunto de edificios a menos de dos kilómetros al noroeste del aeropuerto. Los edificios de la administración central del Laboratorio Europeo de Física de Partículas (o CERN, acrónimo francés del nombre original, hoy políticamente incorrecto: Consejo Europeo de Investigación Nuclear) ocultan, como la punta de un iceberg, una estructura mucho más impresionante escondida bajo la superficie. Las pintorescas granjas y los pequeños pueblos que salpican la frontera franco-suiza no delatan la existencia de uno de los túneles más largos del mundo. El gran anillo de colisiones electrón-positrón (LEP) del CERN, que pronto albergará una nueva máquina, el gran colisionador de hadrones (LHC) tiene un recorrido de 26 kilómetros, que forman un amplio círculo entre 50 y 100 metros por debajo del suelo.

Al visitar el laboratorio del CERN o cualquier acelerador de partículas de grandes dimensiones uno se siente como Gulliver al llegar a Brobdingnag, la tierra de los gigantes. Todos los objetos parecen superar la escala humana. Por ejemplo, el propio túnel LEP, además de sus 26 kilómetros de largo, es suficientemente ancho como para dejar pasar con facilidad uno o dos vehículos deportivos modernos, si hubiera que convertirlo en una pista de carreras subterránea. El túnel es accesible desde la superficie por uno de los cuatro laboratorios. En cada uno está localizado un detector descomunal de partículas. Cada uno tiene el tamaño de un edificio de viviendas construido a gran profundidad bajo tierra y con unas salas de experimentación que dejan pequeño al escenario del Radio City. Cada uno de esos monstruos está formado por miles de componentes individuales fabricados por centenares de físicos y técnicos llegados de docenas de países de todo el globo. Y cada uno de ellos ha sido realizado con una precisión de fracciones de milímetro. La científica del MIT Vicki Weisskopf ha llamado a estos artilugios "las catedrales góticas del siglo XX".

Desde el inicio de la construcción hasta la terminación del primer experimento puede pasar fácilmente una década, lo cual contrasta enormemente con la escala temporal de los procesos investigados que se dan en menos de una trillonésima de segundo. Estos experimentos recrean y miden repetidamente, durante una fracción de una fracción de segundo, las condiciones e interacciones de la materia y la energía, incluyendo, como veremos, los sucesos extremadamente raros que debieron acontecer por última vez en nuestro universo hace 10.000 millones de años.

El colisionador LEP transmite a las partículas elementales energías muchísimo más intensas que las producidas en parte alguna de nuestra galaxia, salvo quizá en la onda de choque de una estrella en explosión o en el colapso final de un gigantesco agujero negro. Las partículas cargadas se aceleran mediante campos eléctricos y magnéticos a lo largo del túnel de modo que cruzan (sin pasaporte) la frontera franco-suiza cerca del aeropuerto y después bajo las montañas del Jura unas 10.000 veces por segundo. Durante este proceso adquieren una energía casi un millón de veces mayor que la que tienen en reposo.

Sin embargo, estos valores gargantuescos siguen siendo una billonésima parte de la energía media de *cada* partícula cuando el universo era del tamaño de una pelota de béisbol. Los choques entre partículas individuales en aquel momento estuvieron tan cargados de energía que recrearlos con la tecnología actual habría supuesto construir aceleradores de partículas con una circunferencia ¡mayor que la de la órbita de la Luna en torno a la Tierra!

El viaje desde el LEP al universo primitivo es más que un viaje atrás en el tiempo. Es un viaje a escala que nos ayuda a recorrer, a nosotros y a nuestros átomos, buena parte del trayecto de Brobdingnag a Lilliput. Por ajenos al mundo que puedan parecer esos colosales detectores de las salas de experimentación del LEP, su falta de relación con la escala humana no tiene comparación con el pequeño grado de actividad que presenta nuestro universo frente al que presentaba en el momento en que surgieron los átomos.

Las inmensas densidades y temperaturas de aquellos momentos quedan reflejadas en una furia subatómica equivalente. Volvamos al bombardeo de los átomos en una gota de agua vista al microscopio. Los saltos brownianos de una mota de polvo están producidos por las colisiones múltiples de miles de millones de átomos en agitación dentro del agua, cada uno de los cuales viaja a cientos de kilómetros por hora. Pero una *única partícula elemental subatómica* del gas primitivo, cuando el universo tenía el tamaño de una pelota de béisbol, llevaba energía suficiente para, en un único choque, haber sacado la mota de polvo no del agua ¡sino de la Tierra! Si intentásemos equiparar un choque semejante a nuestra escala humana, sería como lanzar un cohete al espacio a tal velocidad que al chocar con la Luna la lanzara fuera de nuestro sistema solar (por supuesto que la Luna se partiría, igual que la mota de polvo en el supuesto subatómico, pero eso no importa). Gulliver nunca fue testigo de fenómenos tan extraños en ninguno de sus viajes.

En el universo primitivo no sólo se dieron tales colisiones increíblemente cargadas de energía sino que se dieron con frecuencia y por todas partes. Recordemos que en una región del tamaño de un núcleo atómico actual hubo entonces partículas más que suficientes para albergar a más de un sextillón de núcleos. Más aún, la tasa de choques era tan alta que cada partícula del proto-universo debió sufrir más colisiones en *un segundo* que granos de arena hay en la Tierra. Pero está claro que un segundo es una eternidad comparado con la edad del universo en aquella época. Comparado el tiempo que representa un segundo con la edad del universo, un segundo de aquella época es más de un billón de veces más extenso que un segundo en la actualidad. De manera que éstas eran las condiciones cuando apareció la esencia de nuestro átomo de oxígeno, cuando la *nada* se convirtió en *algo*.

¿Cómo puedo decir "nada" cuando lo cierto es que había más órdenes de magnitud de energía en un volumen del tamaño de una cabeza de alfiler que la contenida en todo el universo visible en la actualidad? La cuestión es que *había* mucho de algo, pero no de lo *adecuado*.

A pesar de este mal paralelismo entre el minimundo creado momentáneamente en las colisiones del CERN y las fenomenales colisiones del universo primitivo, algo tienen en común. En ambos la energía se convierte directamente en masa, y viceversa, ejemplo sorprendente de la veracidad de la teoría de la relatividad de Einstein. Cuando el universo tenía el tamaño de una pelota de béisbol, las energías de las colisiones de pares de partículas eran tan enormes que de la colisión de dos electrones energéticos podía obtenerse un trillón de partículas recién creadas. Y las colisiones se daban con tanta rapidez que no había partícula que conservara su identidad individual durante mucho tiempo: los electrones chocaban entre sí para formar quarks y los quarks se empotraban unos en otros para originar partículas de radiación, fotones, y todos ellos chocaban entre sí para originar partículas desconocidas que pudieron existir cuando el universo no tenía más que una mil millonésima de segundo de vida. ¿Cómo podemos entender algo de todo este lío?

Ése es justamente el problema que afrontan los físicos de partículas elementales cuando intentan explorar las leyes fundamentales de la física en los aceleradores. Cuando hacemos chocar dos haces de partículas en el colisionador LEP, o en su pariente de altas energías del Fermilab de Chicago, creamos un montón de nuevas partículas en cada colisión, partículas creadas a base de pura energía. Si no miles de millones, se crean al menos cientos de nuevas partículas elementales como producto de estas colisiones. Cuando chocan los haces en el Fermilab puede que se produzcan un millón de colisiones por segundo, formando cada una de ellas cientos de partículas. Registrar estos sucesos habría dejado exhaustos a los mayores superordenadores hace sólo una década. De hecho, una de las razones por las que las redes de modernos ordenadores de gran potencia se probaron en aceleradores de partículas es porque era precisamente en esos lugares donde más se necesitaban.

Resulta que sí podemos entender el amasijo resultante, no intentando registrar cada uno de sus rasgos sino centrándonos en aquellos que consideramos importantes. De este modo, por ejemplo, descubrimos que por cada millón de protones que inciden sobre un blanco podemos encontrar en el consiguiente batiburrillo de partículas un único antiprotón: el núcleo del átomo más ligero de antimateria, el antihidrógeno.

En un universo hecho de materia, la antimateria parece un malo de película. La antimateria no existe en abundancia de forma natural sobre la Tierra por la sencilla razón de que si existiera no estaríamos aquí para contarlo. Cuando una partícula de antimateria se encuentra con su correspondiente partícula de materia, las dos pueden aniquilarse por completo dejando al desvanecerse sólo pura energía. Un solo kilo de antimateria puesto en contacto con el correspondiente kilo de materia podría producir una explosión más poderosa que cualquiera de las creadas por los seres humanos.

La propia palabra *antimateria* evoca visiones de extravagantes fantasías de ciencia ficción. Pero lo cierto es que la antimateria no es tan rara. La principal diferencia entre partículas y antipartículas es que, como un europeo frente a un lilliputiense, estamos acostumbrados a ver al primero, y no al segundo.

Puede resultar chistoso apuntar que la antimateria no es menos normal que la materia, pero desde una perspectiva básica ése es el caso. Antimateria y materia están inextricablemente unidas como el día y la noche. La posibilidad de existencia de una exige la posibilidad de existencia de la otra. La teoría de la relatividad y ese otro monumento de la física del siglo XX que es la mecánica cuántica implican conjuntamente que todo tipo de partícula elemental en la naturaleza debe tener una especie de *álter ego* exactamente con la misma masa pero con carga eléctrica opuesta. La antipartícula de un electrón, el positrón, tiene carga positiva; y la antipartícula del protón, que está cargado positivamente, es el antiprotón, cargado negativamente.

Cuando esta predicción que implicaba la dualidad materia-antimateria surgió de una ecuación escrita en 1931 por el físico británico Paul Dirac en su intento de vincular la relatividad y la mecánica cuántica, nadie se la tomó en serio, y menos aún su propio autor. Sorprendentemente, menos de dos años después de la predicción de que la antimateria debía existir, se observó un positrón entre los residuos producidos por los miles de millones de partículas componentes de los rayos cósmicos que bombardean la Tierra cada segundo procedentes del espacio exterior. Se dice que Dirac exclamó: "¡Mi ecuación ha sido más lista que yo!"

La propia denominación de materia y antimateria es arbitraria, del mismo modo que lo que decidimos llamar carga eléctrica positiva o negativa es una convención humana. Hace doscientos años Benjamin Franklin decidió denominar "carga positiva" a cierta cantidad, aunque luego resultó que el principal portador de la corriente eléctrica, el electrón, tiene la carga opuesta y, por tanto, negativa. Pero una vez que tomamos la decisión sobre lo que llamamos positivo y negativo, tenemos que atenernos a ella para que nuestras descripciones físicas no presenten ambigüedades. Si tuviéramos que rehacerlo todo, tendría sentido decir que los electrones tienen carga positiva; de ese modo dejarían de aparecer signos negativos cuando hablamos del flujo de corriente eléctrica.

Ahora podemos llegar a la cuestión clave: si lo que llamamos materia y antimateria es arbitrario, ¿por qué nos da la impresión de vivir en un universo hecho de una y no de otra? O en otras palabras: si hubiera que rehacer el *universo*, ¿estaría formado de materia, de antimateria o de las dos? Si las estrellas estuvieran hechas de positrones y antiprotones, en lugar de protones y electrones, se juntarían aquéllos para formar átomos de antihidrógeno, los cuales, fundidos a altas presiones y temperaturas, crearían átomos de antihelio. Más aún, al calentarse el antihidrógeno emitiría exactamente el mismo grupo de colores de luz visible que el hidrógeno. De manera que las antiestrellas brillarían igual que las estrellas. Y lo mismo reza para los antiplanetas y las antipersonas. La antiLuna que aparecería sobre la antiTierra brillaría para los antienamorados.

En ese sentido justamente distinguimos entre "nada" y "algo". Si el universo contuviera iguales cantidades de materia y antimateria mezcladas, sería como si no contuviera nada. Si no ocurriese nada que desequilibrara la situación, materia y antimateria se aniquilarían mutuamente sin dejar más que radiación pura. Y un universo de pura radiación no puede formar galaxias, ni estrellas, ni mucho menos planetas, personas o átomos.

De modo que las vidas de nuestro átomo comenzaron realmente cuando en el universo empezaron a diferir las cantidades de materia y antimateria. Sólo en ese momento pudo empezar una historia digna de ser contada. Y, por supuesto, la pregunta central que surge entonces es: ¿estuvo esa diferencia escrita desde el principio, como en una especie de tablilla cósmica, o sucedió por accidente?

La suerte favorece a las mentes dispuestas. La idea de que nuestra propia existencia pudiera depender de un acontecimiento tan sutil no acude inmediatamente a la cabeza cuando comenzamos a preguntarnos por la creación. Hace unos treinta años ni siquiera entre los científicos se trataba del asunto, porque no se disponía de un contexto científico en el que enmarcarlo. Todo cambió por una observación afortunada realizada en Nueva Jersey.

En 1965 dos físicos de los laboratorios Bell de Holmdel, Nueva Jersey, detectaron una electricidad estática imprevista en un receptor de radio sensible que habían sintonizado para escuchar radioseñales del cielo. Esta electricidad estática resultó proceder de un bombardeo uniforme de radiación de fondo que nos llegaba de todas partes del cielo y cuya fuente no era otra que el mismísimo Big Bang.

Esta radiación cósmica de fondo (RCF) había estado viajando por el espacio sin mayores impedimentos durante miles de millones de años. La densidad del universo era lo suficientemente grande como para que esa radiación interactuara con regularidad con la materia cuando el universo era 1.000 veces menor y tenía una temperatura media de unos 3.000 grados centígrados.

Aunque entonces, cuando el universo tenía 300.000 años de edad, la RCF ya presentaba muchos de los rasgos que observamos hoy, los orígenes de la radiación de fondo son tan antiguos como el propio universo. Y este fondo presenta un rasgo sorprendente que colorea por completo el carácter de nuestro universo. Como toda radiación electromagnética, ese baño de radiación se compone fundamentalmente de partículas individuales, o cuantos, llamadas fotones. Los fotones no tienen masa en reposo y por ello viajan a la velocidad de la luz, una característica de toda radiación. Al sumar el número total de protones y neutrones en todos los átomos de todas las estrellas y galaxias del universo, encontramos aproximadamente 1.000 millones de fotones por cada partícula de materia del universo actual.

Resulta que vivimos en una de esas raras partes del espacio donde hay una gran abundancia de materia. Al igual que un pez podría mirar a su alrededor y llegar a la conclusión de que el universo está hecho de agua, nosotros creemos de manera intuitiva que nuestras circunstancias particulares son en realidad generales. Y no lo son. La mayor parte del espacio está casi vacío de materia, pero el baño de radiación se encuentra por todas partes.

¿De dónde llegó toda esta radiación? Ya he insinuado la respuesta. De no haber habido mucho tiempo atrás más materia que antimateria, la radiación (es decir, los fotones) sería *todo* cuanto habría quedado en el universo actual. Por el contrario, salpicada en medio de esa radiación está toda la materia que compone el universo visible. De modo que la proporción de un protón por cada 1.000 millones de fotones en el universo visible actual nos puede decir, indirectamente, algo importante sobre el universo primitivo.

Cada aniquilación partícula-antipartícula en este universo primitivo debió de haber producido, por término medio, dos fotones de igual energía. El hecho de que hoy haya 1.000 millones de fotones en la RCF por cada protón que queda en el universo nos dice que por cada partícula de materia que ha llegado hasta nuestra era ¡debieron morir en el intento unos 1.000 millones de partículas y antipartículas del universo primitivo!

Cada átomo actual es, por tanto, ¡el superviviente de unas probabilidades increíbles! En aquella sopa turbulenta que fue el universo primitivo tuvo que haber *casi exactamente* el mismo número de partículas que de antipartículas, con sólo algunas partículas de más. De no haber sido por una pequeña contaminación de grado de unas pocas partes por miles de millones (muchísimo más pequeña que el nivel detectable de muchos elementos radiactivos en los materiales que nos rodean) hoy no existiría ningún átomo en el universo.

Pensémoslo. Al contemplar hoy nuestro universo, sólo vemos materia (estrellas y galaxias), y sin embargo deducimos que este universo debe de haber surgido de otro en el que el número de partículas de materia y el número de partículas de antimateria diferían en menos de una parte por 1.000 millones.

Para presentar algo más intuitivamente lo peculiar de esta situación, retornemos a nuestra pelota de béisbol increíblemente densa y caliente. Si fuera una pelota de béisbol auténtica, podríamos pensar en observarla al microscopio, bajo el que veríamos las pequeñas hebras de hilo utilizadas en las costuras que mantienen juntas las piezas de cuero. Si esa pelota de béisbol fuera la representación que un impresionista tiene de nuestro universo observable cerca del inicio de los tiempos y contáramos las partículas, lo que ahora compone cuanto vemos (personas, planetas, estrellas, galaxias) podría haber estado contenido en una simple mota de un único hilo. Elimínese ese hilo y lo único que quedaría sería el invisible baño de radiación que hoy nos sigue rodeando.

Al darnos cuenta de que la mismísima existencia de la vida del universo actual pendió en aquel tiempo, por lo menos metafóricamente, del más tenue de los hilos, la primera reacción es preguntarse por qué. ¿Por qué fue la asimetría entre materia y antimateria tan insignificante? Una vez más resulta que nuestra predisposición natural nos hace no entender. La auténtica sorpresa es que no hubo ninguna asimetría en absoluto.

La pura energía es "anticiega". Es decir, la famosa relación de Einstein entre masa y energía, $E = mc^2$, no especifica si la masa es de materia o de antimateria. Como las antipartículas tienen exactamente la misma masa que sus partículas homólogas, dada una cantidad adecuada de energía debería ser igual de fácil convertir esa energía en la masa de una o de otra. De modo que, como resultado de los miles de millones de choques producidos a cada instante en el universo muy primitivo, cada uno de ellos con energía suficiente para crear muchísimas más partículas y antipartículas nuevas, debió de haberse formado un número igual de partículas y de antipartículas.

Pero en todo este proceso surge un gran obstáculo. En expresión de Ian Fleming, creador del superespía James Bond, al que más tarde parafraseó el premio Nobel Sheldon Glashow, "los diamantes son para la eternidad". Es decir, la "materia" (opuesta a la masa, tal como se aclarará más adelante) no aparece ni desaparece de la existencia espontáneamente; al menos así parece. Podemos diluir la materia en una cantidad arbitraria de radiación o mediante un número arbitrario de pares de partículas y antipartículas, pero en el mundo de nuestra experiencia nunca podemos desprendernos de ella por completo, ni tampoco podemos crear materia de la nada sin antimateria.

Antes incluso de que Einstein mostrara que la masa y la energía podían convertirse una en otra, los químicos ya habían descubierto que las reacciones químicas nunca cambian la carga eléctrica total de los reactivos. Dos átomos de hidrógeno desprovistos de sus electrones, con lo que se convierten en "iones" positivamente cargados, pueden combinarse con un ion de oxígeno cargado negativamente por partida doble, creando así una molécula neutra de agua. Los iones positivos de sodio pueden combinarse con los iones negativos de cloro para producir sal común, y así sucesivamente. Lo que pasó a conocerse como *conservación de la carga eléctrica* fue un rasgo central de las leyes que gobiernan la electricidad y el magnetismo. Y Einstein basó su descubrimiento de la relatividad en esas leyes, de modo que, desde luego, la teoría no las contradecía. Así, al convertir energía en masa, la carga eléctrica total producida debe ser justamente cero: los fotones, que tienen carga cero, se convierten en pares partícula-antipartícula, por ejemplo, y no en pares partícula-partícula. Un siglo de experimentación cuidadosa ha venido a confirmar que, si partimos de un sistema sin carga eléctrica neta, no hay nada que pueda hacerse, ni en el cielo ni en la tierra, para crear una carga neta.

Existe un bello fundamento teórico que explica por qué se conserva la carga en electromagnetismo y, asimismo, por qué, entre todas las partículas que conocemos, sólo los fotones deben tener obligatoriamente masa cero. Se basa en una simetría oculta de la naturaleza, desvelada a principios del siglo pasado y denominada *simetría de gauge,* según el término acuñado por el físico matemático alemán Hermann Weyl, que fue el primero en explorar sus recovecos matemáticos en un intento inicial e infructuoso de relacionar las fuerzas del electromagnetismo y la gravedad. Aunque el intento de Weyl no tuvo éxito, las matemáticas de la simetría de gauge forman hoy la base para comprender cada una de las cuatro fuerzas conocidas de la naturaleza: las dos fuerzas de largo alcance que nos son familiares (el electromagnetismo y la gravitación), y las dos de corto alcance, que operan a escala nuclear (las llamadas interacción débil y fuerte).

Con todo, la mera conservación de la carga no puede explicar la estabilidad de la materia. Cuando un protón está cargado positivamente, estas leyes no impiden que pueda desintegrarse en la antipartícula de un electrón (el positrón), más alguna partícula de tipo neutro, por ejemplo un fotón. Como el protón pesa 2.000 veces más que el positrón, si no hubiera algún obstáculo poderosísimo que la impidiera, tal transformación sucedería en un instante. Antes de que pudiéramos decir "abracadabra", todos los protones del universo habrían desaparecido.

Uno de los pilares básicos de la materia es inestable. Los neutrones, los compañeros nucleares de los protones, pesan un poquito más que éstos. La diferencia entre la masa de un neutrón y un protón es menos de una milésima. Diferencia que, pese a todo, es maravillosa. Sin ella, la vida no sería posible. Ésas son las buenas noticias. Las malas son que, debido precisamente a esa minúscula diferencia de masa, los neutrones pueden desintegrarse. Un neutrón libre se desintegra en un protón (cargado positivamente) más un electrón (cargado negativamente) más un antineutrino (neutro), que tiene una vida de aproximadamente diez minutos.

Recuerdo que, cuando averigüé que uno de los componentes fundamentales del átomo era inestable, me quedé atónito. ¿Cómo podía ser radiactiva una parte de mí y de usted? Si un neutrón se desintegra, ¿cómo podía sobrevivir la materia? La respuesta se encuentra en lo que parece ser otro accidente milagroso y que regirá por completo la vida posterior de nuestro átomo. Como ya he indicado anteriormente, la diferencia de masa entre un protón y un neutrón es pequeña, pequeñísima: aproximadamente una milésima de la masa de las propias partículas. De este modo, un neutrón libre es sólo un poco más pesado que la suma de las masas del protón, el electrón y el antineutrino y, por eso, apenas es capaz de desintegrarse en esas partículas. La mayor parte de las partículas elementales que son inestables tienen vidas de billonésimas de segundo, como mucho. Sin embargo, los neutrones libres viven unos diez minutos antes de desintegrarse. Cuando un neutrón está situado en el interior de un núcleo atómico, está ligado a sus demás compañeros nucleares, protones y neutrones. Estar "ligado" en física significa que hace falta energía para separar las partículas. Por eso el neutrón pierde energía cuando se une a un núcleo. Resulta que la energía de unión entre los neutrones y protones de un núcleo suele ser superior a la diferencia pequeñísima existente entre masa y energía de un neutrón libre y de un protón. Por ello, en el interior de un núcleo de esas características el neutrón es más ligero que cuando se encuentra en el espacio vacío y, si tuviera que desintegrarse no habría, sencillamente, suficiente energía disponible para crear un protón, un electrón y un antineutrino. Los núcleos atómicos son, así, estables, gracias a un accidente energético.

Ahora bien, como los neutrones libres pueden desintegrarse en protones, ambos tienen en sí alguna propiedad parecida de "materialidad". Los protones no tienen barrera energética para desintegrarse en positrones y fotones, mucho más ligeros, de manera que esa propiedad de la "materialidad" que poseen tanto protones como neutrones debe impedir asimismo que el protón se desintegre en partículas más ligeras. Los más picajosos pueden desde luego señalar que protones y neutrones están compuestos por quarks, partículas todavía más fundamentales. Pero con ello pasamos a la cuestión siguiente: ¿y qué impide a los quarks, que componen neutrones y protones, desintegrarse en otras partículas que no sean quarks?

Por lo que sabemos, la estabilidad de los protones (y sus quarks constituyentes) es absolutamente accidental, dentro de lo que se ha venido conociendo como modelo estándar de partículas elementales. En este modelo no hay ninguna propiedad fundamental que permanezca estable. Ocurre que dentro del modelo estándar no hay interacciones que lo hagan desintegrarse. El electromagnetismo permite a los quarks del interior de los protones y neutrones interactuar con la luz, pero sin alterar su propia identidad. La interacción débil permite a los quarks intercambiar sus respectivas identidades, pero sólo de tal forma que los protones se convierten en neutrones y viceversa. La interacción fuerte asegura que los quarks están establemente ligados en el interior del protón. Y la gravedad interactúa con toda la materia de idéntica manera y hace que la materia no se desintegre. Pero esto no obliga a los procesos físicos que todavía no hemos descubierto y que pueden existir más allá del alcance de nuestros experimentos actuales. Sin embargo, dado que existimos, aunque los protones sean inestables entonces, deben tener vidas de un orden de magnitud muchísimo mayor que cualquier otra partícula que conocemos.

Una de las primeras pruebas convincentes de que la vida de los protones debe ser, como mínimo, mucho mayor que la edad de nuestro universo actual la proporcionó el ingenioso físico experimental Maurice Goldhaber, director del Laboratorio Nacional de Brookhaven, en Long Island, de 1961 a 1973. Para esta demostración concreta, Goldhaber no necesitó ningún equipamiento experimental. Escribió un artículo en 1954 cuya tesis central era que, si los protones vivieran menos de 10^{16} años —un millón de veces más que la edad actual del universo— lo notaríamos, según sus propias palabras, "¡en nuestros propios huesos!".

Con esta afirmación quería decir lo siguiente: si los protones se desintegraran en partículas más ligeras, como los positrones o los fotones, la energía liberada sería unas 1.000 veces mayor que la liberada en la radiactividad normal, en la que un núcleo de un tipo se convierte en otro de otro tipo, liberando energía en el proceso. Si los protones se desintegraran en nuestro cuerpo, tendrían un efecto muchísimo más devastador que otros tipos de radiactividad. Como hay tantísimos protones en nuestro cuerpo (más de 10^{27}), si cada protón viviera por término medio unos 10^{16} años (o 10^{23} segundos), cada segundo se desintegrarían en nuestro cuerpo por término medio unos 10.000 protones. Y este nivel de radiación es prohibitivamente grande. El mero hecho de que la gente sobreviva a la infancia es, por tanto, prueba de que los protones tienen una vida más larga.

Ahora bien, la física es una vía de doble sentido. Aquello, sea lo que sea, que impide a los protones desintegrarse fácilmente en partículas más ligeras tiene que impedir también el proceso inverso de creación de protones gracias a colisiones de partículas más ligeras. Si se produce suficiente energía para crear un protón, hay que crear asimismo el número correcto de antipartículas, de manera que el total material de los productos sea el mismo antes y después.

Lo cual nos devuelve a los primerísimos tiempos de la concepción atómica. En aquel infierno las partículas eran bombardeadas por energía radiante con tal frecuencia y tanta intensidad que, en principio, se podría haber creado toda la materia del universo en menos de una billonésima de segundo. Es decir, ¡de haber sido posible! Sin embargo, de haber sido posible, también se habría podido destruir toda la materia del universo, ¡y con la misma rapidez!

Por tanto, aquí tenemos una pega. La materia no puede crearse de la nada, según parece; pero aunque se pudiera, la reciprocidad de las leyes físicas implica que podría desaparecer también en la nada. ¿Cómo podemos esperar comprender, entonces, por qué existen los átomos?

Una salida fácil consiste en decir sin más: "En el principio, Dios creó la materia". Si la materia es verdaderamente inmutable, si Dios la creó en el principio, ningún mero proceso físico podría destruirla en los aproximadamente 12.000 millones de años transcurridos desde la creación.

Pero sería cosa muy notable tener que invocar a Dios para explicar el origen de los átomos, porque hasta este momento hemos podido describir la evolución de nuestro universo y de todo lo que contiene, por lo menos hasta el primer segundo después del Big Bang, sólo mediante unas sencillas leyes físicas. Y más aún, un universo creado con una partícula extra de materia por cada 1.000 millones de pares partícula-antipartícula nos parece, como poco, algo raro. En la historia humana, por ejemplo, una proporción semejante nunca ha tenido particular relevancia divina.

Por otra parte, en la historia de las matemáticas hay números que sí han tenido cierta relevancia especial. El cero es uno de ellos. En realidad el concepto de cero fue tan poderoso que los primeros matemáticos que lo descubrieron ¡lo guardaron celosamente como un secreto! Otro número especial es el uno. Si la proporción de dos cantidades fundamentales en ese universo primitivo hubiese sido cero o la unidad, entonces podríamos atribuirle una especial relevancia. En cambio, una proporción de uno a 1.000 millones (10^{-9}, por ejemplo) no parece nada especial. Más aún, para aquéllos que gustan de creer que el universo fue creado, en cierto modo, para nuestro disfrute, nada en esa proporción parece garantizar singularmente la futura existencia de la humanidad. Es verdad que si el exceso de proporción de partículas sobre las antipartículas fuera cero, la vida no podría existir. Pero si fuera 10 ó 100 veces mayor, por ejemplo, nada que yo conozca se habría interpuesto para nuestra aparición en escena.

Einstein sostuvo, espero que metafóricamente, que Dios no juega a los dados con el universo. Con ese mismo símbolo, parece incluso menos que satisfactorio imaginar que la razón protón/fotón, tan esencial para colorear la naturaleza de nuestra existencia, fuera elegida al azar por un Dios jugador. Ciertamente, según he dicho, si un ser divino quiso crear un universo matemáticamente bello, el número obvio para empezar es el cero. De no haber asimetría entre materia y antimateria en los comienzos, la naturaleza sería lo más simple posible. No habría pérdida de la inocencia y el universo sería un lugar pacífico, aunque solitario.

Se puede discutir sin fin qué configuración inicial es más bella o cuántos ángeles pueden bailar en la punta de un alfiler, pero esas discusiones metafísicas no conducen normalmente a ninguna parte. Por otro lado, no se puede negar que un universo con igual cantidad de materia que de antimateria es más simétrico matemáticamente que cualquier otra condición inicial. Y como la matemática es el lenguaje de la ciencia, no de la metafísica, y como la ciencia parece servir estupendamente para describir el universo físico, esta configuración especial sí ofrece un especial interés a los científicos.

Sea cual sea la inclinación matemática o teológica de cada cual, no parece haber ahora, por suerte, necesidad de metafísicas o invocaciones a la elegancia matemática para resolver el asunto del origen de la materia. En los últimos 30 años, el desarrollo de la física de partículas elementales ha apuntado a un mecanismo natural para empezar con nada y terminar con algo; y más concretamente, con una 1.000 millonésima parte de algo. Además, este mecanismo podría conservar la estabilidad de la materia actual a largo plazo. Creo que se puede decir con justicia que ésta es una de las grandes sorpresas, y de las más imprevistas, de la física moderna. Y sin ella nuestro átomo no está, en sentido literal, en ninguna parte.

3
La flecha del tiempo

La emoción del descubrimiento inesperado no puede menos de hacer bullir la sangre.

Isaac Asimov

Cerca del centro de Moscú se levanta un conjunto impresionante de edificios que albergan el Instituto de Física de la antigua Academia Soviética de Ciencias. Muy poco después de concluir la Segunda Guerra Mundial, bajo la supervisión del célebre físico Igor Tamm, un joven licenciado, Andréi Dimitrievich Sajarov, empezó a investigar allí cómo producir la primera explosión termonuclear sobre la faz de la Tierra. A los dos años, Sajarov dirigía ya los programas coordinados del gobierno soviético para convertirse en una superpotencia nuclear. En otro continente, el físico húngaro exiliado Edward Teller promovía un programa similar en Estados Unidos con el objetivo de desarrollar la "superbomba", como se conocía a la bomba de hidrógeno. Las carreras de estos dos físicos extraordinarios tenían paralelismos notables y también divergencias. A Teller se le relacionó, más que a ningún otro científico de Estados Unidos, con el impulso inexorable hacia la proliferación de las armas nucleares y la investigación armamentística. Sajarov ganó en 1975 el premio Nobel, no de Física sino de la Paz, como resultado de sus esfuerzos para poner fin a la construcción de armas nucleares y promover el desarme en el mundo. Su exilio en la ciudad de Gorki en 1980, debido a sus actividades políticas, desencadenó una protesta internacional y Sajarov se convirtió en el héroe de una generación que ansiaba el fin de la Guerra Fría. Al final sobrevivió al duro sistema soviético que lo había condenado al exilio.

Tanto Sajarov como Teller eran algo más que meros físicos de armamento. Teller aportó importantes ideas a la física nuclear y a la teoría de la evolución estelar. Sajarov trabajó en un amplio abanico de problemas que abarcaban muchas áreas de la física, de acuerdo con la tradición soviética. Siguiendo el ejemplo del cosmólogo Yakov Zeldovich, colega suyo en el desarrollo de la bomba de hidrógeno soviética, también prestó atención a la cosmología.

En 1967, apenas dos años después del descubrimiento de la radiación cósmica de fondo, Sajarov escribió un artículo de importancia fundamental para la cosmología, aunque en general pasó desapercibido durante casi una década, sobre todo porque sus ideas iban por delante de su tiempo. Sin inmutarse por el conocimiento fragmentario de la época sobre las interacciones de las partículas elementales, o inconsciente quizás de tal inconveniente, Sajarov se planteó la siguiente pregunta: ¿cómo pudo el universo generar una asimetría materia-antimateria si al principio no existió ninguna?

Para abordar esta cuestión debemos antes recordar que cuando hablamos de una asimetría materia-antimateria en el universo nos estamos centrando en realidad en una asimetría entre las partículas fundamentales que componen el grueso de la materia visible, protones y neutrones, así como entre sus antipartículas. A los protones y neutrones se los conoce como *bariones*. Sajarov se dio cuenta, como nosotros, de que para generar una asimetría donde no la había, si cambiamos el número de bariones en el universo en relación con el número de antibariones, el ingrediente fundamental del proceso debe ser un nuevo grupo de interacciones que puedan cambiar de forma independiente el número de bariones. Sin embargo, estas interacciones deben ser hoy muy débiles o de lo contrario el protón se desintegraría en un período mucho más corto del que admiten las limitaciones experimentales.

Pero aún es tal vez más importante que Sajarov determinase que, para poder generar una asimetría de materia y antimateria en un universo en expansión, debieron existir otras dos sutiles condiciones.

La primera de ellas es apartarse del *equilibrio térmico*. Un sistema en equilibrio térmico es aquél en el que la energía calorífica está repartida uniformemente entre todas las partes del sistema. Así, por ejemplo, cuando el aire de esta habitación se halla en equilibrio térmico puedo esperar que tenga la misma temperatura en todas partes. Si una parte de la habitación estuviera inicialmente más caliente que otra, es de esperar que, tras un tiempo suficiente, los movimientos y las colisiones de las moléculas de aire terminen por igualar las cosas. De manera parecida, cuando vierto leche en el café y lo remuevo, lo que espero es que el líquido quede de un color uniforme.

El equilibrio térmico supone que si en un baño caliente de radiación hay suficiente energía (como existía en nuestra pelota de béisbol primitiva) para que las colisiones creen nuevas partículas, entonces todas las partículas que tengan masas idénticas se crearán en iguales cantidades. Pero el hecho de que partículas y antipartículas tengan la misma masa implica que, en equilibrio térmico, cualquier nueva interacción que cambie el número de bariones y antibariones hará que se produzcan en la misma cantidad. De modo que, sin un alejamiento del equilibrio térmico, no puede darse en la naturaleza una asimetría materia-antimateria.

Además hay otro requisito mucho más sutil y extraño para el nacimiento de los átomos y que Sajarov, para gran mérito suyo, supo ver. En ello estuvo indudablemente influido por un descubrimiento sorprendente y completamente inesperado realizado tres años antes, en 1964, y que más tarde proporcionó a los científicos que lo llevaron a cabo el premio Nobel de Física. Sajarov supo ver que, para que el universo produjera una asimetría entre materia y antimateria, el tiempo debía tener una dirección.

El argumento es engañosamente simple, si no obvio. Pongamos que estamos filmando una película que muestra una carga positiva que se mueve hacia la derecha. Si se invierte la dirección de la película en el proyector (permitiendo de este modo que el tiempo corra hacia atrás en la pantalla) la carga eléctrica se moverá hacia atrás, es decir, hacia la izquierda. Si nos concentramos en el flujo de la carga eléctrica durante el movimiento de avance de la película, el lado derecho de la pantalla se irá haciendo más positivo conforme la carga positiva se mueve hacia la derecha. Si se moviera hacia la derecha una carga negativa, entonces ese lado de la pantalla se volvería en cambio más negativo. Pero si se pasa la película de una carga negativa hacia atrás, de modo que la carga negativa se mueva hacia la izquierda, entonces el lado derecho de la pantalla se volverá más positivo, como en el primer caso expuesto. Así, desde el punto de vista del flujo de carga, una carga positiva que se mueva hacia adelante en el tiempo puede ser equivalente a una carga negativa que se mueva hacia atrás.

Esta equivalencia entre procesos que implican cargas positivas y procesos de tiempo invertido que implican cargas negativas tiene una consecuencia muy importante. Si en un nivel fundamental las leyes de la naturaleza son insensibles a la flecha del tiempo, entonces todo proceso que pueda darse y que implique partículas, puede darse también exactamente al mismo ritmo si todas las partículas se reemplazan por sus antipartículas con carga eléctrica opuesta. Si los neutrones pueden desintegrarse en protones, electrones y antineutrinos, entonces los antineutrones deben desintegrarse exactamente al mismo ritmo en antiprotones, positrones y neutrinos.

Lo cual, a su vez, supone algo realmente extraño. Si se desarrolla dinámicamente una asimetría partícula-antipartícula en un universo en el que no la hay inicialmente, entonces deben haberse dado algunas reacciones físicas a distinto ritmo según se trate de partículas o antipartículas. Pero, si esto es cierto, nuestro argumento anterior implica que, sea cual sea la fuerza responsable de estas reacciones, *debe* distinguir una flecha del tiempo. Es decir, debería predecir ritmos distintos para reacciones idénticas si el tiempo retrocediera.

Cosa que, quizá, no parezca tan rara. Después de todo, ¿quién no ha visto un vídeo o una película al revés y ha comprobado lo ridículas que son las secuencias de mil trozos de cristal reuniéndose súbitamente para formar una botella o un parabrisas? Todo en nuestra experiencia distingue el futuro del pasado. Uno no se arrepiente de errores aún no cometidos. Y nunca tenemos esperanza alguna de que el pasado mejore. La flecha del tiempo es un rasgo central de nuestra experiencia cotidiana.

Sin embargo, y de manera intuitiva, nos damos cuenta de que la aparente flecha del tiempo parece ser resultado de la gran complejidad de la naturaleza. Reduciéndolas a los niveles fundamentales, las leyes clásicas del movimiento que subyacen a la materia no parecen distinguir futuro de pasado. Por ejemplo, si filmo una única bola que rebota en las paredes de una mesa de billar sin troneras, puedo poner al revés la película y el movimiento no parecerá extraño. En realidad, nadie que viera la película sabría cuándo va hacia adelante y cuándo hacia atrás. Por otra parte, si tenemos 15 bolas de billar colocadas formando un triángulo gracias al marco y las disperso con un golpe de la bola blanca, al poner al revés la película la secuencia queda absolutamente ridícula al surgir en apariencia el orden de forma espontánea y absolutamente al azar.

No sabemos por qué, pero el comportamiento colectivo de un grupo de bolas de billar es diferente del de una sola bola. El modo de combinarse numerosas partículas individuales para dar lugar a un mundo en el que el futuro se distinga del pasado es una cuestión rica en complejidades e historia. La primera persona que intentó comprenderlo fue Ludwig Boltzmann quien, como he señalado antes, fue uno de los primeros científicos modernos que se tomó en serio la realidad de los átomos individuales.

Pero por fascinante que sea la historia de lo que ha llegado a conocerse como mecánica estadística, no me centraré aquí en tan complicado asunto. En su lugar, deseo abordar la posibilidad de que exista una sola interacción que implique a unas pocas partículas fundamentales y produzca efectos diferentes si la flecha del tiempo se invierte. Es como pedirle a una única bola de billar que regrese a un lugar de la mesa completamente distinto del lugar de donde partió si se invierte la película y se ve hacia atrás.

Sin embargo, los jugadores de billar pueden jugar sobre seguro. Las leyes de la mecánica clásica les garantizan que, si invierto el movimiento de la película, la bola de billar terminará justamente en el sitio de donde partió. Todas las leyes de la física que funcionan a escala humana, incluidas la gravedad y el electromagnetismo, tienen esas sensatas propiedades.

Por eso durante muchos años todos los físicos dieron por cierta "la simetría invertida del tiempo" como una de las varias simetrías fundamentales de las leyes de la naturaleza. Por ejemplo, nadie imaginaba que las leyes de la física distinguieran derecha de izquierda. Si un jugador de béisbol golpea la pelota hacia la derecha del campo en un día sin viento, puede esperarse que viaje a la misma distancia que si la hubiera golpeado hacia la izquierda.

Nuestra certeza, tan pagada de sí misma, comenzó sin embargo a desmoronarse en la década de 1950. A escala microscópica, la naturaleza resultó ser mucho más sutil de lo que habíamos imaginado jamás.

Como ya he señalado, el neutrón es una partícula inestable y se desintegra, debido a la fuerza débil, en un protón, un electrón y un neutrino. También los neutrones son partículas que tienen lo que se llama *espín*, es decir, se comportan como si estuvieran rotando en torno a un eje. En 1956 varios grupos de investigadores observaron cuidadosamente la desintegración de muchos neutrones. La dirección hacia la que se emitían los electrones, relacionada con el eje en torno al cual rotaban los neutrones que se desintegraban, no presentaba una distribución uniforme entre hemisferios, como podía sensatamente esperarse si las leyes de la naturaleza a esa escala no diferenciaran entre izquierda y derecha. Así se descubrió que, no se sabe cómo, la fuerza débil distingue entre derecha e izquierda.

Este resultado no hizo más que confirmarse cuando otro grupo de experimentos parecidos demostró que la desintegración de otra partícula llamada *pión*, también regida por la fuerza débil, no sólo violaba la simetría izquierda-derecha (llamada *paridad*) sino también la aparente simetría entre partículas y antipartículas en la naturaleza. Las configuraciones de partículas resultantes de la desintegración de piones y antipiones no son idénticas si lo único que se hace es reemplazar cada partícula por su antipartícula.

En este sentido puede parecer que induje a error al lector cuando afirmé que un antimundo sería idéntico a nuestro mundo, ya que esta reacción al menos no es idéntica si todas las partículas se reemplazan por sus antipartículas. Sin embargo, este comportamiento peculiar parece restringirse a las reacciones mediadas por la fuerza *débil*. Pero todos los fenómenos que se observan en la vida cotidiana a escala humana están regidos fundamentalmente por la fuerza *electromagnética*. Y así, en este sentido, un mundo de antimateria es esencialmente el mismo que uno de materia, de modo que, estrictamente hablando, no mentí. No estoy seguro de cómo quedaría semejante argumentación ante un tribunal. Depende de cual sea el significado de la palabra *es*.

En todo caso, casi una década después de la observación de las desintegraciones de neutrones y piones, que demostraron que la fuerza débil distinguía entre izquierda y derecha y entre partículas y antipartículas, se supo que hacía cosas aún más raras. Ya he descrito antes que muchas partículas elementales, como los protones y los neutrones, que forman el corazón de nuestra materia cotidiana, están compuestas de objetos elementales llamados *quarks*. Hay seis tipos conocidos de quarks aunque sólo dos son los responsables del grueso de las propiedades de protones y neutrones. Los demás sólo parecen existir para hacer el universo más interesante.

El primero de los nuevos quarks que se postuló y más tarde se descubrió fue el llamado *extraño* por el físico norteamericano Murray Gell-Mann, el padre de los quarks. Gell-Mann, entre otras muchas cosas, es lingüista y su elección de la palabra *extraño* para describir a estos nuevos objetos no podía haber sido más apropiada. Los experimentos de los años 60 sobre un nuevo tipo de partícula elemental llamada *kaon* y que contenía un quark *extraño* condujeron a un descubrimiento sorprendente. Utilizando las propiedades conocidas de la relatividad especial y de la mecánica cuántica, unas mediciones muy cuidadosas de las desintegraciones de los kaones demostraron que el proceso inverso (es decir, la creación de kaones en las colisiones de las partículas producidas en las desintegraciones) ¡no se daba al mismo ritmo si se invertía la flecha del tiempo! Se había descubierto por fin, por lo menos en un sistema muy especial, una flecha del tiempo.

Así, tres años antes de que Sajarov pusiera sobre el papel sus condiciones para que el universo generara dinámicamente una asimetría materia-antimateria, se descubrió que realmente existía la tercera y más extravagante de estas condiciones (la violación de lo que se ha venido llamando simetría de reversión del tiempo), aun cuando lo fuera en un rincón raro y especial de la naturaleza. Sin embargo, en esa época no había pruebas de la existencia de las otras dos condiciones fundamentales de Sajarov: los procesos que cambian independientemente el número de bariones y antibariones o que producen una desviación del equilibrio térmico en el universo primitivo.

Sería bonito concluir esta mini-saga con la historia de cómo los físicos de partículas, envalentonados por estos tres requisitos, se pusieron manos a la obra para desarrollar la infraestructura teórica necesaria que explicara cómo el universo ha acabado por estar dominado por los átomos de materia y no de antimateria. Pero no fue así como ocurrieron las cosas. Las ideas de Sajarov languidecieron y los físicos siguieron con el asunto de intentar explicar lo que en su momento fue un revoltijo enloquecedor de datos sobre las interacciones fundamentales.

Aunque el comité Nobel todavía no lo ha reconocido en toda su magnitud, la década de 1970 fue seguramente la más exitosa del siglo XX en la tarea de revolucionar nuestra imagen teórica de las fuerzas fundamentales. En 1967 comprendíamos el marco básico de sólo dos de las cuatro fuerzas de la naturaleza (gravedad y electromagnetismo) y el zoo de las partículas elementales daba la impresión de crecer sin límites. Hacia 1978 ya habíamos conseguido una base teórica sólida para describir cada una de las fuerzas conocidas y parecía que habíamos descubierto el esquema esencial de las partículas asociadas a todos los procesos físicos que observamos en el universo.

Aún fue más sorprendente que, hacia 1976, todos los ingredientes de Sajarov habían pasado a formar parte del saber convencional de la teoría de partículas elementales. Y no transcurrió mucho tiempo sin que los teóricos desempolvaran los artículos de diez años atrás y se dieran cuenta de que el sagrado grial de Sajarov estaba ante sus ojos. Más aún, explorando las interacciones entre partículas subatómicas en aceleradores terrestres, habían llegado al umbral de ser capaces de calcular con exactitud, desde los más remotos comienzos, cómo había llegado a existir nuestro átomo de oxígeno.

El panorama comenzó a cambiar en 1973. Ese año los físicos David Gross y Frank Wilczek en Princeton, e independientemente David Politzer en Harvard, hicieron un notable descubrimiento sobre la naturaleza de la fuerza fuerte que liga a los quarks para que formen protones y neutrones. Debido a la enorme fuerza que hay entre los quarks, la comprensión detallada de la interacción fuerte había permanecido hasta entonces relativamente inasequible al asalto teórico. Sin embargo, Gross, Wilczek y Politzer descubrieron la propiedad más sorprendente de lo que hoy se sabe que es la teoría correcta de la fuerza fuerte, llamada *cromodinámica cuántica*, por analogía con la versión cuántica del electromagnetismo, llamada *electrodinámica cuántica*. Demostraron que la interacción entre quarks se hace más débil cuanto más se aproximan uno a otro. A escalas pequeñísimas, la interacción entre partículas que están muy cerca sería lo suficientemente débil como para tratarla en igualdad de condiciones con las otras fuerzas, más débiles, de la naturaleza.

Dos años después, los físicos de Harvard Howard Georgi, Helen Quinn y Steven Weinberg señalaron otro hecho interesante. Así como la fuerza fuerte se debilita al decrecer la distancia, la fuerza electromagnética y la recientemente entendida fuerza débil se hacen mayores en esas mismas condiciones. Según demostraron estos físicos, a una escala de distancia pequeñísima, 1.000 billones de veces menor que el tamaño de un protón, las magnitudes de estas fuerzas pueden converger. Es posible que a determinada escala fundamental, todas las fuerzas puedan unificarse.

Aproximadamente en la misma época en que circulaban estas ideas, Sheldon Glashow y su colega Howard Georgi plantearon una propuesta atrevida. Mostraron que las teorías recientemente dadas a conocer sobre la fuerza fuerte entre los quarks y la fuerza débil que rige la desintegración de los neutrones (la teoría que Glashow y Steven Weinberg habían contribuido a desarrollar en los años 60 y por la cual compartieron el premio Nobel en 1979 con el paquistaní Abdus Salam) podían combinarse con la fuerza electromagnética en un único marco matemático. De este modo, al menos matemáticamente, podían verse las tres fuerzas distintas como diferentes manifestaciones de una única fuerza subyacente que se manifestaba a escala de distancias pequeñísimas, caracterizada por la escala a la cual la magnitud de estas tres fuerzas parecía igualarse. Además, esta idea podía también resolver algunos enigmas de la física de partículas que ya llevaban tiempo planteados, entre ellos por qué todas las partículas elementales tienen cargas eléctricas que son múltiplos enteros de la carga del electrón. Denominaron a la teoría resultante *teoría de la gran unificación,* TGU [*grand unified theory*, GUT] o "tripa" [*gut* en inglés], tal como se la conoce afectuosamente desde entonces.

¡De pronto podía olerse en el ambiente el aroma de la síntesis suprema! No es posible subestimar la emoción producida en esa época en el conjunto de científicos dedicados a la física de partículas. Parecía que se había dado un paso de gigante en el camino hacia el objetivo de Einstein de lograr una sola teoría que unificara todas las fuerzas de la naturaleza. ¡En cinco años habíamos avanzado desde las aguas turbias hasta una presunta Teoría de Casi Todo perfectamente clara! Todas las pruebas indirectas apuntaban coherentemente en la misma dirección. La física de partículas parecía estar en el umbral de una casi completa descripción de la naturaleza a escala básica y, como veremos, también en el umbral de una nueva comprensión de por qué vivimos hoy en un mundo lleno de materia.

No obstante, seguían en pie algunos problemas menores. El primero y principal era que la escala a la que las fuerzas podían llegar a unificarse era 15 veces más pequeña que la escala más pequeña que podía entonces investigarse directamente con los aceleradores de partículas. Los experimentadores tenían razón al quejarse de que el modelo podía ser precioso pero que daba la sensación de no ser comprobable, al menos de inmediato. Ningún acelerador en un futuro cercano podría crear las energías necesarias para explorar la naturaleza a tan pequeña escala. Los teóricos reconocían, a su vez, el gran acto de fe requerido. Después de todo, siempre que se ha investigado la estructura de la materia a escalas más pequeñas hemos descubierto algo nuevo e inesperado. Extrapolar las teorías propias a una escala 15 veces menor de otra para la que poseemos datos directos y esperar al mismo tiempo no meter la pata parecía presuntuoso hasta decir basta.

Sin embargo, las teorías de la gran unificación no se limitan a unificar las fuerzas de la naturaleza sino también las partículas de la materia. En esos modelos, los quarks, piedras angulares de la materia nuclear, además de los electrones y los neutrinos, se combinan en una familia más amplia de materia, junto con hermanos y hermanas mucho más pesados y que no deben ser observables hoy, ya que debieron desintegrarse en el universo primitivo. Pero esta unificación tiene su coste. Cuando las fuerzas fuerte, débil y electromagnética se combinan a la escala de la TGU, las nuevas interacciones no sólo pueden transformar un tipo de quark en otro —cosa que hace la fuerza débil cuando induce a que los neutrones se desintegren—, sino que también pueden transformar quarks en partículas como electrones y neutrinos.

Pero si los quarks pueden convertirse en electrones y en neutrinos al colisionar entre sí, los protones, compuestos de quarks, desaparecerán cuando choquen los dos quarks del interior del protón. De este modo, el número de partículas que componen la "materia" observable del universo puede cambiar como resultado de esas interacciones.

Si esas interacciones adicionales pueden hacer que los protones desaparezcan, ¿cómo es posible que la pasta de la que estamos hechos sea, al parecer, tan duradera? Ocurre que, debido a que estas fuerzas trabajan a escalas pequeñísimas, los quarks de un protón nunca llegan a acercarse lo suficiente, a la escala de tiempo normal, como para poder experimentar esas fuerzas, y por ello no se transforman. Sin embargo, en el universo muy primitivo, en el que la materia estuvo comprimida a densidades increíbles, el espacio entre partículas debió de ser tan pequeño que esas nuevas interacciones pudieron tener lugar impunemente. Así fue posible un medio de cambiar el número de quarks, y con él el número de protones, del universo.

Bastaron unos meses para que los físicos demostraran en el contexto de la TGU que no sólo era teóricamente posible la aparición y desaparición de quarks, sino que todas las condiciones necesarias para la creación de una asimetría materia-antimateria pudieron existir en el universo primitivo.

De modo que aquí tenemos, por fin, la secuencia del nacimiento de nuestro átomo, vista con la lente de la teoría de la gran unificación:

En la pelota de béisbol increíblemente compacta, las partículas elementales exóticas se veían bombardeadas por la radiación energética a ritmos increíbles. En esa época, en una milcuatrillonésima de segundo fluyó más energía por un espacio del tamaño de un átomo actual que la producida por todas las estrellas de nuestra galaxia en toda su vida. Como resultado, las partículas podían cambiar de identidad miles de millones de veces cada milmillonésima de segundo. Se crearon todas las partículas cuya creación era posible. Mientras la temperatura fue lo suficientemente elevada, ese baño de radiación produjo tantas partículas exóticas y superpesadas como partículas se desintegraban en él. Sin embargo, al enfriarse ligeramente el universo, las desintegraciones pasaron a ser los acontecimientos principales. No había tanta energía como para continuar produciendo las partículas superpesadas y éstas empezaron a desaparecer.

Estas partículas condenadas (llamémoslas partículas X) quizá podían desintegrarse en dos quarks o, tal vez, en un quark y un electrón. Como ambas desintegraciones producían quarks antes inexistentes, se produjo el número bariónico, alias "materialidad". Recuérdese, sin embargo, que por cada partícula X que anduviera por ahí en esos momentos, existía también su correspondiente antipartícula X. Las desintegraciones de las antipartículas X producían entonces o dos antiquarks o un antiquark y un positrón (las antipartículas de las partículas producidas en las desintegraciones de las partículas X).

Si las antipartículas X se desintegraban en antipartículas exactamente al mismo ritmo que se producían partículas por desintegración de las partículas X, entonces se producirían tantos antiquarks como quarks. Pero si hubiera la más mínima diferencia entre las tasas de desintegración de cada uno de los canales de desintegración de antipartículas X, en comparación con las partículas X, entonces el número total de quarks restantes después de que todas las partículas y antipartículas X se hubieran desintegrado podría haber sido ligeramente distinto del número de antiquarks.

Lo único que hacía falta era una pequeña diferencia. Un quark de más por cada 1.000 millones de quarks y antiquarks en el universo primitivo sería suficiente para dar cuenta de toda la materia que hoy observamos en el universo. Con el paso del tiempo, el resto de quarks y antiquarks quedaría aniquilado, produciendo los aproximadamente 1.000 millones de fotones por cada protón que hoy observamos en la radiación cósmica de fondo.

Un paso pequeñísimo para el universo, ¡pero un salto gigantesco para la humanidad! Porque en esa imperceptible aunque inmutable diferencia estaba el origen de todos los átomos, todas las personas, todas las estrellas y todas las galaxias de nuestro universo.

Una vez descrito, tampoco parece tanto. ¿Quién iba a creer que esa aleatoria, despreciable y minúscula desigualdad tuviera tan notables consecuencias? ¿Y quién iba a creer que eran necesarios Newton, Maxwell, Boltzmann, Einstein, Dirac, Heisenberg y todos los demás para descubrir esa posible tacha escondida en el cosmos? Si ésta es la mano de Dios en la creación, entonces es la mano más pequeña que uno pueda imaginar. Pero dejando a un lado la especulación teológica, ése *fue* el momento de la verdad en la creación del universo que observamos. Aunque una vez producido ese quark de más sufrió en una fracción de segundo innumerables colisiones, interacciones y transformaciones, sus descendientes nunca llegarían a perder su "quarkidad" básica. No habría nada en el futuro del universo hasta nuestra época capaz de destruir ese pequeñísimo exceso de materia. Lo que las partículas X produjeron una vez, ni el hombre ni ninguna colisión puede destruirlo.

Una vez creada, la "materialidad" del quark perduró a través del tiempo. En cada uno de los átomos de nuestro cuerpo hay un conjunto de quarks creados en esos primeros instantes, hasta los que podríamos remontarnos si tuviéramos los medios informáticos apropiados. El átomo de oxígeno que respiro ahora y que me ayuda a darme la energía necesaria para pulsar las teclas y escribir esta palabra está tan relacionado con un conjunto específico de quarks creados en aquella pelota de béisbol primitiva como yo lo estoy con el padre de mi tatarabuelo. Puede que incluso más.

Por supuesto que remontarse al inicio del tiempo de mi átomo de oxígeno, hasta las desintegraciones anónimas de cierta partícula X desconocida, sólo resulta extraordinario si la hipótesis es acertada. Pero no sabemos todavía si esta secuencia, por plausible y breve que sea, tiene algo que ver con la realidad. Discutir cuántas partículas y antipartículas se produjeron hace miles de millones de años puede parecer una especulación llevada al extremo. ¡Las hipotéticas partículas X existentes en el momento de la creación pueden parecer no más reales que los *Expedientes X*! Pero la buena física no se basa en intuiciones o en relatos fantásticos. Para ser ciencia, los modelos de las teorías de la gran unificación deben ser comprobables.

Lo cual nos devuelve a la actualidad, al oscuro pozo minero de Japón y a un gran depósito de agua pura. La naturaleza es sutil, y parte de la maravilla de la ciencia consiste en descubrir las sutilezas. Los protones, los cuales se componen sólo de quarks y viven en nuestro viejo y tranquilo universo, pueden parecer inmunes a las vicisitudes de la creación y desintegración de las partículas X. Pero no lo son. Una de las predicciones más chocantes de las teorías de la gran unificación es que, a fin de cuentas, los diamantes no son para la eternidad.

Ya he aludido antes a este resultado. Los quarks del interior de los protones *casi nunca* se acercan lo suficiente entre sí para sentir las fuerzas de la gran unificación, pero *casi nunca* y *nunca* no son lo mismo. Si se espera lo suficiente, los dos quarks del interior de un protón, en el interior de un núcleo de oxígeno, en el interior a su vez de una molécula de agua que se halla en el depósito Super-Kamiokande, enterrado a su vez en la mina Mozumi, terminarán por rozarse lo suficiente para transformarse en otras partículas como antiquarks y positrones, originando la desaparición del protón del que forman parte.

El hecho de que las teorías de la gran unificación requieran colisiones de los quarks del interior de los protones para producir e intercambiar momentáneamente partículas X que pueden ser trillones de veces más pesadas que el protón en el que se produce todo este proceso, no es una dificultad insuperable. La mecánica cuántica nos dice que mientras estas partículas superpesadas se intercambien durante un tiempo tan corto que su presencia no se puede medir inmediatamente, incluso por sistema, entonces el hecho de que no parezca haber suficiente energía para su creación inicial tampoco es un problema. Nos guste o no, la mecánica cuántica tiene algo en común con las acciones de diversos presidentes de EE UU: ¡si no te pillan, no has hecho nada malo! Puede que no parezca limpio, pero así funciona el mundo.

Ahora bien, la probabilidad de que dos quarks en el interior de un protón se acerquen lo suficiente como para hacer "puf" de esa manera es, desde luego, pequeñísima. Se calcula que la vida media de los protones, antes de que desaparezcan mediante este procedimiento, es al menos un quintillón de años. ¡Lo cual es más de cien trillones de veces la actual edad del universo! No parece que merezca la pena salir corriendo para vender las acciones de Microsoft que uno posea.

Puede que sea oportuno señalar que esta predicción de la TGU tampoco es susceptible de verificación inmediata. Sin embargo, los físicos experimentales son mañosos y las leyes de la probabilidad son maravillosas. Si la vida media predicha para el protón es de 10^{30} años, entonces la probabilidad de que un protón *cualquiera* se desintegre *este año* es de uno por cada 10^{30}, un número casi infinitesimal. Sin embargo, si se empieza con 10^{30} protones, entonces se puede esperar una media de una desintegración por año.

Ahora bien ¿dónde tenemos 10^{30} protones en un solo lugar? En el agua, por supuesto. El H_2O contiene dos átomos de hidrógeno por cada átomo de oxígeno. Pero el hidrógeno no es otra cosa que un protón rodeado de un electrón y cada átomo de oxígeno contiene ocho protones. En un centímetro cúbico de agua ¡hay aproximadamente 10^{23} protones! Un montón de protones, pero todavía diez millones de veces menos de lo necesario. Por tanto, se necesitan por lo menos diez millones de centímetros cúbicos de agua. Que se pueden almacenar en un depósito de tres metros de lado. Para ir sobre seguro, y obtener más de un éxito a lo largo de la vida del experimento, podemos construir un depósito que tenga al menos diez metros de lado.

¿Qué señal buscamos? Bien, en la desintegración del protón expuesta anteriormente, dos quarks se convierten en un antiquark y un positrón. Este último sale disparado del protón en desintegración. Cuando una partícula cargada viaja con altísima energía a través del agua, emite una ráfaga de luz, al igual que un avión supersónico emite una explosión de sonido. Entonces, se pueden colocar detectores sensibles a la luz en torno a ese volumen de agua. Si se entierra un depósito semejante a gran profundidad, a tanta que los entrometidos rayos cósmicos del espacio no puedan penetrar hasta él y que el agua sea tan pura que no se den en su interior desintegraciones radiactivas que engañen a los experimentadores, tenemos entonces un detector de desintegración de protones. Y una única desintegración de un precioso protón nos indicaría el camino de regreso hasta el origen de la materia.

Poco después de que se propusieran las teorías de la gran unificación en 1974, se puso en marcha toda una serie de experimentos para descubrir protones en desintegración, el mayor de los cuales se llevó a cabo en una mina de sal a las afueras de Cleveland. Recuerdo que, siendo estudiante de licenciatura, a principios de los 80, daba la impresión de que la detección de ese proceso, por el cual mis profesores ganarían otro premio Nobel, era una simple cuestión de tiempo.

Pero ocurre que las noticias hasta el momento no son tan buenas. Seguimos esperando y ya no existe el detector de Cleveland.

De hecho, a mediados de los años 80, los grandes experimentos con agua enterrada habían descartado el modelo de la TGU original y sus predicciones sobre la desintegración de protones. Se estableció un nuevo límite inferior para la vida del protón en 10^{32} años, casi 100 veces mayor que las expectativas originales. Podría haber sido el final, tanto para los experimentos como para la teoría, de no haber sido por dos azares afortunados (uno producto de la experimentación, y el otro de la observación), de esos que hacen del progreso de la ciencia algo tan fascinante e impredecible.

El desarrollo teórico suponía aceptar que muy en el fondo del modelo estándar de la física de partículas podía existir una nueva simetría de la naturaleza. Esta simetría, conocida como *supersimetría*, supone una gran esperanza para explicar muchos aspectos de la naturaleza en su nivel fundamental. En concreto, predice que toda partícula conocida de la naturaleza debe tener *otra* asociada, una *s-partícula* si se quiere, ¡de las que no se ha observado ninguna!

Está claro que un optimista diría, por el contrario, que ya se *han* observado la mitad de las partículas de las teorías de supersimetría. Y nosotros queremos ser optimistas por dos razones: 1) las s-partículas predichas tienen todas ellas (muy adecuadamente) masas demasiado grandes para haberse detectado en los experimentos de los aceleradores; y 2) la supersimetría aporta sensatez a los modelos de la TGU.

Ahora que hemos medido con precisión las fuerzas relativas de las fuerzas fuerte y débil usando aceleradores de partículas, podemos confirmar que no pueden fundirse con la fuerza electromagnética a una única escala, según se predijo en el contexto original de los modelos TGU. Sin embargo, al añadir la supersimetría, las partículas adicionales que quedan por descubrir cambian la predicción de tal modo que las tres fuerzas pueden fundirse con gran belleza. Se trata de una predicción notable que añade credibilidad al panorama de la TGU.

Más aún, la escala de distancia a la cual se da esa fusión es tal vez menor en un orden de magnitud de la que se había supuesto en los modelos iniciales de la TGU. La consecuencia de esto para la desintegración del protón es evidente. Si los quarks deben estar todavía más juntos para poder aniquilarse mutuamente, el protón habrá de vivir más tiempo. Las estimaciones actuales en los modelos supersimétricos están en la franja de los 10^{34} a 10^{35} años: ¡mucho más que los límites actuales!

Mientras estos desarrollos teóricos estaban en marcha, la naturaleza tenía más sorpresas que mostrar. Los grandes detectores de desintegración de protones construidos como respuesta a las ideas de la TGU resultaron ser útiles para otras cosas. Debido a su inmenso tamaño, eran estupendos detectores de neutrinos, esas partículas exóticas producidas en las desintegraciones de neutrones y en las reacciones nucleares del Sol y las estrellas. El 23 de febrero de 1987 dos grandes detectores de desintegración de protones, el detector IBM de Cleveland y el primer detector Kamiokande de Japón (un precursor del actual Super-Kamiokande, que es mucho mayor), registraron 19 apariciones de neutrinos en un intervalo de diez segundos. No parecen muchos, pero en el campo de los neutrinos ¡es como para quedar abrumado por los datos! Una vez asentada la polvareda, quedó claro que los detectores habían observado la señal de neutrinos de una estrella que había explotado a más de 100.000 años luz, en el otro extremo de la Vía Láctea. Quedaba inaugurado el campo de la astronomía del neutrino.

En cuanto se aceptó que los detectores de desintegración de protones podían desdoblarse como detectores de neutrinos, el gobierno japonés libró fondos para construir el detector Super-Kamiokande en la misma mina y diez veces mayor que el anterior. Nunca se había llevado a cabo un proyecto a esa escala a semejante profundidad. La logística fue increíble. Había que purificar, almacenar y guardar con limpieza inmaculada 50.000 toneladas de agua durante años y años. Había que conectar 11.000 tubos sensores fotomultiplicadores de ultimísima generación y controlar las 24 horas del día los 365 días del año sin falta. Pero el detector Super-Kamiokande se puso en marcha el mismo día de 1995 previsto con años de antelación.

Así que en ésas estamos hoy, observando y esperando. El detector Super-K tiene el volumen y la sensibilidad para detectar las desintegraciones predichas por la mayoría de los modelos supersimétricos. No es sorprendente que en la docena de años que ha transcurrido desde que se construyó la primera generación de detectores de desintegración de protones haya habido teóricos ingeniosos que han propuesto otras posibilidades para explicar la generación de una asimetría materia-antimateria en el universo primitivo, incluso aunque, Dios no lo quiera, no haya TGU.

Sin embargo, el panorama pintado aquí es francamente verosímil. Hay un buen motivo para creer que nuestro átomo de oxígeno puede remontarse en su árbol genealógico hasta la primitiva pelota de béisbol. En ese momento se produjo un sorteo cósmico. Las posibilidades de ganar eran de una entre 1.000 millones. Pero los sorteos suelen tener un ganador y en éste no hubo excepción, incluso aunque no se le diera ninguna publicidad en su momento. Las apuestas eran elevadas. Ganar significaba dar a luz un universo visible y vibrante de vida y consciencia, aunque el cobro del premio quedara a miles de millones de años de distancia. Todos y cada uno de los átomos del universo comenzaron su vida sólo como resultado de una enorme suerte frente a tremendas posibilidades en contra. Por supuesto que hay un largo camino desde allí hasta aquí, de los quarks a los átomos y a los humanos, pero la violenta chiripa asociada al nacimiento de la materia seguirá resonando a lo largo de las vidas de nuestro átomo.

Y si la existencia de éste comenzó con una inocua serie de desintegraciones de partículas X hace 12.000 millones de años, es posible que en el depósito del Super-Kamiokande se haya desintegrado un protón cuando este libro se esté traduciendo al japonés.

4
¿Innato o adquirido?

¡Tres quarks para Muster Mark!
James Joyce

Si uno se dirige hacia la parte oriental de Long Island saliendo de la autopista, pasa por las residencias veraniegas de la gente muy rica o simplemente rica que dan a esa zona su especial atmósfera. East Hampton y West Hampton están situados a 50 minutos en coche de un laboratorio de aspecto nada llamativo que se ha convertido en lugar de descubrimientos que han proporcionado varios premios Nobel. Ahí, en el Laboratorio Nacional de Brookhaven, llevan cuarenta años extrayendo de la materia partículas elementales, acelerándolas a gran velocidad y estrellándolas sin miramientos contra diversos blancos para determinar la naturaleza de las fuerzas que hacen que el mundo esté compuesto de átomos. En el lugar del acelerador original que inició la moderna revolución de nuestra comprensión de la fuerza fuerte en 1974, se ha construido otro nuevo para intentar recrear la sopa de quarks que cuajó en un primer momento para formar la materia.

Al nuevo acelerador se le llama colisionador de iones pesados relativistas [RHIC por sus siglas en inglés]. En lugar de acelerar partículas elementales básicas, como protones o electrones, hasta alcanzar grandes energías, este dispositivo hace añicos los núcleos de átomos pesados como el hierro o el uranio estrellándolos unos contra otros. Estos núcleos contienen cientos de protones y neutrones. Si la energía de la colisión es lo bastante alta, tal vez se puedan crear unas condiciones comparables a las del primitivo universo en grandes volúmenes o, por lo menos, grandes en comparación con el tamaño de un protón, aunque desde luego todavía microscópicos en sentido absoluto. Con mucha suerte, se podría "derretir" la zona microscópica entera en la que se produce la colisión, calentándola a una temperatura tan elevada que los quarks podrán comportarse momentáneamente en su interior como sus parientes nacidos hace 10.000 millones de años, mucho antes de que los quarks se combinaran para formar las partículas que vemos en la actualidad.

Descendiendo todavía más por la costa este de Estados Unidos, se encuentra a pocas millas de la pintoresca ciudad de Williamsburg, cerca de las hermosas playas de Virginia, un acelerador de partículas bien diferente que dispara haces de electrones sobre blancos que son núcleos atómicos. Ahí se realizan experimentos para descubrir cómo surgen las propiedades de los núcleos atómicos a partir de las propiedades subyacentes de los quarks combinados para formar sus protones y neutrones.

Ambos tipos de máquinas, tan distintas, se han diseñado para abordar aspectos complementarios del mismo e irritante rompecabezas. Toda la materia que vemos en el universo surgió de un pequeño exceso de quarks sobre los antiquarks que, como ya he descrito, se formaron seguramente en los primerísimos instantes del Big Bang, en unas condiciones increíblemente extremas de temperatura y densidad. Sin embargo, los núcleos de los átomos que componen la materia que vemos hoy no reflejan directamente las propiedades de sus quarks constituyentes. Poco antes de que el universo se enfriara hasta una temperatura de 10.000 millones de grados, momento en el cual ya se habían formado, en general, todos los protones hoy existentes, la física de los quarks tuvo que transformarse en la física de los núcleos.

Se mire como se mire, una temperatura de 10.000 millones de grados es muy alta. Pero, comparada con esas cantidades astronómicamente grandes a las que nos hemos enfrentado hasta ahora, resulta manejable. Podemos imaginar el número 10.000 millones. Es la cantidad de dólares en la que suele oscilar el grupo de empresas de Bill Gates cada vez que Microsoft sube o baja diez puntos en la bolsa. Es posible que el total de personas que haya habitado la Tierra sea de unos 50.000 millones. Contar hasta 10.000 millones nos llevaría unos 100 años, contando lo más rápido posible y sin tomarnos un respiro. Gastar 10.000 millones de dólares, por otra parte, no le lleva ni una tarde al Congreso de Estados Unidos.

Al universo le costó más o menos un segundo enfriarse desde el estado de pelota de béisbol primitiva de los capítulos anteriores a la temperatura de 10.000 millones de grados. Puede que no parezca siquiera tiempo, pero nuestros relojes internos no son los que debemos usar en este caso. Un reloj razonable sería uno adosado a una partícula en el gas de radiación, que hiciera tictac cada vez que esa partícula interactuara con otra. He calculado el número de colisiones que pudieron haberse producido en un centímetro cúbico del universo entre la era de la pelota de béisbol primitiva y lo que podríamos llamar la era de la química nuclear, cuando el universo tenía un segundo de edad. La respuesta es *muy* grande o, como decimos los científicos, engorrosa. En el primer segundo pudieron haberse dado, aproximadamente, 10^{89} colisiones. En comparación, en cada centímetro cúbico del ardiente núcleo del Sol han debido darse un total de 10^{55} durante sus 5.000 millones de años. Es decir, unos 10.000 quintillones de veces menos que las ocurridas en ese mismo volumen durante el primer segundo del universo. El número de colisiones de los átomos en ese volumen de aire durante los 4.000 millones de historia de la vida en la Tierra es de unos 10^{45}. ¡Todavía 10.000 millones de veces menos!

El primer segundo fue por tanto un segundo de mucha actividad. Si en este libro atribuyera un tiempo proporcionado a esa era basándome en la actividad, definida ésta como el número de interacciones de las partículas en cuestión, toda la historia cosmológica posterior a ese instante no equivaldría, por supuesto, ni a una simple coma. Sin embargo, la ventaja de escribir una biografía, aunque sea cósmica, es que el autor elige lo que le parece significativo. Y a pesar de los innumerables cambios que se dieron en aquel fantástico segundo, la marcha inexorable desde el inicial exceso de quarks sobre los antiquarks hasta un universo lleno de protones y neutrones estuvo casi completamente predeterminado cuando se desintegró la última partícula X en el alba de los tiempos.

Casi.

Veamos. Hasta que el universo llegó a la edad de una millonésima de segundo, los constituyentes de la sopa primitiva no se parecían a ningún objeto visto corrientemente en nuestro entorno o que hayamos aislado en un laboratorio. En aquella época los quarks estaban libres por todas partes y la materia no tenía masa.

Ningún científico de ningún laboratorio de la Tierra ha visto nunca un solo quark, pese al hecho de que sabemos que los quarks componen los núcleos de todo lo que nos rodea. Ahora comprendemos por qué. Como ya indiqué antes, los quarks ejercen una fuerza sobre los demás que se hace más fuerte cuanto más se separan. Se necesitaría una cantidad infinita de energía para separar infinitamente a dos quarks. Parece que están "condenados" para siempre a vivir dentro de partículas como los protones y los neutrones, de los que son constituyentes.

Siempre que pienso en los quarks dentro de los núcleos me acuerdo de aquella novela maravillosa y frustrante que es *La mujer de la arena*, del escritor japonés Kobo Abe. En ella el confiado amante de una mujer solitaria se ve atrapado en la casa de su amada, rodeada de dunas por todas partes. Cada vez que intenta escapar trepando por las paredes de las dunas, se le deshacen al tacto y resbala. También los quarks pueden haber nacido libres pero están encadenados por todas partes.

Los detalles precisos de la transformación entre quarks, los ladrillos definitivos de la materia, y de protones y neutrones, piedras angulares de los átomos, no se comprenden aún por completo, pero sabemos que la transformación en sí no pudo haber sido muy drástica. Cuando el universo tenía una millonésima de segundo, la distancia media entre los quarks de la sopa primordial era menor que la distancia media entre los quarks cuando se encuentran dentro de un protón o un neutrón de tamaño normal. He aquí un dibujo de este gas de quarks, mostrando en qué lugar se encuentra cada quark en un momento dado:

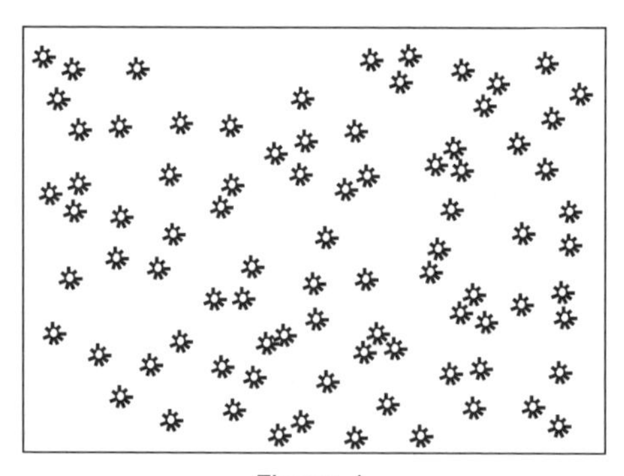

Figura 1

Ahora bien, si la distancia media entre los quarks es menor que la que habría si cada uno de ellos se encontrara en el interior de un protón o un neutrón, entonces llamar gas de protones y neutrones a este gas en lugar de quarks es algo bastante arbitrario. ¿Cómo sabe cada quark en qué protón o en qué neutrón se encuentra? Por ejemplo, puedo trazar líneas dibujando protones y neutrones como en la figura siguiente:

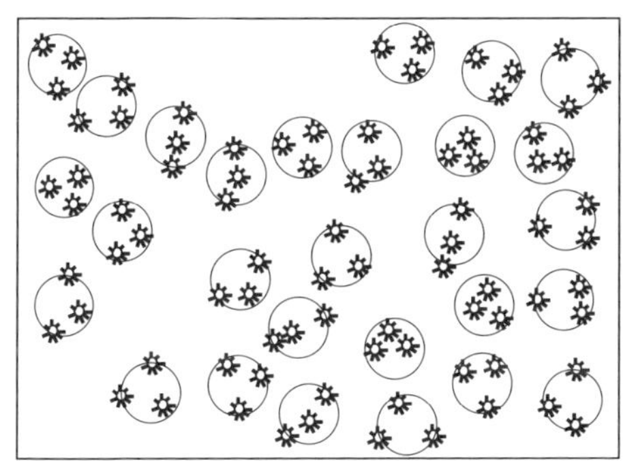

Figura 2

Pero también podría dibujar otras líneas que representaran protones y neutrones:

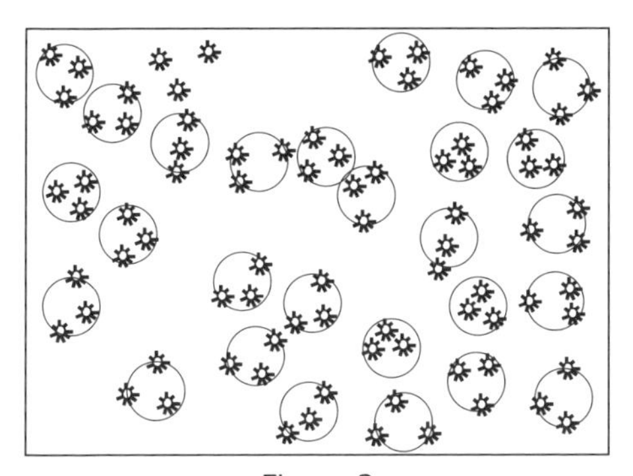

Figura 3

La cuestión es que, si los quarks están empaquetados con la densidad suficiente, lo que llamamos protones y neutrones es, en realidad, tan arbitrario como los dibujos de los círculos trazados aquí. No hay una diferencia física significativa entre un denso gas de quarks y un denso gas de protones y neutrones.

Sin embargo, conforme el universo se expandía y disminuía la densidad de quarks, la distancia media entre los quarks también se incrementaba. Pero a medida que los quarks se iban separando más y más crecía la fuerza que los mantenía unidos. En último extremo, los quarks quedaron confinados en protones y neutrones bien separados entre sí.

Pero ¿qué pasaría si durante ese proceso algunos quarks no encontraran compañeros cercanos, como los situados arriba a la izquierda en la figura 3? Bien, conforme se iba separando cada quark del quark más próximo y no confinado, la energía de interacción entre ambos se hacía tan grande que comenzó a superar la masa en reposo de los quarks. Recuérdese que hace falta una cantidad infinita de energía para separar dos quarks a una distancia infinita. En este caso, para los quarks (y antiquarks) resulta energéticamente favorable aparecer en el espacio vacío, tal como permiten las leyes de la mecánica cuántica. Apareciendo cerca de quarks solitarios y vinculándose a ellos para formar protones y neutrones, esas partículas nuevas reducen las energías de interacción de los quarks originales con quarks lejanos en una medida mayor que la energía requerida para que se materialicen los nuevos quarks. Una vez más, la mecánica cuántica arregla la situación y, al final, obtenemos los pilares constituyentes de los átomos que llevamos conociendo y amando durante casi un siglo.

La verdad es que, de no haberse dado en el universo otra transformación mucho más drástica antes de esa época, estos bloques, quarks y electrones, no habrían sido capaces de enlazarse para formar átomos. Hoy creemos que, en algún momento en torno a la billonésima de segundo después del Big Bang, las partículas elementales como los quarks pasaron súbitamente a tener masa. De no haber ocurrido esto, no podríamos contar el resto de la historia. Sólo porque la materia tiene masa puede colapsarse en estructuras del tipo de los átomos, estrellas y galaxias que componen nuestro universo visible.

Encuentro extrañamente reconfortante que una de las cosas que más podemos dar por supuesta, nuestra propia corporeidad, no se dio en la naturaleza desde el principio. Si la imagen que nos hacemos es correcta, hasta eso es un fenómeno *ambiental*. Por ejemplo, aquí en la Tierra estamos acostumbrados al hecho de que en cualquier lugar existe un sentido bien definido para el concepto "abajo": si soltamos algo, se nos cae. Pero también aceptamos que "abajo" es un accidente de nuestras circunstancias. Si vivimos en Australia, "abajo" es completamente distinto del "abajo" de Nueva York.

"Abajo" es un concepto ambiental porque vivimos en el ambiente de la Tierra. Nos hemos familiarizado con este sencillo hecho durante los cinco siglos pasados, a raíz del descubrimiento griego inicial de que la Tierra es redonda y el posterior descubrimiento de Newton acerca de la naturaleza de la gravitación. Durante los 30 últimos años los físicos han aceptado que otros muchos aspectos del mundo de nuestra experiencia pueden reflejar accidentes ambientales semejantes.

El detonante de esta nueva comprensión fue haber caído en la cuenta de que dos de las cuatro fuerzas básicas de la naturaleza, el electromagnetismo y la fuerza débil, aun siendo completamente distintas en carácter, eran idénticas a nivel microscópico, y que las diferencias observadas eran en su origen completamente ambientales.

Imaginemos, por ejemplo, que la superficie de la Tierra se hallara embutida entre dos grandes láminas circulares eléctricamente cargadas. Si la lámina exterior tuviera carga negativa y la interior positiva, entonces cualquier carga positiva sobre la superficie de la Tierra se vería atraída hacia arriba, hacia la lámina negativa (recuerde: las cargas opuestas se atraen). Si la carga eléctrica de la lámina exterior estuviera adecuadamente equilibrada, entonces ciertas partículas cargadas positivamente, por ejemplo los protones, podrían "levitar" de tal modo que la fuerza eléctrica hacia arriba equilibrara la fuerza gravitatoria hacia abajo. Así que en el mundo de nuestra experiencia los protones se comportarían como si no tuvieran peso sobre la superficie de la Tierra. Los objetos eléctricamente neutros, como nosotros mismos, no sentirían la fuerza eléctrica y tendrían su peso normal. Los objetos negativamente cargados como los electrones se verían repelidos hacia abajo por la lámina exterior, además de verse atraídos hacia abajo debido a la gravedad, y por ello aparentarían pesar más que si se hallaran en otras condiciones.

Todo ello podría parecernos básico hasta que descubriéramos la existencia de las láminas. Entonces nos daríamos cuenta de que las propiedades subyacentes a todos los objetos serían diferentes de lo que habíamos imaginado, y que lo que anteriormente habíamos considerado básico era un accidente de nuestras circunstancias.

Esto es exactamente lo que ocurrió con la física de partículas a lo largo de los años 60 y 70. Las diferencias básicas percibidas entre el electromagnetismo y la fuerza débil pasaron a considerarse un accidente de nuestras circunstancias. Como resultado de los factores dinámicos subyacentes, que hoy sólo se comprenden parcialmente, se cree que en la naturaleza se desarrolló una especie de "campo" de fondo cuando el universo tenía aproximadamente una billonésima de segundo. Al modo del campo eléctrico del ejemplo anterior, este campo de fondo afecta a la dinámica de ciertas partículas elementales. Los portadores de la fuerza electromagnética, los fotones, no notan la presencia de este campo y se comportan como las partículas sin masa que en realidad son. Sin embargo, las partículas que transmiten la fuerza débil se ven afectadas por la presencia de este campo y se comportan como partículas pesadas sobre ese fondo. Por tanto, en consecuencia, la fuerza débil comenzó a comportarse de manera muy distinta de la fuerza electromagnética cuando el universo tuvo una billonésima de segundo.

Este campo de fondo, llamado *campo de Higgs*, no es inmediatamente detectable, pero su existencia se deduce por su efecto sobre las partículas elementales. Más aún, si este panorama es correcto, existen partículas elementales asociadas, llamadas *partículas de Higgs*, que se podrán crear en los nuevos aceleradores de partículas que entrarán en funcionamiento dentro de una década. Si damos por hecho que el panorama es correcto, es precisamente este campo el que proporciona la masa a todas las partículas que forman la materia. Los quarks son más pesados que los electrones porque la fuerza con la que interactúan con el campo de fondo es diferente. El efecto es como empujar un objeto pesado sobre un suelo pulido. El objeto presenta cierta resistencia a nuestro empuje, por lo que deducimos que tiene cierto peso. Pero si de repente nos encontramos una zona rugosa en el suelo, la resistencia se incrementa de forma inmediata. Para que el objeto se mueva, hay que empujar más. Y nuevamente nos damos cuenta de que este efecto es ambiental y no una propiedad intrínseca del objeto. De modo similar, se cree que la inercia mostrada por las partículas elementales (su resistencia a los cambios en su movimiento bajo la acción de fuerzas externas) se ve afectada por su interacción con este campo de fondo que se formó cuando el universo tenía una billonésima de segundo. Sin ese campo, la materia no podría existir en su forma actual. Y así como los quarks sin masa podrían enlazarse entre sí, los objetos que formaran tendrían propiedades muy distintas de las que tienen las partículas de materia que componen nuestro universo observable. Desde luego, en un mundo así los núcleos estables y los átomos sencillamente no surgirían.

En cualquier caso, hasta que el universo no envejeció un millón de veces, tampoco estuvo preparado para ellos.

5
Diez minutos para morir

El misterio inicial que acompaña a cualquier viaje es: ¿cómo llegó el viajero a su punto de partida?
Louise Bogan

Es bastante posible que todos los elementos que han llegado a formarse en el universo y algunos otros que jamás existieron se reunieran momentáneamente en el atolón de Eniwetok, en el Pacífico, el 1 de noviembre de 1952, a las 7 horas, 14 minutos y 59'4 segundos, en el preciso instante en que todo bicho viviente de la isla de Elugelab quedó volatilizado en el acto. La humanidad había dominado la energía de las estrellas con una bomba llamada Mike.

La explosión de Mike en aquella mañana de noviembre no estaba pensada para hacer ciencia "pura", aunque lo cierto es que el elemento número 100, al que más tarde se bautizó como fermio, se aisló por primera vez en los restos de la explosión. El objetivo era saber cómo destruir cosas con mayor eficiencia, y la explosión termonuclear que destruyó Elugelab tardó como mucho unos pocos segundos en engullir la isla entera en una bola de fuego.

Por otro lado, el Big Bang, que por lo que sabemos no estuvo destinado tampoco a hacer ciencia pura, tardó algunos minutos en formar algunos elementos más pesados que el hidrógeno. E incluso con el poder explosivo de la mayor explosión de la historia cósmica, el universo detuvo, en términos generales, su cocina nuclear tras producir el segundo elemento más ligero, el helio.

Por supuesto que el universo sigue ganando por mucho en casi todas las demás cuentas. La temperatura máxima de la bola de fuego de Mike fue como mucho unos 100 millones de grados, unas 100 veces menor que la temperatura a la que el universo empezó a formar sus núcleos. Y la explosión de Mike apenas produjo suficiente helio para llenar un globo meteorológico grande. Por contra, el universo produjo en esos escasos minutos más del 90% de todos los núcleos de helio hoy existentes, que equivalen aproximadamente al 25% de la masa visible de todas las estrellas y galaxias que pueden captar nuestros telescopios.

A 10.000 millones de grados, el universo de un segundo de edad era un lugar muy diferente del infierno primordial donde habían nacido los quarks, debido en parte a las transformaciones cósmicas descritas en el capítulo anterior. Más aún, lo que se transformaría en el universo actualmente observable ya había evolucionado en ese momento hasta ocupar una escala astronómica: unas 2.000 veces el tamaño de nuestro sistema solar o aproximadamente un año luz de diámetro, casi la distancia actual entre nosotros y la estrella más próxima.

La densidad media del universo en esa época era de aproximadamente un gramo por centímetro cúbico, la densidad del agua. No es una densidad que tengamos que imaginar: la percibimos todos los días. Casi podría parecernos familiar, con la diferencia de que su temperatura era de unos 10.000 millones de grados. Lo más importante de todo es que por vez primera en la historia cósmica los componentes microscópicos del universo empezaron por fin a parecerse a los que hoy observamos. En nuestro cuerpo llevamos protones, neutrones y electrones cuyo origen se remonta a aquel momento.

No hace falta tener una máquina tan compleja como el acelerador RHIC de Long Island antes descrito si lo único que uno quiere es conseguir núcleos convencionales. La capacidad de recrear los procesos por los que nuestros protones y neutrones primitivos se combinaron para formar los primerísimos núcleos surgió hace 50 años con el desarrollo del reactor nuclear y, ¡ay!, gracias a las armas nucleares de las que Mike fue pionera. Puede que hasta la explosión de Mike la Tierra no hubiese vuelto a experimentar la intensidad de sus dolores de parto, pero incluso antes de que esa espantosa nube en forma de hongo se levantara sobre el Pacífico, los físicos ya habían empezado a convertir en realidad el sueño inmemorial de los alquimistas de transmutar los elementos.

El núcleo del átomo de oxígeno, que será el principal protagonista de nuestra historia, lo componen 16 partículas muy especiales, ocho protones y ocho neutrones. Cada partícula es especial porque cada una fue elegida entre los aproximadamente 10^{78} protones y neutrones del universo observable para formar este núcleo de oxígeno que, finalmente, al cabo de unos 5.000 millones de años, se encuentra en la superficie de un planeta verdiazul, en los confines exteriores de una galaxia situada en los confines exteriores de un cúmulo de galaxias que está a su vez en los confines exteriores de un supercúmulo de galaxias que un día engullirá la mayor parte de lo que vemos.

Cuando examinamos la superficie de nuestro planeta no podemos encontrar rocas de más de 4.000 millones de años, por lo que tendemos a pensar que son los objetos más antiguos de la superficie de la Tierra. Esto es falso, por supuesto. Las partículas que forman las rocas, incluso las más jóvenes, que salieron despedidas ayer mismo como parte de la lava que fluye de un volcán activo en el Pacífico Sur, son mucho más antiguas. Por lo menos siete, y muy probablemente hasta diez, de las 16 partículas de nuestro núcleo de oxígeno han existido sin alterarse desde que el universo tenía un segundo de edad. Todas las partículas circulaban por ahí antes de que la primera estrella reluciera en el universo.

Entre las partículas más antiguas hay al menos siete protones, y puede que dos afortunados neutrones que remontan su edad a la misma época. Uno de los protones es unos pocos minutos más joven que el resto. Como veremos, los demás neutrones son probablemente un millón de años más jóvenes, como mínimo, aunque aún y todo siguen siendo millones, cuando no miles de millones de años más antiguos que nuestra Tierra y nuestro Sol.

Cuando el universo tenía casi un segundo de vida, cada uno de los ocho neutrones y los ocho protones en cuestión cambiaban de identidad reiteradamente a razón de diez veces por segundo, de modo que es difícil decir qué era cada uno de ellos. Sin embargo, a medida que el universo se expandía y enfriaba, las partículas siguieron apartándose más y más de sus vecinos. En el momento en que el universo cumplió un segundo de edad, los protones y neutrones estaban ya separados entre sí unas 100.000 veces sus diámetros. La abundancia de otras partículas en la radiación gaseosa (electrones, neutrinos y sus antipartículas) con las que podían interactuar era mucho mayor. Pero incluso la densidad de estas partículas ya había disminuido sustancialmente en ese momento. La distancia media entre un protón y el electrón más cercano con el que combinarse era unas 1.000 veces el tamaño del propio protón. Así, en el momento en que el universo tuvo un segundo de vida, los protones y los neutrones ya no podían emparejarse con los electrones y neutrinos a velocidad suficiente como para contrarrestar el ritmo al que se separaban las partículas. Como mínimo, los protones ya no iban a desaparecer.

Sin embargo, los neutrones han llevado siempre una existencia más precaria. Hasta empezaron con cierta desventaja. Como son ligeramente más pesados que los protones, al bajar la temperatura el ambiente se hizo más favorable energéticamente a las colisiones entre protones y neutrones que producen protones en lugar de neutrones. Cuando el universo ya tenía un segundo de vida, y quedó fijado el número de protones y neutrones, sólo quedaba un 20% de neutrones en comparación con el total de protones.

(Para los que gustan de dar vueltas a estos temas, esto representa otra coincidencia cósmica. La proporción residual neutrón/protón difiere justamente de cero o uno sólo porque la energía media del gas de radiación a la temperatura a la cual el número de neutrones y protones se estabiliza está muy próxima a las masas de reposo del protón y del neutrón. Al cambiar ligeramente la fuerza de la interacción débil cambiaría la temperatura de estabilización de ese número y podría alterar drásticamente la proporción remanente neutrón/protón en esa época. Si en la actualidad la proporción neutrón/protón fuera cero, el Sol podría no ser lo bastante brillante como para sustentar la vida en la Tierra. De ser la unidad, no habría estrellas como el Sol).

Desde el momento en que se estabilizó la relación neutrón/protón, las cosas se pusieron todavía peor para los neutrones. Cada uno tenía unos diez minutos de vida, siendo el resto de las condiciones iguales. Pero otra coincidencia notable vino a salvar la situación. Aunque los neutrones y protones habían dejado de convertirse unos en otros al cabo de un segundo, pudieron empezar a enlazarse gracias a la fuerza fuerte para formar núcleos atómicos. Esto fue posible gracias a que la probabilidad de que un protón y un neutrón se enlazaran para formar un núcleo de hidrógeno pesado (el deuterio) era mucho mayor que la probabilidad de que un protón capturase a un electrón para convertirse en un neutrón. Una vez enlazados protón y neutrón, el neutrón estuvo a salvo. Las razones de tipo energético que ya he descrito impidieron que el neutrón se desintegrara.

Sin embargo, persistía un problema. La fuerza de enlace entre protón y neutrón en el deuterio es muy débil. Por ello, siempre que la temperatura siguiera siendo lo bastante alta, las colisiones energéticas con cualquier partícula del gas de radiación, incluyendo los fotones, podían romper el frágil núcleo de deuterio. Varios de los neutrones que más adelante se convirtieron en parte de nuestro átomo de oxígeno pudieron haber formado parte en esta época de un núcleo de deuterio, viendo interrumpida su existencia como tal casi inmediatamente después de su creación. Cuando el universo tuvo unos 200 segundos, sin embargo, el gas de radiación se había enfriado lo suficiente como para que empezara a formarse el deuterio.

En ese intervalo de tiempo, casi el 40% de los neutrones originales fabricados durante el Big Bang no sobrevivieron a la espera y se desintegraron en protones. Al final del primer segundo había unos dos neutrones por cada diez protones, de modo que después de la desintegración del neutrón debía haber en el universo muy poco más de un neutrón por cada diez protones. A los 200 segundos, quizá uno de cada diez protones se formó a partir de la desintegración de un neutrón. Como hay ocho protones en nuestro átomo de oxígeno, existe una posibilidad razonable de que uno de los ocho proceda de un neutrón por este procedimiento y que fuera por ello unos 200 segundos más joven que sus parientes. 12.000 millones de años más tarde, esa diferencia de 200 segundos no parece gran cosa.

Por supuesto que las cosas no acabaron ahí. Como la fuerza de enlace de neutrones y protones en el núcleo del segundo elemento más ligero, el helio, es mucho mayor que la de enlace de un protón con un neutrón para formar deuterio, al poco tiempo de que se formaran los núcleos de deuterio (p+n) éstos chocaron con protones y neutrones para formar núcleos de helio (2p+2n). De este modo, prácticamente todos los neutrones supervivientes del universo se amalgamaron enseguida en núcleos de átomos de helio durante los primeros minutos después del Big Bang.

Hay dos rasgos asombrosos en todo este proceso. El primero es que el tiempo transcurrido para que el universo se enfriara lo suficiente por vez primera para permitir que se formara deuterio fue de unos 200 segundos, sospechosamente cerca de la vida media de un neutrón libre, que es de unos 600 segundos. Si el enlace de protones y neutrones en el deuterio hubiera sido significativamente distinto, entonces el universo tendría que haberse enfriado durante mucho más tiempo, antes de pudiera formarse deuterio. ¡Pero si hubiese transcurrido más tiempo, se habrían desintegrado todos los neutrones! En consecuencia, si se formó helio en el Big Bang fue porque la energía de enlace entre protones y neutrones para formar deuterio tenía justamente el valor que tuvo.

La segunda cosa sorprendente es que podemos utilizar este panorama para *predecir* automáticamente cuánto helio debió de haberse producido en el Big Bang. Como hay dos neutrones en el núcleo de helio, si todos los neutrones disponibles terminaran como helio, la fracción de núcleos de helio comparada con los protones restantes sería ligeramente mayor que aproximadamente la mitad de la proporción original entre neutrones y protones. (Sería *exactamente* la mitad de la proporción original, si no fuera porque algunos de los protones primitivos están ahora enlazados en núcleos de helio, dejando así menos protones sueltos). Sin embargo, como un núcleo de helio pesa unas cuatro veces más que un protón, la proporción de *masa* del universo en helio comparada con la de protones sería de unas dos veces la proporción neutrón/protón. Como esta proporción fue aproximadamente de un 12% en el momento en que se empezó a formar deuterio, eso significa que podemos *predecir* que la abundancia primitiva de helio después de unos pocos minutos tuvo que ser aproximadamente el 24% de la masa. En la actualidad, cuando sumamos el helio que suponemos hay en las estrellas, en el gas interestelar, etcétera, la proporción helio/hidrógeno es notablemente uniforme y se sitúa entre el 24% y el 28%. Esta concordancia entre las predicciones de la teoría de la aparición de núcleos en el Big Bang, basada en medidas de reacciones nucleares en laboratorio, y la observación del universo es una razón más por la que sabemos que realmente hubo un Big Bang.

Así que ya hemos justificado el nacimiento de los ocho protones que más adelante contribuirán a formar nuestro átomo de oxígeno. Todos se formaron en el transcurso de un minuto más o menos después del Big Bang y han estado ahí unos 12.000 millones de años para ir a parar justamente donde hoy se encuentran. Pero la historia de los neutrones no está tan clara. Uno de cada diez bariones supervivientes del primer minuto era un neutrón, y pasados tres minutos más o menos todos estaban situados en los núcleos de los átomos de helio. Recordemos, sin embargo, que sólo el 7% de los núcleos era de helio en ese momento (el resto era de hidrógeno, es decir, protones). En el transcurso de 12.000 millones de años la naturaleza ha encontrado otras formas de fabricar helio y núcleos más complejos. Lo cual es una suerte para nosotros, porque si sólo se pudiera contar con protones y núcleos de helio, es muy probable que la vida nunca hubiera llegado a surgir. Pero esto significa que algunos de los protones primitivos pasaron a ser neutrones en algún momento entre el Big Bang y el momento presente. Algunos de los neutrones de nuestro átomo son, por tanto, neófitos disfrazados de protones hasta que llegó su hora. Para averiguar cuál de estos recién llegados recorrió todo el camino (si es que lo hizo alguno) hasta nuestro átomo de oxígeno, tenemos que esperar no minutos, sino miles de millones de años.

Fueran protones o neutrones en sus inicios, hoy podemos identificar las 16 partículas de nuestro átomo de oxígeno con partículas concretas, sin relación entre ellas, existentes en el universo cuando éste tenía unos pocos minutos de vida y a las que sólo el destino conectó más adelante. Dado el intenso infierno de los primeros segundos, seguidos de los desesperados minutos de cocción nuclear, de la que se salvaron algunas partículas mientras otras se perdían para siempre, el período que siguió podría parecer unas vacaciones increíblemente largas.

En todo caso, aunque todas estas partículas tenían un origen común, sus historias empezaron a separarse en ese momento. Era hora de que el universo encontrara alojamiento a cada una, aunque fuese temporal. Para estas criaturas la naturaleza ya había actuado, y la posterior crianza creó diversidad donde antes no la había. Durante todo este tiempo, y entre bambalinas, se produjeron acontecimientos que terminarían por unir estas partículas casi para la eternidad.

A pesar de todo, debemos recordar que en esa época no existía todavía ni un solo átomo en el universo. Es decir, si entendemos por *átomo* al objeto que da a un elemento las propiedades que hoy observamos. Los protones aislados y los neutrones y protones que forman respectivamente los núcleos de hidrógeno y helio todavía no estaban arropados por la cubierta exterior de electrones. Lo que hace que los elementos aparezcan como son, con su química y las reacciones que conducen a la vida, deriva de los electrones que rodean a los núcleos. Un núcleo sin sus electrones es como un guardia de Buckingham Palace sin su uniforme.

6
Cien millones de años de soledad

Me espanta el silencio eterno de esos espacios infinitos.

Blaise Pascal

El electrón es la partícula más ligera de la Tierra. Su masa es prácticamente insignificante, equivale a menos de 1/2.000 de la masa de todo lo que vemos. Podríamos quitarnos todos los electrones de nuestro cuerpo y no notaríamos la diferencia al pesarnos. Y sin embargo, a pesar de su insignificante masa, es posible que los electrones sean las partículas más importantes de la naturaleza, por lo menos para nosotros, porque determinan casi todos los aspectos observables de nuestra existencia.

El electrón fue la primera partícula elemental descubierta en la naturaleza, hace poco más de 100 años, cuando Lord Thomson midió las propiedades de unos misteriosos "rayos catódicos", observados como un brillo que se producía al pasar una corriente eléctrica por un tubo de vacío. Hoy comprendemos que ese brillo está asociado a la luz liberada por las excitaciones químicas de los electrones de los pocos átomos de gas que quedan en el tubo, cuando son bombardeados por los electrones que se mueven en la corriente.

Los electrones, al igual que sus primos bariónicos, los protones y los neutrones, tienen antipartículas, llamadas en este caso positrones. Cuando el universo tenía una temperatura de aproximadamente 1.000 millones de grados, el número de electrones y positrones era casi igual. Sin embargo, a los pocos minutos, cuando ya se había formado helio, los electrones debieron repetir la misma opereta representada por los protones y neutrones en la primera millonésima de segundo después del Big Bang. Casi todos los electrones y positrones debieron de aniquilarse mutuamente, dejando sólo la mil millonésima parte de electrones que comenzaron toda esa explosión, rodeada de un mar de radiación. Esos electrones, uno por cada protón del universo, terminarían por emparejarse con los protones para formar materia neutra. Pero hasta que el universo no tuvo 300.000 años no fueron más que una de las partículas de gas caliente que se empujaban unas a otras millones de veces por segundo.

Podemos preguntarnos cómo sabemos que el número de electrones y protones en el universo es básicamente idéntico. Pues bien, la fuerza electromagnética es unos 40 órdenes de magnitud más fuerte que la gravitatoria. Si hubiera incluso un electrón de más por cada 10.000 millones de protones en la Tierra, o en nuestra galaxia, la repulsión eléctrica sería tan grande que la gravedad no formaría estructuras como las estrellas. Se trata de otro rasgo curioso de nuestro universo: es eléctricamente neutro. Y no tuvo por qué ser así. Se puede imaginar fácilmente un universo en el que una carga eléctrica neta se hubiera creado, al igual que los bariones, en tiempos primitivos. Pero seguramente nosotros no viviríamos en él.

En todo caso, los electrones, protones y núcleos ligeros formados en los primeros minutos del Big Bang iban ya enfriándose poco a poco. Empezaba a remitir el empuje de la creación. Los procesos físicos se hacían más lentos en proporción inversa a la edad del universo. Los minutos se convertían en horas, las horas en días, los días en años, los años en milenios, aun cuando estos períodos de tiempo no tuvieran todavía representación física. Aún no existían planetas que orbitaran estrellas todavía inexistentes, que proporcionarían relojes cósmicos a las civilizaciones para contar los días de sus vidas. Durante más de 100.000 años el universo fue enfriándose sin más, pasando de más de 1.000 millones de grados a una fruslería de sólo 10.000 (la temperatura cerca de la superficie del Sol), período durante el cual casi no sucedió nada importante.

Este largo tiempo de quietud marca un fuerte contraste con los rápidos dolores de parto de nuestras partículas. Me viene a la mente la historia del chico que no habla. Sus padres se preocupan muchísimo por esa dificultad, hasta que un día, cuando ya tiene seis años, se sienta a desayunar, se mete una loncha de jamón en la boca y dice:"¡Este jamón está frío!" Sus padres se quedan estupefactos. Al cabo de un minuto, más o menos, uno de ellos finalmente puede articular: "¿Pero por qué no has hablado hasta ahora?" A lo que el niño responde: "¡Es que hasta ahora todo iba bien!" Por lo que toca al universo, la callada evolución de nuestros constituyentes atómicos es mucho mayor. Es como si naciera un niño y moviera sus labios por primera vez un millón de años después. A pesar de esa aparente inactividad, el germen de nuestro presente creció en secreto.

Para comprender este período de enfriamiento implacable vayamos ahora al lugar más frío de la Tierra. La Estación Amundsen-Scott de Investigación del Polo Sur, administrada por la Fundación Nacional de Ciencias de EE UU, sólo es accesible seis meses al año tras un vuelo de cuatro horas desde la Estación de Investigación McMurdo, en la costa antártica frente a Nueva Zelanda, y alberga el Centro de Investigación Astrofísica en la Antártida. Me quedé sorprendido al enterarme de que, a pesar de haber podido enviar misiones tripuladas al espacio y de ida y vuelta a la Luna, en esta estación de investigación no pueden aterrizar aviones entre marzo y octubre, ni siquiera los militares. Los científicos, técnicos, administrativos y estudiantes de licenciatura que allí viven quedan aislados durante el invierno. Si necesitan urgentemente cuidados médicos especializados, mala suerte. En 1999, y por primera vez, se hizo un envío aéreo para proporcionar suministros médicos a una científica que se había autodiagnosticado un cáncer de pecho.

El Polo Sur es en invierno seguramente el lugar más inhóspito de la superficie de la Tierra. Está a oscuras las 24 horas del día, el aire es completamente seco y las temperaturas caen por debajo de los 73° bajo cero, con una media de unos 60° bajo cero. Justamente por estos motivos es un lugar ideal para que trabajen los científicos... Bueno, al menos algunos científicos. Porque cuando un astrónomo oye las palabras *oscuro* y *seco* se le hace la boca agua.

Tres equipos diferentes se han aventurado en este inhóspito lugar para realizar observaciones que se remontan hasta lo más remoto a donde hemos podido llegar en el tiempo. La señal que detectan no es visible a simple vista ni siquiera con los telescopios ópticos más complejos. En cambio, requiere una antena de radio. Los científicos del Polo Sur están intentando buscar las minúsculas pautas del ruido que se oculta en la radiación cósmica de fondo. La sutil y seca atmósfera del Polo Sur lo convierte en uno de los mejores lugares para buscar esa señal, aparte de ir directamente al espacio, cosa que ya hemos hecho y que vamos a hacer otra vez en la primera década de este milenio. El ruido que exploran procede del movimiento de los electrones en interacción con la radiación en regiones del cielo que quizás estuvieron una diezmilésima más calientes o más frías que la temperatura media existente hace casi 10.000 millones de años. Creemos que esas regiones contuvieron una especie de semillas de densidad primitivas que pudieron haber estado germinando invisiblemente durante millones de años, esperando su oportunidad de florecer en forma de galaxias. Una de esas semillas, de más de un millón de años luz de diámetro, pudo ser la que contuvo a nuestras 16 partículas subatómicas a la espera de buscarles un futuro interesante.

En 1989 cambió para siempre nuestra comprensión de esas semillas al enviar la NASA un pequeño satélite que daba vueltas a la Tierra de Norte a Sur, fuera de la capa protectora de oxígeno, nitrógeno y vapor de agua de nuestra atmósfera, que nos defiende de buena parte de todo lo que flota y circula por el espacio. El propio átomo de oxígeno cuya historia estamos siguiendo bien pudo, en un momento u otro, haber contribuido a defendernos de las señales que podrían ayudarnos a desvelar su historia.

El satélite COBE (siglas de su nombre inglés *Cosmic Background Explorer*, Explorador del fondo cósmico) recibió tanta publicidad como cualquier otra misión no tripulada de la historia, por lo menos hasta el momento en que ofreció sus primeros resultados. Al medir la temperatura de la radiación que bombardea la Tierra procedente del espacio y comparar esa temperatura en diferentes puntos del cielo con una precisión de unas pocas millonésimas, el COBE miró hacia el pasado, puede que lo máximo que nos será posible mirar. Los pequeños puntos calientes y fríos en la radiación de microondas de fondo descubiertos por el COBE procedían de regiones que hoy comprenden decenas de miles de millones de años luz de diámetro, mucho mayores que cualquier galaxia. Detectar los puntos calientes y fríos a pequeña escala (cuyo tamaño los convierte en candidatos a ascendientes directos de las galaxias que vemos hoy) requiere una capacidad de resolución de escalas angulares en el cielo de menos de un grado. La resolución angular del detector del COBE estaba limitada a siete grados, sólo un poco más que el tamaño de un lanzador de primera división tal como lo ve el bateador desde su punto de bateo a veinte metros de distancia. El COBE no era lo bastante sensible a las pequeñas escalas que se asocian a los precursores de las galaxias y los cúmulos galácticos, razón por la cual los investigadores han viajado al Polo Sur para construir allí los telescopios con los que intentarlo. Sin embargo, los cúmulos difusos casi imperceptibles que descubrió el COBE son de un interés básico por derecho propio. Ningún proceso físico pudo haber creado esos cúmulos durante la expansión convencional del Big Bang ya que son mucho mayores en diámetro que la distancia que pudo haber recorrido la luz desde el inicio de los tiempos hasta el momento en que se creó la señal detectada por el COBE, cuando el universo tenía 300.000 años. En cambio, estas pautas primordiales debieron quedar impresas mediante no se sabe qué proceso desde el mismísimo inicio del tiempo. Por esa razón, el astrofísico norteamericano George Smoot dijo al verlos por primera vez que era como ver "el rostro de Dios". A mí, sin embargo, sólo me parecen borrones.

Lo notable de estos grumos primitivos, de estos ligeros incrementos de densidad, es que es imposible saber si estamos en uno de ellos hasta que no lo haya cruzado un rayo de luz y pueda proporcionarnos la información de que el resto del espacio circundante es menos denso. Así, al poco de su formación, y durante casi el millón de años siguientes, nuestras 16 partículas no habrían tenido la posibilidad de conocer su destino.

A principios del siglo XIX, un astrónomo alemán, H. W. M. Olbers, planteó una molesta paradoja: si el universo es infinito, ¿por qué está oscuro el cielo nocturno? A primera vista puede que esto no parezca una paradoja en absoluto. ¡Por la noche no brilla el Sol! Esto es cierto, desde luego, pero, como suele suceder, para comprender adecuadamente la naturaleza tenemos que salir fuera de nosotros. En este caso debemos recordar que nuestro Sol no es más que una de los miles de millones de estrellas de nuestra galaxia, que a su vez no es más que una de los miles de millones de galaxias del universo.

Ahora bien, si el universo es infinito en espacio y tiempo, y si cuanto más lejos miramos más galaxias vemos, entonces está garantizado que, miremos en la dirección que miremos, terminaremos por ver una estrella en alguna galaxia lejana. Por supuesto, podemos razonar que las estrellas distantes son muy poco brillantes, de modo que, a pesar de hallarse allí, serían demasiado poco brillantes para que las viéramos. Es cierto que esas estrellas son poco brillantes, pero a medida que mirásemos más y más allá veríamos muchísimas estrellas más. Resulta que el número de estrellas que nos encontraríamos se incrementaría justamente en proporción inversa a su falta de brillo, de modo que el brillo total se combinaría de tal modo que ¡cualquier parte del cielo sería tan brillante como el Sol!

La resolución de esta paradoja no exige ninguna estratagema lógica. Por el contrario, sencillamente hay algo incorrecto en la suposición inicial. Si el cielo nocturno se ve oscuro, entonces el universo, o por lo menos las estrellas que están en él, debe tener una edad finita. Este hecho debió de quedar claro hace un siglo, pero no se le dio importancia hasta que en la década de 1920 se descubrió que el universo se expandía y tuvo que tener un principio en un Big Bang.

Si el universo tiene una edad finita, entonces, puesto que la velocidad de la luz es finita, sólo podemos ver a una distancia finita. Y si sólo podemos ver a una distancia finita, entonces ya no tenemos la garantía de divisar una estrella en cualquier dirección. Si trazamos una línea desde la Tierra hasta los límites a los que ha viajado la luz desde el Big Bang, esa línea sólo tiene una probabilidad entre 1.000 de cruzarse con una estrella o una galaxia. Encontrar una aguja en un pajar no es mucho más difícil.

Sin embargo, hay que modificar ligeramente esta sencilla resolución de la paradoja de Olbers, aunque con una modificación importante. Como la luz viaja a una velocidad finita, conforme miramos más y más allá también miramos hacia atrás en el tiempo. Si el universo tiene 12.000 millones de años, deberíamos poder mirar hacia atrás 12.000 millones de años. Pero hace 12.000 millones de años el universo estaba muy caliente. ¿No seríamos capaces de ver ese Big Bang pregaláctico y muy caliente si mirásemos lo bastante lejos en cualquier dirección?

Se deduce que nunca podremos ver directamente el Big Bang porque, al mirar cada vez más lejos, siempre nos toparemos con una pared. No una pared maciza, sino una pared electromagnética. Al ser tan pequeña la posibilidad de encontrar estrellas y galaxias conforme miramos hacia el Big Bang, un rayo de luz podrá propagarse por el universo de estrellas para que nosotros lo veamos hoy sin impedimento. Pero al final resulta que, si miramos lo bastante atrás, llegamos a un tiempo muy anterior a la existencia de las estrellas, desde luego mucho antes de que existieran los átomos, cuando el universo era un gas denso formado por protones, núcleos y electrones, bombardeado por radiaciones de muy diversos tipos. Los rayos de luz que quisiéramos utilizar para investigar esa sopa primordial no podrían penetrarla. Cuando las partículas desnudas de los núcleos están desprovistas de su funda de electrones, estos objetos cargados interactúan fuertemente con la radiación electromagnética. La posibilidad de que nuestro rayo de luz se vea dispersado por un protón o un electrón antes de llegar a nosotros se acerca al 100%, de manera que la sopa primordial es opaca, más parecida a una sopa de tomate que a un consomé. No podemos ver su interior, sólo su superficie.

Pero usted podría decir: esa superficie, ¿no debería estar emitiendo luz caliente y visible como cualquier estrella que deseamos observar? ¿No se ha vuelto contra nosotros, y con creces, la paradoja de Olbers? Pues bien, para que la radiación emitida desde esa superficie llegue a nuestros telescopios de la Tierra hacen falta 12.000 millones de años y durante ese tiempo la radiación se ha enfriado junto con el universo en expansión. Entre ese momento y el actual el universo ha aumentado 1.000 veces su tamaño y la radiación se ha enfriado otro tanto. En lugar de estar al rojo vivo, la radiación brilla ahora con microondas invisibles, como las que pueden detectar las antenas del Polo Sur o los satélites espaciales.

Volvamos a nuestras 16 partículas constituyentes, que se enfrían con todo el universo tras los primeros agitados minutos. Mientras los núcleos elementales permanecieron sin electrones, no podían evitar el bombardeo de la radiación. Cada una de nuestras partículas estaba rodeada por 1.000 millones de partículas de radiación. Cuando el universo se hallaba a una temperatura de unos pocos cientos de millones de grados, esa radiación tenía la forma de rayos gamma. Cuando el universo se hubo enfriado hasta un millón de grados, la radiación se enfrió también hasta pasar a ser rayos X. Sin embargo, el bombardeo constante de rayos X, muchos de ellos con más energía que la de los utilizados en los hospitales para proporcionarnos imágenes de huesos rotos, continuó otros cien años. En semejante entorno activo nuestras partículas estaban indefensas. La presión de ese gas de radiación era inmensa. La gravedad producida por cualquier pequeña acumulación en la distribución de la materia no podía competir con la intensa presión de la radiación. No se podían formar estructuras de ningún tipo: ni estrellas, ni galaxias, ni siquiera pelotas de béisbol. El gas de radiación habría disipado cualquier acumulación primitiva a escala lo suficientemente pequeña para que la materia se aglutinara gravitatoriamente. Ni siquiera los átomos neutros, enlazados por la atracción eléctrica de protones y electrones, habrían resistido esa carnicería. El universo siguió sin tener ningún rasgo destacado en ningún sentido. Nuestras partículas iban de un lado a otro como cualquier otro protón o núcleo de helio del universo, y no había nada que las separara.

Este enfriamiento interminable fue como una eternidad para nuestras partículas. Nada cambiaba. Anteriormente, cada fracción de segundo alumbraba algo completamente nuevo. Nos preguntábamos qué partículas sobrevivirían en esa carrera contra el tiempo. Ahora se disponía de todo el tiempo del mundo. Durante casi 300.000 años el universo visible estuvo compuesto por un gas aparentemente informe de partículas elementales y núcleos ligeros, absoluta y totalmente diferente de los mundos que hoy vemos. La materia prima estaba ahí, pero faltaba la arquitectura.

Todo estaba en trance de cambiar, lo informe estaba a punto de producir la forma. Después de 300.000 años, la temperatura del universo fue descendiendo hasta llegar al punto de ebullición del hierro. En ese momento brillaba de manera uniforme al rojo vivo. El cielo debió parecerse justamente al universo tal y como Olbers lo había predicho, con cada punto del cielo tan brillante como el Sol. Pero todavía no había ningún punto especial desde el cual observar el cielo. ¡Lo único que había era cielo!

A continuación, durante un período de 30.000 años, breve según los estándares cósmicos actuales pero, aun así, comparable con la historia completa de la humanidad desde que *Homo sapiens* reemplazó a los neandertales, la temperatura bajó un poquito más. De pronto todo estuvo listo para que cambiara el aspecto de la materia.

En un átomo de hidrógeno en reposo en su estado energético más bajo hay un único electrón enlazado con su protón madre por 13,6 electronvoltios de energía. Esto significa que para extraer al electrón hay que aplicar al átomo una diferencia de potencial comparable a la producida por una pila de 13,6 voltios. O dicho de otro modo, el electrón en el átomo de hidrógeno tiene 13,6 electronvoltios de energía menos que un electrón libre. Literalmente, pesa menos que un electrón libre, utilizando la relación entre masa y energía de Einstein. La energía de enlace de un electrón en el átomo de helio, que tiene un núcleo con dos protones, es todavía mayor, unos 20 electronvoltios. Por ello resulta incluso más fácil atrapar un electrón en el átomo de helio y más difícil extraerlo.

Todos nuestros protones, así como los dos neutrones y los dos protones enlazados en el núcleo de helio, siguieron en un tira y afloja cósmico. Al estar intensamente bombardeados por la radiación, se producía un choque con un electrón por cada 1.000 millones de fotones, aproximadamente, esparcidos entre las partículas. Los protones positivos atraían a los electrones y podían enlazarse momentáneamente con ellos para formar objetos neutros, como átomos de hidrógeno o helio. Los electrones perdían energía al caer en el campo eléctrico del protón y emitían esa energía en forma de luz, produciendo fotones que escapaban al gas de radiación. En cuanto se formaba un átomo neutro, sin embargo, otro fotón chocaba con el átomo y liberaba al electrón. Con 1.000 millones de fotones por cada electrón, la suerte no estaba de parte de éste.

Pero la expansión del universo fue cumpliendo poco a poco su papel. Un fotón puede liberar a un electrón de su unión con un protón sólo si tiene por lo menos 13,6 electronvoltios de energía. Conforme la expansión enfriaba la radiación, había menos fotones capaces de hacerlo.

Una vez más, la estadística de los sucesos infrecuentes marca la diferencia. Cuando la temperatura del universo era de unos 2.700 grados, la energía media por partícula en el gas era de unos 0,6 electronvoltios. Es una energía unas veinte veces menor que la requerida para liberar un electrón. Sin embargo, a esa temperatura un fotón puede poseer, aunque sólo en rarísimas ocasiones, 20 veces esa energía media. Es como imaginar una ola en el océano que sea 20 veces mayor que la ola media. No podemos esperar verla en toda nuestra vida. La probabilidad de un suceso así es aproximadamente una entre diez millones. Y una probabilidad tan pequeña es de las que normalmente pasamos por alto. Si se nos dijera que la probabilidad de salir de casa y que nos cayera un rayo es de una entre diez millones, probablemente saldríamos. De hecho, la probabilidad de que nos caiga un rayo un año de éstos es mayor, y sin embargo lo normal es que no conozcamos a nadie que haya tenido esa desgracia, por lo que pasamos por alto peligros tan remotos como ése. De no ser así, quedaríamos paralizados.

Sin embargo, con 1.000 millones de fotones por cada electrón, una probabilidad de diez millones a uno no es suficiente para asegurar la supervivencia. Por cada choque de un protón con un electrón, y su enlace subsiguiente, casi inmediatamente se producía una colisión con ese fotón infrecuente que los separaba. Pero cuando el universo se enfrió un poco más, por debajo de los 2.700 grados, los electrones tuvieron todas las de ganar. Se tardan unos 30.000 años en que la temperatura descienda de 2.700 a 2.400 grados y durante ese período la radiación se hizo por fin impotente y empezó a producirse el enlace de la materia. El conjunto de la materia en el universo cambió casi por completo; pasó de estar constituida por protones y electrones cargados eléctricamente y núcleos de helio a ser, por primera vez, átomos neutros. Desde ese momento, pasando por la aparición de los seres humanos y mucho después de la extinción del Sol, los átomos serán los reyes. Había empezado la era atómica.

Una vez neutralizada la materia, empezaron a cambiar de modo inmediato las reglas de juego. La radiación, que tan eficazmente interactuaba con los protones y los núcleos de helio, pasó a ser prácticamente irrelevante. Los átomos coexistían con el gas de radiación que iba enfriándose, pero ya eran bastante inmunes a ella. La energía almacenada en esta radiación de fondo continuó diluyéndose en proporción a la energía almacenada en los átomos, de modo que fue representando un papel cada vez menos importante en el equilibrio cósmico. Los átomos y los fotones de la radiación de fondo tuvieron a partir de entonces destinos separados. En nuestro remoto rincón del universo se tardaron, desde luego, más de 10.000 millones de años en que la existencia de la ubicua radiación de fondo fuera descubierta por formas de vida consciente, a pesar de que ese fondo había estado con nosotros desde el principio. Desde el momento en que la radiación y la materia se separaron por vez primera, hace casi 12.000 millones de años, hasta la época actual, el fotón medio de la radiación cósmica de fondo no ha vuelto a perturbar significativamente un solo átomo de materia del universo.

A medida que éste se enfriaba, empezó también a oscurecerse. El resplandor uniforme de la radiación había retrocedido del rojo al azul, y aún más. Cuando el universo tenía tres millones de años, el resto de brillo del Big Bang había empezado a alejarse ya de la luz visible.

A los diez millones de años de expansión, debía de ser visible menos de un 1% del baño de radiación, que relumbraba con una apagada luz roja, si hubiese habido alguien para verla. Sin embargo, todavía había suficiente energía contenida en la radiación cósmica de fondo como para que el brillo del cielo nocturno, sin una sola estrella para iluminarlo, poseyera aproximadamente el 1% de brillantez del cielo diurno actual de nuestra Tierra. Esto significa que el gas primitivo era un millón de veces más brillante que el cielo nocturno actual en una noche sin Luna y lejos de las luces de la ciudad.

En el resplandor de la noche cósmica, a 300 milenios del nacimiento del tiempo, podría parecer que nuestras 16 partículas solitarias, rodeadas de sus envolturas electrónicas, estaban destinadas a desaparecer en una oscuridad creciente, más oscura que un sótano en época de huracanes. Pero no iba a ser así. Por otra coincidencia cósmica, al tiempo que el cielo se volvía tan oscuro como nuestro cielo nocturno actual, se detuvo esa larga marcha hacia el olvido.

Una vez que los átomos neutros se convirtieron en el componente de la materia, la gravedad asumió totalmente la dirección del espectáculo. La repulsión de largo alcance entre las partículas cargadas eléctricamente desapareció cuando éstas se enlazaron formando átomos neutros. Y si los fotones ya no dispersaban los átomos, su propia presión se fue haciendo cada vez más insignificante con el paso de los años.

De pronto, acúmulos imperceptibles de materia empezaron a responder a las demandas de la gravedad. A principios de la historia del universo, quizás cuando aparecieron los propios bariones, se fue formando una red de regiones imperceptiblemente difusas con ligeros excesos de densidad a la espera. 300.000 años después, a medida que la radiación cósmica se separaba de la materia, el tirón gravitatorio en esas regiones (con incrementos de densidad de menos de una parte por 10.000, frente a la densidad media de la materia y la radiación) dejó una impronta en el baño de radiación que hoy detectamos como radiación cósmica de fondo. Y una vez más, los electrones desempeñaron un papel crucial en el proceso. Justo cuando la materia se iba volviendo neutra, a punto para responder a la gravedad en las regiones donde había un ligero exceso de densidad, los electrones que estaban a punto de ser capturados para formar átomos se dispersaron por última vez en el baño de radiación, perturbándolo ligerísimamente. El resultado fue un efecto que casi no podemos percibir, salvo que estemos dispuestos a permanecer en el lugar más frío del mundo en tandas de seis meses y con los detectores de microondas más sensibles del planeta.

Aparte de este efecto minúsculo, esas regiones con exceso de densidad siguieron expandiéndose sin mayores obstáculos junto con el universo, no durante otros 300.000 años sino durante 100 millones. Fue tal vez el período más largo de la historia del universo hasta la actualidad en la que no ocurrió nada digno de mención. Durante un período más largo que el requerido por la vida para aparecer en la Tierra, durante un tiempo mucho mayor que el transcurrido desde que los humanos empezaron a caminar erguidos hasta que dieron vueltas al planeta en cohetes espaciales, el universo, los acúmulos y todo lo demás se limitaron a expandirse. Sin embargo, los acúmulos se expandieron un poco más lentamente que las regiones circundantes. De esta manera, cada vez que el universo doblaba su tamaño, estas regiones no llegaban a doblarlo y, así, el contraste de densidades entre ellas y el mundo exterior siguió creciendo lentamente.

Mientras nuestros 16 protones y neutrones carecieron de electrones, la intensa presión de la radiación les impidió responder al incremento de la densidad de fondo. Cuando las partículas formaron átomos neutros, la atracción gravitatoria de los acúmulos subyacentes empezó a dejarse sentir. Los 13 átomos (12 átomos de hidrógeno y uno de helio) que un día se juntarán para formar nuestro átomo de oxígeno se vieron envueltos en una expansión dentro de otra expansión, de la que no había escapatoria. Pero durante 100 millones de años descansaron.

7
El sobresalto de los ruidos nocturnos

Trataremos ahora con algo más de detalle la lucha por la existencia.
Charles Darwin

La lucha entre la presión y la gravedad estaba a punto de comenzar en serio para los átomos recién nacidos en la creciente oscuridad que siguió al Big Bang. Y continuaría durante toda la eternidad, rigiendo el destino definitivo de todos los objetos del universo. El resultado nunca ha estado en el aire. La gravedad acabará ganando.

La oscuridad oculta muchas luchas terribles. Enterrada en nuestro más antiguo yo yace un temor ancestral hacia la noche, tan viejo como la misma humanidad. Los paisajes que durante el día nos infunden respeto se convierten en extrañamente amenazadores en la oscuridad. De noche, cada peñasco, cada árbol, cada torrente, cada callejuela pueden dar lugar a sorpresas desagradables. El progreso de la civilización humana corre paralelo, en gran parte, al esfuerzo por conquistar la noche. Las fogatas de madera y las lámparas de aceite, seguidas siglos más tarde por las luces de gas y queroseno, y luego por la luz eléctrica, contribuyeron a mantener la noche a raya, apartándola unos palmos hasta una distancia segura. Las cosas con que nos tropezamos de día excitan nuestra curiosidad. Las cosas que hacen ruido de noche nos obligan a meternos bajo las mantas.

En las grandes ciudades del mundo nos hemos apartado de la noche. Si usted vive en una ciudad y no lo cree, viaje 100 ó 200 kilómetros fuera de ella y, una vez en el campo, suba a la colina más alta y contemple el cielo. No es el mismo cielo en absoluto. En una ciudad, las estrellas que tenemos encima relucen como bombillas en un techo muy alto y el cielo empieza más allá del horizonte. En una noche despejada en las montañas nos volvemos *parte* del cielo. Las estrellas se acercan, nos tocan y de pronto sentimos el abrazo de una galaxia.

Sólo podemos imaginar la sensación de los primeros humanos conscientes cuando miraban el cielo de noche. ¿Se sentían amparados por el gigantesco arco de la Vía Láctea sobre sus cabezas? Los escritos de las primeras religiones parecen indicar que el cielo les proporcionaba la prueba de la existencia de un orden en el mundo, de que las cosas tenían su lugar y que unas deidades, ora vengativas, ora benignas, nos observaban. Pero, sobre todo, que la separación entre Cielo y Tierra aún no se había realizado por completo.

Los egipcios tuvieron una mitología llena de seres celestes, pero para ellos las propias estrellas tenían una conexión directa con la Tierra. El acontecimiento central de la vida egipcia era la crecida anual del Nilo. Este suceso determinaba la vida entera de la sociedad, con su crecida, su retirada y la plantación de cultivos, lo que dividía el año en tres estaciones. El acontecimiento que anunciaba la llegada de las inundaciones era la *ascensión helíaca* de Sirio, la estrella más brillante del cielo. Esta estrella se encuentra cerca del Sol la mayor parte del año y por ello queda oculta por su brillo. Pero tras una larga ausencia reaparece una mañana en el cielo del amanecer. Esa presencia anual se daba cuando el Nilo empezaba a desbordarse. Los dos acontecimientos se relacionaban no sólo en el calendario religioso egipcio sino también en el sentido de que los acontecimientos de la Tierra guardaban una íntima relación con las estrellas.

Incluso hoy los pueblos mursi de Etiopía suroccidental asocian la crecida anual del río Omo con la disposición helíaca de las estrellas de la conocida Cruz del Sur, al igual que relacionan la inundación con la floración de diversas plantas. Los pueblos misminay de los Andes llevan esta relación a su extremo lógico: la Vía Láctea se ve como una prolongación celeste del río Vilcanota, que envía agua del Cielo a la Tierra.

Aunque ahora nos damos cuenta de que no existe una relación directa entre los sucesos cotidianos y los movimientos de las estrellas del cielo, la Vía Láctea sí es una especie de río cósmico cuyas ondas han sido responsables de nuestra propia existencia, al igual que un día pueden regir nuestra extinción.

Al fin y al cabo, nuestra galaxia no es estática ni inmutable, por mucho que pueda parecerlo a la escala de tiempo de las civilizaciones humanas. Las estrellas que iluminan el cielo son para la Tierra como barcos que atraviesan la noche cósmica. Si consideramos un giro completo de la Vía Láctea, cuya duración es de 200 millones de años, como un "día" galáctico, esas estrellas son vecinas nuestras durante sólo unas horas. Con velocidades de hasta 200 kilómetros por segundo respecto a nosotros, algunas estrellas se hallarán a 20.000 años luz tras una revolución galáctica, demasiado lejos para verlas a simple vista en el cielo nocturno. Desde la formación de nuestra galaxia ha habido tiempo para unas 50 revoluciones completas de la Vía Láctea, más que suficiente para que muchas estrellas se hayan alejado hasta la distancia máxima de otras estrellas de la galaxia. Antes de que se formara el disco espiral de la Vía Láctea hubo un baile cósmico de "ondas" de gas que cruzaron repetidas veces toda la región y que terminó por convertirse en nuestra galaxia.

Las 16 partículas que componen en la actualidad el núcleo de nuestro átomo de oxígeno no fueron por tanto vecinas, de ningún modo, en los remotos inicios de la eternidad ni durante mucho tiempo después. Bien pudieron estar, literalmente, a distancias galácticas unas de otras.

Partiendo de nuestros átomos primitivos de hidrógeno y helio, habría sido inimaginable el complejo futuro que iba a acontecer. Para ellos el futuro aparentaba ser seguro y simple. Cada siglo que pasaba, durante un millón de siglos, el bombardeo de fotones se fue atenuando ligeramente, los átomos vecinos se alejaron un poco más y el descenso en las oscuridades debió de parecer una marcha inexorable hacia adelante. Los 12 átomos de hidrógeno y el átomo de helio destinados a terminar uniéndose estaban separados por una distancia de más de 1.000 años luz, lo que equivale aproximadamente al 1% del tamaño actual del disco de la Vía Láctea. Que estos objetos terminaran por coexistir en una región del espacio mucho menor que la billonésima parte de un metro hubiera parecido entonces poco menos que improbable. Y esto es lo maravilloso de un universo antiguo y en continua expansión: los sucesos improbables están, con todo, condenados a suceder.

Ocho de nuestros átomos de hidrógeno y el átomo de helio se encontraron alojados en un acúmulo de 500 años luz de diámetro. Este acúmulo, aparte de reunir la masa de la región, tenía en esa época una densidad sólo muy poco mayor que la densidad media del universo. Habría sido muy difícil saber que esa región presentaba alguna diferencia con el resto. El efecto de ese ligerísimo exceso de densidad era, como ya he descrito, hacer más lenta en una mínima fracción imperceptible la expansión cósmica de la materia en esa región. Imperceptible en un momento dado, desde luego. Al cabo de 100 millones de años, hasta el más mínimo efecto tenía que notarse.

Desde el principio de este período, a los 300.000 años, y durante los siguientes 100 millones de años, el universo se expandió unas 50 veces. La región que contenía los nueve átomos en cuestión se expandió, sin embargo, sólo unas 40, aumentando hasta alcanzar los 20.000 años luz de diámetro, comparables a la distancia actual entre el Sol y el centro de la Vía Láctea. Esa ligera diferencia en el factor de incremento significó que la densidad de la materia en el interior de la nube era dos veces mayor que el valor medio del universo.

Entonces se hizo posible la autodeterminación. La atracción gravitatoria de esa inmensa y difusa nube de materia era lo bastante grande como para segregarse de la expansión cósmica de fondo. Pero echar el freno a unos 40.000 millones de veces la masa solar no es tan sencillo. La región continuó creciendo hasta el doble durante los siguientes 200 millones de años antes de que la expansión se detuviera, no momentáneamente sino para siempre. Uno de los primeros grupos emergentes de "universos isla" (y germen, entre otras galaxias, de nuestra Vía Láctea) empezó a tomar forma.

Para nuestras partículas, el hecho de que sus cadenas estuvieran destinadas a vincularlas no fue evidente en ese momento. La verdad es que el término *caída gravitatoria* suele ser equívoco para un universo en expansión. El efecto de la gravitación sirve en primer lugar para detener la expansión. Que se dé la caída o la compresión en último extremo, y la manera de darse, depende de otra multitud de factores. Cuando la esfera pregaláctica de gas terminó de expandirse, su densidad, aun siendo seis veces mayor que la de la región de fondo, era sólo 20 veces menor que la densidad media definitiva de la Vía Láctea. En conjunto, la región podría comprimirse como mucho de dos a tres veces su tamaño en los siguientes 10.000 millones de años.

Es una suerte que el proceso de compresión gravitatoria no sea sólo una simple inversión temporal de la expansión previa. De haberlo sido, los átomos se habrían recalentado formando iones que seguirían calentándose rompiendo los núcleos en sus componentes, protones y neutrones, y luego en quarks, y así sucesivamente. La complejidad de la materia en el universo no pasaría nunca de los átomos aislados de hidrógeno y helio.

Quizás nos preguntemos, ¿por qué la gravedad es tan ineficaz? Después de todo, si dejo caer un huevo desde un avión, la gravedad hace un bonito trabajo atrayéndolo hasta el suelo y dejándolo ahí. Pero, ¿y si suelto desde el avión una Superbola? O mejor, ¿y si hago un agujero que atraviese la Tierra hasta su centro y suelto el huevo? En ese caso el huevo caerá al centro de la Tierra pero no se detendrá. Conforme caiga, ganará velocidad de tal modo que pasará por el centro de la Tierra y saldrá por el otro lado hasta una altura muy parecida a la altura desde la que se le dejó caer en éste.

Lo mismo sucede con los átomos de esa nube de 40.000 años luz de diámetro que se colapsa. Si la densidad de la nube fuera completamente uniforme y no hubiese movimientos al azar de las partículas individuales del gas, se podría demostrar que todas detendrían su movimiento hacia afuera en el mismo momento y empezarían a dirigirse conjuntamente hacia el centro. Las partículas exteriores viajarían más deprisa que las interiores, de manera que todas llegarían al centro al mismo tiempo en una colisión generalizada. Sin embargo, esta situación es la excepción y no la norma. La mayoría de los acúmulos de gas no son de densidad uniforme. De serlo, el borde del acúmulo mostraría una discontinuidad brusca entre la densidad del acúmulo y la del fondo. Los objetos sólidos pueden mostrar un comportamiento así, pero no las difusas nubes de gas pregalácticas.

En la nube en cuestión, los átomos no se comprimirían todos al mismo tiempo. Las capas interiores de materia empezarían a comprimirse antes que las exteriores. Además, las partículas individuales de gas iniciarían su caída hacia el interior con los movimientos al azar característicos y peculiares de la temperatura del gas, muy baja pero mayor que cero. Conforme la gravedad tirara de ellas hacia adentro, no se dirigirían al centro de la zona sino que se desviarían. Como en el caso de un cometa cuando marcha hacia el Sol, esas partículas no darían en el centro sino que se moverían en órbitas muy alargadas.

Recordemos también que cuando la nube de gas detuvo primeramente su expansión, su densidad media debía ser de sólo un átomo por cada diez centímetros cúbicos. La distancia entre los átomos era por tanto 100 millones de veces mayor que el tamaño de éstos. El simple efecto de este hecho, combinado con las trayectorias ligeramente excéntricas de las partículas individuales, es que cada capa de materia que se comprime pasa por las regiones centrales de la esfera y sale por el lado opuesto... al igual que nuestro huevo a través de la Tierra. Según "caen" las partículas, se aceleran y al salir aminoran su velocidad.

Cuando era niño, solíamos jugar a un juego llamado *Red Rover*. En él se enfrentaban dos grupos. Los niños de uno de ellos iban cogidos de la mano. Este grupo decía el nombre de uno de los chicos del otro grupo, que tenía que salir corriendo e intentar pasar a través de la cadena humana. Los que lo lograban seguían jugando y, los que no, se unían a la cadena de longitud creciente.

El proceso mediante el cual se formaron las estrellas que surgieron de los acúmulos de gas protogalácticos es análogo. Primero, los movimientos al azar de los átomos individuales pueden hacer que sus trayectorias converjan. Así como las partículas salen de estos choques tan deprisa como llegan, el efecto de tantísimas interacciones sería el de redistribuir entre ellas la energía gravitatoria. Esos acúmulos se calentarían, los átomos en su interior se moverían con mayor velocidad y como resultado ya no seguirían comprimiéndose. Sin embargo, de vez en cuando, quizá mucho más raramente que los niños que jugaban a *Red Rover*, dos átomos chocaban de frente.

He expuesto este complejo de átomos como si fuera un gas, pero es posible que el lector se pregunte si esto es razonable. Después de todo, la densidad de partículas era mucho menor que incluso en el vacío más perfecto susceptible de crearse en la Tierra. Puede que en este gas cósmico la densidad fuera de una partícula por centímetro cúbico, mientras que en un tubo de vacío la densidad media suele ser un billón de veces mayor. La diferencia en este caso, como quizás en todos, es que el tamaño sí importa. La distancia media entre colisiones de un átomo en una nube de gas cósmico es inmensa, mucho mayor que las dimensiones de nuestro sistema solar. El tamaño de la nube puede ser, sin embargo, mucho mayor, por lo que los átomos colisionan "con regularidad" al atravesar la nube. Cuando los átomos pueden colisionar y redistribuir su energía cierto número de veces antes de poder atravesar una sola vez el sistema, se comportan como un gas con presión, ondas de choque y demás.

Siempre que colisionan dos átomos del gas puede ocurrir algo, literalmente, llamativo. Los electrones que orbitan en torno a los átomos pueden excitarse y cambiar sus configuraciones orbitales. Al poco tiempo, volverán a sus estados base, emitiendo luz en el proceso.

O, si se están moviendo lo bastante despacio y se acercan lo suficiente entre sí, las nubes aisladas de electrones que rodean a cada átomo pueden unirse liberando energía en el proceso y los átomos de hidrógeno pueden enlazarse en parejas formando moléculas *diatómicas*, que en ese momento son las estructuras microscópicas más grandes aparecidas en el universo. El efecto de cualquiera de estos dos procesos fue para los átomos, y ahora también para las moléculas, la capacidad de convertir poco a poco su energía de movimiento en luz.

Para su futuro fue de vital importancia que nuestros átomos de materia pudieran asimismo disipar su energía. Sin esta posibilidad, la gravedad sería impotente. Podría detener la expansión localizada de nubes de gas, pero nunca producir la rica estructura que observamos en la actualidad en todo el universo. Desde luego, hoy no estaríamos aquí para observar nada de nada.

Este gas primitivo, compuesto casi solamente de hidrógeno y helio, era diferente del que compone en la actualidad el espacio interestelar. Superficialmente el gas primitivo podría recordar al que hoy vemos, aunque hay diferencias sutiles e importantes. En concreto, en el primero no hay cantidades significativas de ningún elemento más pesado que el helio. Los muchos electrones diferentes de los átomos pesados pueden excitarse de muchas maneras distintas. A su vez, éstos proporcionan "refrigeradores" eficientes que pueden convertir en radiación la energía almacenada en los átomos, manteniendo frío todo el gas mientras se condensa.

Sin embargo, en nuestro gas primitivo sólo hubo hidrógeno y helio, llamado gas noble por ser inerte. No se une para formar moléculas. El hidrógeno, por el contrario, puede unirse por pares, como ya he descrito, para formarlas. En cierto sentido, las moléculas son infinitamente más complejas que los átomos. La razón es que las partículas de una molécula pueden realizar complicados bailes unas en torno de otras. La energía necesaria para provocar esos bailes es muchísimo menor que la requerida para excitar a los electrones individuales de cada átomo a cambiar su movimiento.

Si el hidrógeno no pudiera unirse formando moléculas, el proceso de caída gravitatoria de nuestro gas primitivo habría sido clamorosamente diferente. Como las moléculas de hidrógeno pueden excitarse fácilmente, también pueden enfriar el gas con eficacia. La energía que de otro modo se convertiría en movimiento de los átomos mientras pasan por el centro de las regiones densas se convierte en energía rotatoria y vibratoria de las moléculas, que a su vez se transforma en radiación a medida que las moléculas se relajan, emitiendo fotones de luz infrarroja. Estos fotones pueden liberarse al espacio, dejando al marchar un sistema más frío. De este modo, las nubes moleculares más densas en las que las colisiones se dan más a menudo pueden convertir con máxima eficiencia la energía gravitatoria en radiación, perdiendo energía e incrementando poco a poco su densidad sin calentarse.

Hay otra pega, sin embargo, cuyo origen no comprendemos del todo por ahora. Al observar la luz emitida por los objetos de nuestra galaxia y de otras, ha quedado claro que la nuestra está engarzada por un campo magnético amplio, aunque débil. Los campos magnéticos se generan por el movimiento de las cargas eléctricas. Por ejemplo, nuestra Tierra es un imán gracias a las corrientes eléctricas que fluyen por su núcleo de hierro fundido.

Aunque no comprendemos todavía el origen de los campos magnéticos coherentes a escala galáctica, sí entendemos que pueden tener un papel clave en el modo en que se adensaron las nubes primitivas. Las partículas cargadas no sólo crean campos magnéticos al moverse, sino que su mismo movimiento se ve afectado por la presencia de campos magnéticos de fondo. En ellos, las partículas cargadas sencillamente no son libres de responder a los tirones de la gravedad. Resulta que las partículas pueden moverse mucho más fácilmente *en* la dirección del campo magnético que yendo perpendicularmente a él.

En este punto, casi todos los átomos de las nubes que se adensan son neutros, pero un número mínimo de ellos sigue ionizado. Estas partículas cargadas se ajustan a las líneas de los campos magnéticos y a su vez ven restringidos sus movimientos. Así, cualquier nube que se haga más densa tiene que sortear dos impedimentos: las presiones externas causadas por el calentamiento de la materia al concentrarse y el papel inhibidor de los campos magnéticos primitivos. Los dos factores en conjunto determinan por qué y cómo se concentra la materia del universo para formar estrellas y galaxias.

En esta lucha incipiente entre presión y gravedad, ¡el tamaño lo es *todo*! Si cortamos la Tierra en trocitos de un gramo, cada trozo ejercerá una minúscula atracción gravitatoria sobre todos los demás. La velocidad de los átomos individuales a temperatura ambiente sería más de un millón de veces la velocidad necesaria para escapar al tirón gravitatorio de cualquiera de esos trocitos. Por otra parte, un sistema que tenga la misma densidad que la Tierra en la actualidad, pero con una masa igual a nuestra galaxia entera, formaría un agujero negro de cuyo tirón gravitatorio ni siquiera la luz podría escapar. La vieja frase es cierta: cuanto más grandes, más dura será la caída.

Este comportamiento refleja una simple proporción física. La presión de un gas, que es la que se opone a la concentración, es proporcional a la temperatura del gas y a su densidad. Si el gas se mantiene a temperatura y densidad constantes, la energía térmica total almacenada en el gas y que produce la presión que se opone al adensamiento es proporcional a su volumen, que aumenta según el cubo de su radio. Sin embargo, para el mismo sistema con densidad constante, la energía gravitatoria, relacionada con la atracción gravitatoria que induce al adensamiento, crece según la quinta potencia del radio del sistema. Si se continúa aumentando el radio de tal sistema (y, en consecuencia, su masa total) la energía gravitatoria terminará por derrotar a la energía térmica. Y una vez que vence la energía gravitatoria, el sistema comienza a adensarse.

Podemos dar la vuelta a este argumento. Un sistema mayor, que contenga más masa, será por ello más propenso a comprimirse que uno más pequeño, con menos masa, y de la misma densidad. Por ejemplo, una nube de gas primitiva con una masa igual a la del Sol que se extendiera por aproximadamente un año luz de diámetro y con una temperatura de, digamos, diez grados por encima del cero absoluto, no se comprimirá debido a su propia gravedad. Una nube de la misma densidad, sin embargo, y un radio diez veces mayor y que abarque unas 1.000 masas solares, sí se contraerá.

Siendo así, ¿cómo es que el cielo no está lleno de estrellas con masas 1.000 veces mayores que la del Sol? Consideremos otra vez la nube de 1.000 masas solares. Según se contrae, su desidad media aumenta. Si el refrigerador de hidrógeno molecular continúa funcionando eficazmente, la temperatura de la nube no aumentará mientras se comprime. En determinado punto, si se comprime unas 50 veces de tamaño, la densidad habrá aumentado ¡125.000 veces! Una masa como la del Sol estará entonces contenida en una región de 1/50 de año luz de diámetro. Esta región reúne en ese momento los requisitos para la contracción gravitatoria y puede disgregarse del fondo y comprimirse a su aire.

Así, a medida que los acúmulos mayores empiezan a comprimirse debido a la gravedad, los subacúmulos menores empiezan a ser capaces de condensarse dentro del sistema de mayor tamaño y se comprimen. La prueba es que las estrellas suelen nacer en grandes grupos combinados en lugar de surgir como sistemas aislados.

¿Qué detiene a este proceso de fragmentación en subacúmulos de tamaño cada vez menor? La densidad requerida para que los acúmulos menores se contraigan termina por ser tan grande que a esa escala el sistema deja de ser permeable a la radiación emitida por los átomos y las moléculas que colisionan. Y una vez que la luz no puede escapar libremente, la temperatura del sistema empieza a subir, comienza a aumentar su presión interna y el proceso de compresión queda, al menos temporalmente, interrumpido y nace una protoestrella.

Hay otros dos factores que afectan al grado en que las nubes de gas pueden continuar comprimiéndose para terminar formando sistemas estelares. El primero es el papel de los ubicuos campos magnéticos, que tienden a restringir el movimiento de los átomos una vez ionizados. El segundo es el hecho de que las diferentes partes de una nube pueden moverse unas respecto a otras, con una pequeña rotación neta. Conforme las nubes de gas empiezan a comprimirse, como la figura de un patinador que pega los brazos al cuerpo, el sistema en su totalidad empieza a girar más y más deprisa. Si las nubes de gas masivas comienzan con velocidades de rotación tan reducidas como un kilómetro por segundo, aproximadamente 1/200 de la actual velocidad de rotación del Sol en torno a la Vía Láctea, mucho antes de que las nubes con esas densidades aquí descritas se hayan comprimido lo suficiente para formar estrellas ¡estarían girando a la velocidad de la luz! Para poder evitar esta situación físicamente imposible y permitir una mayor compresión, las nubes deben ceder una parte de su velocidad rotacional. Pueden hacerlo de varias maneras: colisionando con nubes próximas, cediendo su energía rotatoria a los campos magnéticos circundantes y, sobre todo, cediendo las partículas de mayor velocidad para formar un viento estelar mientras siguen comprimiéndose. Así se dispersa en ese viento estelar tal vez entre el 30% y el 50% de la masa total de una nube de 30 masas solares, mientras el resto sigue comprimiéndose. Este flujo de materia lanzada al exterior chocará con la que rodea a la nube, inhibiendo su compresión en la región de la protoestrella incipiente. Es como si ésta se enterrara a sí misma en las profundidades de un capullo de fabricación propia. Para las nubes de menor masa, la materia de rotación más rápida cedida por la nube en compresión sigue en órbita en torno a ésta, y deja material para que se formen objetos de menor tamaño.

Los ocho átomos de hidrógeno y el átomo de helio de una de las nubes de gas pregaláctico se encuentran ahora en circunstancias bastante diferentes. Cuatro de los átomos de hidrógeno y el átomo de helio se mueven en una nube molecular que contiene 1.000 masas solares y posee un tamaño de 300 años luz de diámetro. Recuerde que estos cinco átomos, que se precipitan a través de una implacable oscuridad, son ya parte de un átomo de oxígeno que puede hallarse en el aire que respiramos ahora. Una parte nuestra estaba ya allí, extendida por una distancia mayor que la recorrida por el Sol a través de la galaxia desde los albores de la humanidad.

Al contraerse durante diez millones de años, el tamaño del sistema decrece unas diez veces, de modo que ahora tiene 30 años luz de diámetro. Para entonces, los cuatro átomos de hidrógeno se han unido a otros cuatro formando cuatro moléculas. Cuando se desvincularon de la expansión del universo, unos 100 millones de años antes, la temperatura de la radiación de fondo era de 50 a 60 grados por encima del cero absoluto. Así como se dio un calentamiento momentáneo del gas al iniciarse la compresión, una vez que las moléculas refrigeradoras comenzaron a funcionar, la nube se enfrió a una temperatura de unos diez grados por encima del cero absoluto, unos 263 grados centígrados bajo cero. En estas condiciones la fría nube molecular siguió comprimiéndose.

Nuestros átomos de hidrógeno, ahora moléculas, colisionan con más frecuencia conforme se incrementa la densidad del gas. En ese momento hay unos 10.000 átomos por centímetro cúbico, un aumento de la densidad de más de 100.000 veces desde que se detuvo la expansión de la protogalaxia. La tasa de colisiones entre partículas es más de 1.000 millones mayor que entonces, pero las condiciones para nuestros átomos siguen siendo relativamente benignas. Como moléculas tropiezan, se menean y dan vueltas en el gas difuso, con sus electrones compartidos bailando al unísono a su alrededor, emitiendo radiación en cada choque que reciben desde fuera y manteniéndose frías de esta manera. Por lo que a ellas respecta, en términos generales persiste la paz reinante durante los 300 millones de años anteriores.

En el interior de este acúmulo incipiente nuestros átomos se acercan mutuamente hasta una distancia de aproximadamente 1/5 de año luz, más de 100 veces el tamaño de nuestro sistema solar. Aunque les costaría más de 1.000 millones de años atravesar el espacio que les separa por medio del movimiento térmico al azar, se encuentran en una nube que se comprime y por ello están destinados a verse abocados a una colisión. A una densidad de 10.000 átomos por centímetro cúbico, un acúmulo de gas de 30 veces la masa de nuestro Sol ha empezado a segregarse de la nube mayor y a comprimirse.

Nuestras moléculas de hidrógeno y el átomo de helio están ahora en caída libre gravitatoria. Acelerando hacia el interior de la nube, atraviesan más del 50% de la distancia que les separa en más o menos un millón de años. Las colisiones con sus vecinos, seguidas de una emisión de radiación, mantienen frías las moléculas de hidrógeno y el átomo de helio es llevado por ellas, manteniéndose controlada su energía térmica gracias a las moléculas de hidrógeno, más frías, que le rodean.

Sin embargo, las cosas empiezan a ponerse al rojo para nuestras partículas, tanto literal como metafóricamente. ¡Imaginemos una caída ininterrumpida a lo largo de más de 100.000 años! Durante ese tiempo, y para impedir el calentamiento, el gas debe irradiar unas cantidades tremendas de energía. Por último, cuando la nube alcanza un tamaño de la mitad de nuestro sistema solar actual, una vez que se ha comprimido poco más de 1.000 veces, la caída libre se detiene. El gas es tan denso (aproximadamente la 10.000 millonésima parte de la densidad del agua) que la radiación infrarroja emitida por las moléculas que se van acercando queda atrapada y es reabsorbida antes de poder escapar. Esa energía calorífica añadida que queda en el gas le obliga a ejercer una presión que se opone a una compresión mayor.

Durante los muchos años de compresión, la nube ha estado emitiendo radiación para poder mantenerse fría. La cantidad de radiación emitida es igual a aproximadamente la mitad de la energía gravitatoria perdida por la masa que se comprime, y es tremenda. La energía total irradiada durante ese período es comparable a la energía total irradiada por nuestro Sol a lo largo del último millón de años.

Como esta compresión se produce en un período algo mayor de 100.000 años, esa nube es, por tanto y por término medio, más luminosa que nuestro Sol. Con todo, presenta dos grandes diferencias. Nuestro Sol brilla con radiaciones visibles, ultravioletas y de rayos X. La nube en compresión emite sobre todo en infrarrojos. Pero aún es más importante que nuestro Sol haya estado brillando con una luminosidad más o menos constante durante el último millón de años aproximadamente. Ahora bien, la radiación emitida por la nube se incrementa conforme aumenta su temperatura. Por tanto, casi toda la radiación se emite durante las fases finales de la compresión. Durante un breve período, tal vez una década, nuestra nube brilla con una luminosidad que supera con mucho a los 10.000 soles.

Durante la fase final de la compresión nuestros átomos empiezan a responder de modo perceptible al hecho de que su universo ya no sigue enfriándose. El calor producido en la nube se acumula hasta que hay suficiente energía para romper las moléculas de hidrógeno, lo que exige una temperatura de unos pocos miles de grados. Los átomos han vuelto al punto en que se encontraban 300 millones de años antes, poco después de haber atrapado sus primeros electrones para convertirse en neutros. La diferencia es que en el universo primitivo había radiación por todas partes, mucho más densa que la materia. Es el momento del reinado de la materia. En la nube en compresión, la densidad de la materia es 1.000 millones de veces mayor que cuando el baño de radiación universal tuvo una temperatura de 3.000 grados.

En el momento en que nuestra nube de gas retiene por completo su radiación, su luminosidad cae bruscamente y su compresión comienza a aminorar drásticamente. Todo cambia. La presión de la materia empieza a contrarrestar el tirón de la gravedad. El tiempo de compresión en caída libre gravitatoria normal para una nube de gas de este tamaño es de varios años. En cambio, esta densa nube puede sobrevivir al menos diez millones de años sin sucumbir a la gravedad. Nuestros átomos están a punto de convertirse en parte de una estrella.

Segunda parte
Viaje

Me encuentro en el umbral, a punto de entrar en una habitación. Se trata de un asunto complicado. En primer lugar, tengo que abrirme paso en una atmósfera que presiona con una fuerza de 14 libras sobre cada pulgada cuadrada de mi cuerpo. Debo asegurarme de que pongo el pie sobre una plancha que viaja a veinte millas por segundo alrededor del Sol: si me adelanto o me retraso una fracción de segundo, la plancha estará a kilómetros de distancia. Y todo ello mientras me mantengo colgado de un planeta redondo que viaja por el espacio.

Sir Arthur Stanley Eddington

8
La primera luz

> *Sé que a muchos que me critican no les parece que las condiciones de las estrellas sean suficientemente extremas... que las estrellas no están lo bastante calientes. Mis críticos se exponen a una réplica obvia: que vayan y encuentren un lugar* más cálido.
>
> Sir Arthur Stanley Eddington

En 1854 el físico británico William Thomson, conocido más tarde como Lord Kelvin, descubrió que el Sol era demasiado viejo para brillar.

Thomson y el prestigioso físico alemán Hermann von Helmholtz llegaron a la conclusión, cada cual por su lado, de que, según las leyes de la física de su tiempo, el Sol sólo podía llevar brillando con igual luminosidad de 20 a 100 millones de años. Ni que decir tiene que este resultado era embarazoso porque ya se sabía, a partir del registro geológico, que la Tierra era al menos diez veces, o quizás 100, más antigua.

Sin embargo, fuese o no embarazoso, estos dos caballeros habían ampliado la vida inteligible del Sol como mínimo 10.000 veces. La *vida gravitatoria* natural del Sol es del orden de 48 minutos: el tiempo que tardaría en comprimirse toda la materia del Sol hasta su centro si la gravedad no se viera contrarrestada por la presión de frenado del gas caliente. Pero algo tenía que estar actuando para mantenerlo caliente. El médico alemán J. R. von Mayer había calculado anteriormente que, aun suponiendo que el núcleo del Sol estuviera hecho de carbón y tuviera suministro suficiente de oxígeno para quemarlo por completo, sólo podría arder con la brillantez que observamos durante unos 1.000 años.

Así que el cálculo Kelvin-Helmholtz, como ha pasado a denominarse, representó un hito. Más bien se trata de un simple cálculo aproximado, como los que se pueden hacer en el reverso de un sobre. Basta con tomar la energía total que puede convertirse en calor y presión internos mediante la contracción gravitatoria de la masa del Sol (que viene a ser aproximadamente la mitad de la energía gravitatoria total liberada, mientras que la otra mitad se irradia al espacio) y dividirla por la tasa a la que el Sol produce energía. El resultado es una escala temporal de 40 millones de años.

El aspecto más significativo de este resultado, aunque dé un tiempo de vida que se queda muy corto, fue, tal vez, que implicaba que el Sol podía estar contrayéndose ante nuestros ojos, pero tan despacio que en el curso de una vida humana, o en el curso de toda la civilización humana, esa contracción era inapreciable. El Sol, y por inferencia las estrellas, no tenía porqué ser inmutable.

Pero estaba claro que algo faltaba. Actualmente en Estados Unidos, con el resurgimiento del fervor "creacionista", semejante enigma podría habernos llevado a una petición de revisión de los programas de enseñanza en la escuela pública. Porque si la ciencia no podía explicar por qué el Sol seguía brillando, ¡entonces podría ser todavía viable una Tierra de sólo 6.000 años de antigüedad! Pero eso fue a finales del siglo XIX. La ciencia se hallaba en sus albores, impulsando la Revolución Industrial, y se tenía fe no en que hiciera falta la intervención divina sino más bien en que la ciencia terminaría por descubrir el proceso secreto que alimentaba las estrellas.

Esta fe necesitó casi 100 años para verse confirmada. En 1939 el físico Hans Bethe demostró que la creencia de Sir Arthur Stanley Eddington en la eficacia de los hornos nucleares, como expresa la cita que encabeza este capítulo, no era absurda. Bethe mostró que una serie de reacciones nucleares iniciada con cuatro núcleos de hidrógeno podía producir un núcleo de helio en un proceso que liberaba una energía diez millones de veces mayor que la liberada por una cantidad equivalente de carbón al quemarse. Por tanto, al tener diez millones de veces más energía disponible, el Sol podía sobrevivir diez millones de veces más que el cálculo de 1.000 años realizado por Mayer, es decir, unos 10.000 millones de años, antes de sucumbir al inevitable tirón de la gravedad. El límite superior de Kelvin y Helmholtz era erróneo unas 1.000 veces, porque no tenían conocimiento de la existencia del núcleo atómico y de la increíble energía que almacena en su interior.

Bethe conoció de primera mano el terrible poder encerrado en el interior de los núcleos atómicos. Como jefe de la sección teórica del Proyecto Manhattan tuvo un papel clave en el desarrollo bélico de la bomba atómica en el laboratorio de Los Álamos. Por terrorífica que fuera la primera explosión nuclear, el proceso que generaba toda esa energía, la *fisión* nuclear, es mucho menos productivo por unidad de masa que el proceso de *fusión* que alimenta al Sol. Sólo después de la guerra, con el desarrollo de la bomba de hidrógeno llamada Mike, dominamos por vez primera la energía del Sol, aunque fuera de forma incontrolada. Todavía tenemos que inventar reacciones de fusión controlada en los laboratorios que produzcan más energía que la exigida para generarlas. Si lo conseguimos, podrán reemplazar al Sol como primera fuente de energía de fusión para la vida en la Tierra.

Podría preguntarse el lector por qué me preocupo aquí otra vez de la fusión. Después de todo, algunos de nuestros átomos pasaron por este mismo proceso para formar helio en los primeros minutos del Big Bang, ¿o no? Pues sí y no. Recordemos que en el universo primitivo los neutrones no se habían desintegrado todavía y podían combinarse con los protones para formar las bases de una posible producción de helio. Sin embargo, cuando el universo pasó de los diez minutos de edad, hacía ya tiempo que se habían desintegrado todos los neutrones libres. Fuera de los neutrones contenidos en el helio —uno o dos, dependiendo del isótopo— sólo quedaban fundamentalmente protones en forma de hidrógeno con los que formar las estrellas.

Dicho de otro modo, en el universo primitivo la creación de helio fue una carrera contra reloj. El universo tuvo justamente diez minutos para convertir protones y neutrones en helio antes de quedarse sin neutrones libres para siempre. Que tal cosa pudiera darse en un tiempo tan corto fue un pequeño triunfo. Casi 500 millones de años después, el universo tuvo todo el tiempo del mundo para continuar el proceso. Sin embargo, ahora estaba, por término medio, 1.000 millones de veces más frío y, además, la mitad de los elementos constructivos atómicos no circulaban ya libremente por el espacio.

¿Cómo puede formarse helio con sólo protones? Aunque las colisiones de protones y neutrones que llevan a la unión de las dos partículas no son difíciles de imaginar, los protones tienen carga eléctrica, de modo que dos protones que se acerquen uno al otro deben experimentar una repulsión y no una atracción. ¿Cómo puede la naturaleza sortear esta desventaja natural?

Eddington presentó su famosa réplica de 1926 sobre esta serie de cuestiones de fondo, aunque entonces eran todavía mucho más vagas. En aquella época algunos escépticos dudaban de si sería posible que la naturaleza generara en el interior de las estrellas unas condiciones lo bastante raras para que se diera otro tipo de física subatómica. Por supuesto que este escepticismo no se basaba en una comprensión clara de la física nuclear. Lo cierto es que, retrospectivamente, y disponiendo ahora de esa comprensión, el escepticismo inicial no ha disminuido, sino que ha aumentado.

Recordemos que la nucleosíntesis primitiva ocurrió a lo largo de aproximadamente un minuto, cuando la temperatura del universo sobrepasaba los ¡1.000 millones de grados! La superficie de nuestro Sol tiene sólo unos 6.000 grados y nadie entonces, ni ahora, ha sido tan temerario como para sugerir que las condiciones del interior del Sol fueran un millón de veces mayores que la temperatura de la superficie.

Como suele ocurrir en la ciencia, lo que aparenta ser un problema fundamental termina por verse como una bendición una vez comprendidos adecuadamente los asuntos en juego. Porque si la temperatura en el interior del Sol no fuera 1.000 veces menor que las temperaturas disponibles durante la nucleosíntesis del Big Bang, y si los neutrones fueran libres y abundantes, las estrellas condensadas por compresión de nubes de gas habrían sido capaces de convertir todo su hidrógeno en helio en cuestión de minutos, y no en millones o en miles de millones de años. La vida de una estrella sería entonces comparable a la de la mosca de la fruta y la vida en el universo, incluso una tan primitiva como la de esa mosca, no habría sido ni remotamente posible.

Regresemos a una época muy anterior al inicio de las reacciones nucleares en las estrellas, a nuestra nube en contracción, cuando nuestros átomos se hallan en los estados finales de la caída libre gravitatoria, justamente cuando empiezan a formar una protoestrella. La temperatura aumenta y, una por una, las moléculas de hidrógeno (H_2) vuelven a disociarse en átomos. Cada año que pasa las cosas se aceleran más y más. Los primeros tiempos de compresión sin mayores cambios culminan en una década, más o menos, de actividad frenética. Los átomos se aceleran y la temperatura aumenta. El intenso campo de radiación infrarroja empieza a calentar la materia en los bordes del flujo, devolviéndola explosivamente al espacio. Treinta masas solares de materia que iniciaron la compresión se han convertido en unas quince, y puede que sólo unas diez completen el viaje de compresión. En la década final en caída libre, la bola de gas emite más energía que la emitida por nuestro Sol desde que la civilización humana apareció sobre la Tierra hasta el momento presente.

Es una era turbulenta, pero nada comparado con lo que está por llegar. La temperatura de la bola de gas que se comprime sigue aumentando año tras año, se van disociando más y más moléculas y en la bola queda atrapada cada vez más energía, calentándola de forma creciente. Finalmente, la bola en compresión —del tamaño de la región interior de nuestro sistema solar hasta Marte— aminora su avance conforme se hace completamente opaca a la radiación emitida y la energía atrapada aumenta la presión aún más.

En este punto, la mitad de la energía liberada en cada instante de la compresión se convierte en energía de movimiento de los átomos y la otra mitad se irradia hacia el exterior como radiación infrarroja de frecuencia cada vez mayor conforme la protoestrella sigue calentándose progresivamente. A pesar de eso, nuestra protoestrella continúa comprimiéndose. La temperatura y la presión de la materia turbulenta no aumentan con la suficiente rapidez para que la presión contrarreste la atracción incesante de la gravedad.

El motivo de esta incapacidad de la presión para enfrentarse a la gravedad es el hecho de que nuestros átomos (recordemos que todas las moléculas se han disociado otra vez en átomos) son objetos en su mayoría neutros. No olvidemos que hace falta una temperatura de 10^3 a 10^4 grados para que la radiación sea lo bastante energética como para ionizar el hidrógeno. Por la misma razón, mientras la energía de radiación pueda seguir ionizando átomos, es imposible que la temperatura de la materia aumente por encima de los 10^4 grados. Es como calentar el hielo. Éste se funde a una temperatura de cero grados centígrados. Si se sigue calentando, el calor se emplea en el proceso de fusión y la temperatura no sube de cero grados hasta que el proceso se ha completado. Lo mismo ocurre con una protoestrella. Hasta que no se han ionizado el hidrógeno y el helio que componen la nube en compresión, la temperatura no puede pasar de 10^4 grados. Y hasta que la temperatura pueda ascender otra vez como respuesta a la adquisición de energía debido a la compresión, la presión no podrá subir para contrarrestarla y, por tanto, continuará la compresión, si bien más despacio que durante el estado de caída libre.

Mientras la protoestrella sigue comprimiéndose de esa manera, la luminosidad que emite irá decreciendo conforme disminuye la superficie. Para una protoestrella de quince masas solares, la luminosidad disminuirá diez veces en menos de un año. Aun así, la luminosidad seguirá siendo enorme, unas 10.000 veces la del Sol, alimentada únicamente por la compresión gravitatoria sin ninguna otra fuente interna de energía.

Finalmente, una vez ionizados todos los átomos, la temperatura y la presión tienen libertad para aumentar como respuesta a la compresión. Ésta se desacelera drásticamente de modo que parece más apropiado llamarla ahora contracción. La bola de gas caliente tiene ya aproximadamente el tamaño de la órbita terrestre. Por primera vez desde los primerísimos instantes del Big Bang, el gas está completamente en *equilibrio hidrostático* y la presión equilibra la gravedad. Por supuesto que, como no hay todavía ninguna fuente de energía interna, la protoestrella, que sigue dispersando energía, debe seguir contrayéndose para mantener la presión. Por ello el sistema no es auténticamente "estático" en ningún sentido. Sin embargo, la escala de tiempo para una contracción significativa de nuestra densa nube es ahora del orden de un siglo en lugar de un año. En todo caso, una vez que la contracción aminora bajo el equilibrio hidrostático es razonable empezar a llamar estrella a nuestro objeto.

Durante esta fase de contracción, la estrella naciente se topa con un inmenso problema. En 1961, el astrónomo japonés Chushiro Hayashi señaló que para poder mantener la presión necesaria que contrarreste momentáneamente la gravedad, una estrella en contracción debería mantener una temperatura alta para que la temperatura en la superficie no bajara demasiado. Pero estos objetos tienen un tamaño enorme y con una alta temperatura superficial, del orden de unos miles de grados, su luminosidad debe ser inmensa. Como el interior de la estrella es en esos momentos opaco a la radiación, la única manera de transportar energía a la superficie con suficiente rapidez es que grandísimas masas de gas fluyan a la superficie por convección. Nuestra estrella se convierte en algo parecido a una enorme olla de gachas gaseosas en ebullición, con gigantescas corrientes y burbujas turbulentas.

Cuando se establece esta inmensa corriente de convección que calienta la parte exterior de la estrella, la luminosidad de ésta aumenta drásticamente en un tiempo muy corto alcanzando un valor que sobrepasa 100.000 veces el del Sol durante un período de menos de un año. Este brote de radiación sigue estando fundamentalmente en el espectro infrarrojo pero ahora en el infrarrojo más próximo, mucho más cerca de la banda visible. A medida que la superficie se calienta, la radiación emitida entra en esta banda visible. Desde una perspectiva humana, la estrella ha empezado verdaderamente a "brillar".

Esa bola de gas intensamente reluciente está rodeada por un enorme capullo de gas expelido durante su compresión, y calentado a su vez por la radiación emitida desde la superficie de la estrella. Nuestros cuatro átomos de hidrógeno y uno de helio han sobrevivido a la caída y ahora se encuentran situados cerca de la superficie. Pero no durante mucho tiempo. Los flujos de convección los arrastran hacia las profundidades, los calientan aún más y los vuelven a expulsar, mientras la densa estrella sigue contrayéndose. De este modo experimentan la totalidad de la evolución cósmica seguida por la estrella en formación. Nuestros átomos se ven alternativamente calentados hasta unos cientos de miles de grados al caer hacia el interior y refrescados hasta quizás unos 3.500 grados conforme se aproximan a la superficie.

Tal vez no haya una descripción mejor del interior de una estrella incipiente que la dada por Sir Arthur Stanley Eddington en su esfuerzo por imaginarse cómo podría alimentarse la estrella. En 1926 escribió:

> El interior de la estrella es un revoltijo de átomos, electrones y ondas de éter. Tenemos que echar mano de los descubrimientos más recientes de la física atómica para seguir las complejidades de este baile. Comenzamos a explorar el interior de una estrella y enseguida nos vemos explorando el interior de un átomo. ¡Intenten representarse el tumulto! Átomos astrosos a los que tan sólo les quedan unos pocos jirones de sus complejas capas de electrones que les han sido arrancadas en la escaramuza pasan a

> toda velocidad, a 50 millas por segundo. Los electrones perdidos van a velocidades cien veces mayores para encontrar su siguiente lugar de descanso. ¡Cuidado! Casi hay una colisión con un electrón que se acercaba a un núcleo atómico, pero acelera y lo pasa de refilón trazando una curva pronunciada. Al electrón lo rozan mil veces en un 10^{-10} de segundo. A veces hay un patinazo en la curva pero el electrón continúa con energía aumentada o disminuida. Luego se produce un traspié peor que los de costumbre, el electrón queda limpiamente atrapado en un átomo y su vida en libertad llega a su fin. Pero sólo por un instante. Apenas el átomo ha colocado un nuevo adorno en su cinturón cuando un cuanto de ondas etéricas se introduce en él. Con una gran explosión el electrón está libre de nuevo y listo para nuevas aventuras. En otro lugar dos átomos se encuentran de lleno y rebotan, provocando un desastre aún mayor en los escasos restos de sus vestiduras... Y mientras contemplamos la escena, nos preguntamos: ¿puede ser ésta la imponente tragedia de la evolución estelar? Más bien parece el alegre momento de romper los trastos en un *music-hall*... pero todo es cuestión de escala temporal. Los movimientos de los electrones son tan armoniosos como los de las estrellas pero a una escala distinta de espacio y tiempo y la música de las esferas se toca en un teclado 50 octavas más alto...

¡Qué hermosa descripción! Pero lo que la hace aún más bella es que los protagonistas son los átomos de los que estamos compuestos. Somos auténtico polvo de estrellas.

Por lo que respecta a estos átomos primitivos, el polvo de estrellas todavía no ha llegado a fabricarse. Nuestra joven estrella sigue conteniendo sólo hidrógeno, helio y residuos de otros elementos ligeros producidos en el Big Bang: deuterio (el núcleo del hidrógeno pesado) y litio, el elemento más ligero después del helio.

Todo esto cambiará a lo largo de algo menos del siglo siguiente al momento en el que la estrella alcanza por primera vez el equilibrio hidrostático. Porque a medida que se contraiga esta densa estrella, su temperatura interior aumentará mucho más deprisa que la de una estrella que tuviera menos masa. A su vez, la temperatura de su superficie aumenta, permitiendo que la radiación transporte el calor con mayor eficiencia. Así, la luminosidad de la estrella deja de disminuir cuando se contrae, cosa sólo posible si la temperatura de la superficie aumenta. A su vez, cuanto más calor transporta la radiación, se reduce el inmenso movimiento de convección y cesa de dragar material de las profundidades a la superficie y absorber material de la superficie para transportarlo al núcleo. Cada vez hay más transporte de calor por radiación y menos por convección. La superficie de la estrella sigue aumentando su temperatura y su interior se vuelve también cada vez más caliente.

Durante esta fase, la estrella parece desde el exterior muy luminosa pero irregular. Los inmensos flujos de convección hacen que el brillo varíe con rapidez y desigualmente. Un objeto de estas características se denomina *estrella T-Tauri*, llamada así por la primera de una serie de estrellas observadas con telescopios modernos en las nubes de gas de la constelación de Tauro y que representan a estrellas pilladas *in fraganti* en el acto mismo de su formación.

En concreto, nuestros cuatro núcleos de hidrógeno concluyen su paseo en la montaña rusa de la estrella según se van calmando los flujos de convección y se asientan más o menos entre la superficie y el centro. En este punto ya son vecinos en sentido astronómico, aunque siguen separados por una distancia macroscópica, de varios kilómetroscomo mínimo. Nuestro núcleo de helio se encuentra más cerca de la superficie, aunque conforme la estrella evoluciona se hunde ligeramente en el interior porque es más pesado que el hidrógeno. La densidad de la materia en esta zona de la estrella es comparable a la del agua. Aunque para nuestros estándares terrestres no parezca demasiado extravagante, esta densidad supera con mucho cualquier cosa que haya podido verse en el universo durante varios cientos de millones de años. La contracción a lo largo de unos pocos cientos de miles de años ha aumentado un trillón de veces la densidad de la nube molecular primitiva. Y con esta densidad pueden darse nuevos procesos físicos.

Mucho más adentro de la estrella, la temperatura supera ahora el millón de grados; y a esa temperatura comienzan a darse las primeras reacciones nucleares desde los primeros instantes del Big Bang. Sin embargo, producen más un quejido que un estallido. Los núcleos de hidrógeno, es decir, los protones, pueden colisionar con los núcleos débilmente unidos del deuterio (que contienen un protón más un neutrón) y pegarse a ellos para formar un isótopo raro del helio, el helio 3, unido más fuertemente (los isótopos diferentes del mismo elemento tienen el mismo número de protones pero diferente número de neutrones). En este proceso, el sistema irradia la energía liberada al unirse las partículas. Todo el deuterio inicial de la zona central de la estrella puede desaparecer así básicamente en unos años; y en el núcleo central, una vez iniciada la reacción nuclear, ¡en cuestión de segundos!

Desgraciadamente, la energía generada en este proceso se limita a aminorar la contracción de la estrella y no puede detenerla por completo. Esto es así porque la cantidad inicial de deuterio es tan pequeña que la energía total generada, incluso si se quema muy deprisa, es demasiado pequeña para generar una presión suficiente que contrarreste la atracción gravitatoria. Una combustión similar de otros elementos residuales como el litio, a una temperatura de unos pocos millones de grados, no genera energía suficiente para alterar significativamente el equilibrio energético de la estrella.

Ahora afrontamos el enigma de Eddington. ¿Qué puede detener la consiguiente contracción de la estrella? Si no se introduce una fuente de energía adicional, la contracción seguirá imparable y, al cabo de más o menos un millón de años, la estrella se habrá encogido hasta formar un pegote denso y compacto de materia que se va enfriando.

Conforme la estrella sigue encogiéndose, y la temperatura de su núcleo continúa elevándose, los protones chocan entre sí con una energía todavía mayor. Pero como los protones están cargados, las propias colisiones esperables con una temperatura de diez millones de grados son generalmente unas 1.000 veces demasiado débiles para conseguir que se acerquen lo suficiente entre sí como para que se superpongan sus respectivas capas nucleares.

Si se superpusieran, podría darse la nueva reacción nuclear que identificó Bethe por primera vez en 1939. Dos protones pueden chocar para formar un protón y un neutrón. Para que esta reacción se produzca, debería tener un papel la fuerza débil, descrita anteriormente, que puede transformar protones en neutrones y viceversa. Pero la escala en la que opera la fuerza débil es muy pequeña, menor desde luego que el tamaño del núcleo atómico. Por ello, a menos que los protones chocan de frente, la probabilidad de que se dé semejante transformación es nula.

Existe, por supuesto, otro problema. Los neutrones pesan más que los protones. Así, el efecto de transformar dos de ellos en un protón y un neutrón supone chupar energía del entorno y no generar la que podría servir para mantener la estrella. Pero si el protón y el neutrón producidos por la colisión pueden unirse para formar el núcleo del deuterio, el hidrógeno pesado, la situación cambia radicalmente. El deuterio pesa menos que la suma de las masas de dos protones. De hecho, la diferencia en masa implica que la energía liberada al convertir dos protones en un protón y un neutrón ligados en el deuterio es más o menos un millón de veces mayor que la liberada en una reacción química normal.

Pero el asunto no acaba aquí. Como ya he comentado, los núcleos de deuterio pueden capturar otro protón pocos segundos después de haberse formado para producir helio 3. Los núcleos de helio 3 pueden colisionar con deuterio, con hidrógeno o entre sí. Inicialmente, cuando empiezan a formarse, hay más probabilidades de que sean destruidos por colisiones con hidrógeno o deuterio. Si su densidad puede aumentar lo suficiente, la reacción dominante del helio 3 terminará por ser con helio 3. Durante ese proceso, el protón y el neutrón de un núcleo pueden emparejarse con el protón y el neutrón de otro núcleo, combinándose para formar helio 4 estable. En este proceso se liberan dos protones. Como el helio 4 está tan fuertemente unido, la energía total liberada es casi seis veces superior a la liberada cuando un protón y un neutrón se combinan para formar deuterio.

El efecto de todo ello es que en un momento reaccionan seis protones para terminar produciendo helio, que contiene dos protones y dos neutrones, dejando un resto de dos protones. Así, cuatro protones se han transformado en un núcleo de helio y la energía total liberada es 20 millones de veces mayor que la que se obtendría quemando una masa equivalente de carbón. ¡Finalmente se había descubierto un proceso que podía mantener ardiendo al Sol durante miles de millones de años! Cuando la bomba Mike estalló en el Océano Pacífico, el terrible poder de la fusión nuclear quedó claro para todo el mundo y no sólo para un pequeño grupo de físicos nucleares y astrofísicos. Había quedado de manifiesto la fuente del poder secreto de las estrellas.

Pero queda un problema. ¿Cómo comienza todo esto? Recordemos que, incluso a una temperatura de diez millones de grados y con las densidades correspondientes al núcleo de una estrella naciente, no hay un solo protón que disponga de la energía necesaria para chocar como una bola de billar con otro protón y formar así un núcleo de deuterio.

Ésta es otra ocasión en que podemos dar gracias a los dioses del azar. En primer lugar, los protones del interior del Sol están en *distribución térmica*. Esto quiere decir que algunos protones pueden tener más energía que el protón medio. Por ejemplo, en este gas caliente, un protón de cada diez millones aproximadamente puede tener diez veces la energía del protón medio. Después, a la escala de los átomos y los núcleos, rigen las leyes de la mecánica cuántica. Y así, aunque hasta los protones más energéticos con una presencia significativa en el interior del Sol tengan una energía unas 100 veces inferior a la necesaria para superar la clásica repulsión electrónica entre protones y poder participar en una reacción nuclear que forme deuterio, la mecánica cuántica creará una diminuta posibilidad de que dichos protones puedan, a pesar de todo, darse un beso fugaz o incluso algo más.

En el corazón de la mecánica cuántica subyace el hecho de que las partículas, por ejemplo los protones, no se comportan como bolas de billar. Puedo arrojar una bola de billar contra una pared un millón de veces y o rebotará o atravesará la pared, pero un protón puede en ocasiones comenzar en un lado de la barrera y terminar al otro lado sin haber tenido realmente que atravesarla. A menos que la barrera sea infinitamente alta, siempre hay una probabilidad distinta de cero, por pequeñísima que sea, de que el protón se encuentre en un instante a un lado y en el instante siguiente al otro. De modo que la barrera electrónica entre protones puede ser descorazonadora pero nunca completamente desalentadora. De tanto en tanto, los protones pueden colisionar sin haber tenido que superar por completo su mutua repulsión. Las probabilidades son muy pequeñas, pero hay un montón de protones disponibles en una estrella y un montón de colisiones que se producen durante la vida de la estrella.

El resultado es un delicado equilibrio entre exigencias opuestas. Cuando aumenta la energía de un protón dentro del Sol, aumenta la probabilidad de que en una colisión con un compañero pueda "abrir un túnel" y penetrar en la otra partícula. Por otra parte, en un gas térmico el número de protones con una energía dada desciende rápidamente cuando esa energía comienza a superar la media.

Para los protones se aplica la misma regla que para los políticos. Exigirles cosas desde ambos extremos suele conducir a que elijan un término medio. En el caso de las condiciones correspondientes a la temperatura cuando comienza en serio la combustión nuclear, unos 15 millones de grados centígrados, los protones dispuestos a iniciar la combustión llevan unas 13 veces la energía térmica media de los protones del gas. Aproximadamente uno de cada 100 millones de protones tiene la suerte de poseer esa energía en un momento dado, aunque puede colisionar con sus vecinos durante miles de millones de años antes de que reaccionen favorablemente para producir deuterio. Aun así, la energía producida por las subsiguientes reacciones que terminarán por producir helio es tan grande que el calor generado puede crear una presión que contrarreste por completo una mayor contracción gravitatoria de la estrella. Una vez que se ponen en marcha estas reacciones nucleares de fusión, la estrella está en su derecho a recibir tal nombre.

Según Eddington, el interior de una estrella semejante recién nacida no sólo no está más caliente de lo necesario sino que, si lo estuviera más, plantearía algunas dificultades. Si las reacciones nucleares no fueran tan escasas, la estrella consumiría todo su combustible nuclear en menos de un abrir y cerrar de ojos, terminando su vida al igual que empezó, en una inmensa explosión termonuclear. En cambio, la estrella se autorregula. Si el núcleo se calienta más, la presión aumenta y hace que el gas se expanda contra la gravedad, enfriando por tanto el núcleo. Así, el estilo de vida caótica, de "revoltijo" de los átomos estelares que describía Eddington, se convierte a gran escala en un objeto notablemente estable, con una vida que puso a prueba la imaginación de las mentes más privilegiadas del siglo XIX y cuya estabilidad podría en último término nutrir la lenta evolución de la vida en los planetas cercanos.

Sin embargo, no en el caso de esta estrella. Aquí las órdenes imperiosas de la gravedad no pueden pasarse por alto durante más tiempo.

Cuando en aquella mañana cálida de noviembre tuvo lugar en el Pacífico la primera explosión termonuclear sobre la Tierra, los sueños de siglos de la alquimia se hicieron realidad durante una fracción de segundo. Desde el instante en que se produjo la ignición del "detonador" explosivo químico hasta el momento en que la fisión y la fusión incontroladas dieron cuenta de toda la materia que había en las proximidades del núcleo de la bomba para transformarla en otra cosa nueva, un pájaro que hubiera estado en la isla no habría tenido tiempo ni de batir sus alas antes de quedar volatilizado.

En el caso de nuestra estrella masiva, recién nacida, el detonante nuclear llevaba mucho tiempo en ignición, pero el resultado final fue igualmente inevitable. Una bomba de una magnitud sin precedentes estaba destinada a explotar en el momento en que se diera en su ardiente núcleo interior la primera reacción de fusión productora de deuterio. Como resultado, las vidas de nuestros átomos cambiaron para siempre.

Sin embargo, hasta este momento la vida de nuestros cuatro núcleos de hidrógeno y uno de helio sigue sin tener acontecimientos dignos de reseñar. Situados fuera del denso núcleo interior de la estrella, son bombardeados por sus vecinos que viajan a velocidades de cientos de kilómetros por segundo, billones de veces por segundo, durante tal vez unos diez millones de años. En este tiempo, y en ausencia de grandes flujos de convección, cada uno de nuestros átomos puede viajar unos pocos kilómetros dentro de la estrella debido a su propio movimiento térmico aleatorio. Al hacerlo, nuestros cuatro átomos de hidrógeno van convergiendo poco a poco. Con una temperatura de menos de un millón de grados, sin embargo, no tienen posibilidades de participar en las reacciones de combustión nuclear que se dan en el interior más profundo de la estrella. Las posibilidades de participación de nuestro núcleo de helio son incluso menores. No existen isótopos estables de número másico 5, de modo que no existe materia estable alguna que pueda formar ese helio capturando un núcleo de hidrógeno en una colisión.

Pero muy adentro de la estrella las cosas van poniéndose interesantes. Después de diez millones de años de combustión, con una luminosidad 10.000 veces mayor que la de nuestro Sol, esta giganta hambrienta ha quemado casi todo el hidrógeno disponible de su núcleo convirtiéndolo en helio. Durante ese tiempo, la presión del núcleo se reduce al irse convirtiendo los núcleos de hidrógeno en núcleos de helio. En virtud de su mayor masa, se mueven más despacio que sus predecesores. El núcleo empieza a contraerse con lentitud, y al calentarse libera energía al resto de la estrella. Este calor adicional hace que su exterior se active una vez más. Ello debería servir para enfriar el núcleo, de no ser porque la pérdida de presión al generarse el helio hace que el núcleo se contraiga todavía más y, en consecuencia, se siga calentando.

De ese modo, las capas que rodean al núcleo de la estrella se calientan aún más, alimentadas por la contracción del núcleo y también por el hecho de que, conforme aumenta la temperatura en estas capas, comienza también en ellas la combustión del hidrógeno que se transforma en helio. En este punto, casi toda la luminosidad de la estrella proviene de las reacciones de fusión del hidrógeno en la corteza que rodea al núcleo, que es mayoritariamente de helio. Una fracción significativa producida en la corteza de hidrógeno se absorbe en las capas exteriores de la estrella que, como consecuencia, sigue expandiéndose.

Este proceso continúa durante varios cientos de miles de años a pleno rendimiento, pero a lo largo de otro medio millón de años, conforme el núcleo sigue contrayéndose y aumentando su temperatura, la corteza que quema hidrógeno es incapaz de proporcionar suficiente energía y la estrella empieza a enfriarse en superficie al tiempo que aumenta su radio. La estrella se va haciendo más roja.

Esta fase intermedia de respiro, una séptima entrada en un partido de béisbol si se quiere, no es la etapa más emocionante de la vida de la estrella, pero sí tiene una profunda significación para nuestros átomos de hidrógeno. Porque durante este respiro de 500.000 años es cuando nuestros cuatro átomos de hidrógeno entran finalmente en acción. Dos ya se han aproximado entre sí hasta una distancia de un radio atómico y después de decenas de miles de años de empujones se fusionan finalmente para formar deuterio. Como una mosca de la fruta, nuestro flamante núcleo de deuterio acaba su existencia a los pocos minutos de su formación, esta vez gracias a la colisión con otro de nuestros núcleos de hidrógeno. Juntos forman el núcleo de helio 3. Mientras tanto, nuestro cuarto átomo de hidrógeno ha participado, a cierta distancia de los otros tres, en otra serie de reacciones de fusión que conducen a la producción de un núcleo de helio 3.

Estos dos núcleos de helio 3 van ahora de aquí para allá, colisionando con átomos de hidrógeno a lo largo de todo este período de contracción estelar, hasta que finalmente se encuentran. Colisionan con la energía justa después de miles y miles de millones de colisiones desde su nacimiento, ocurrido unos pocos cientos de miles de años antes, y producen en un destello un núcleo de helio 4, escupiendo en el proceso dos protones. Lo que empezó como cinco núcleos (cuatro de hidrógeno y uno de helio) ha pasado ahora a dos.

Más adentro del Sol, la contracción continúa sin oposición salvo por el hecho de que la fusión nuclear de hidrógeno en helio no es el final de la cadena. A primera vista parece como si lo fuera y durante un período largo supuso un fuerte obstáculo para los que intentaron comprender cómo se formaron todos los elementos que rigen nuestra existencia, además del helio. En cuanto los físicos resolvieron el notable problema de cómo conseguir núcleos que contuvieran neutrones empezando sólo con protones, tuvieron que enfrentarse a otro rompecabezas del mundo subatómico. Así como la producción de helio puede darse mediante la sencilla serie de procesos aquí descritos, no existen núcleos estables con número másico de 5 o de 8. Sólo con hidrógeno (de número másico 1) y helio (de número másico 4) en abundancia significativa, no hay otros números másicos disponibles que puedan darse de las colisiones entre un núcleo de hidrógeno y otro de helio o entre dos núcleos de helio. No hay cadena de reacciones de partículas ligeras que ofrezcan una vía para ir más allá del número másico 8.

Sin embargo, los dos núcleos más abundantes en la naturaleza hoy día, después del helio, son el carbono 12 y el oxígeno 16, así que hay que superar este obstáculo de alguna manera. El hecho de que estos dos núcleos contengan exactamente el número de protones y neutrones contenidos en tres y cuatro núcleos de helio 4, respectivamente, parece indicar que las reacciones del helio deben ser la clave, aunque no sepamos cómo.

Sin embargo, la probabilidad de que tres núcleos de helio confluyan al mismo tiempo es tan pequeña que, durante una vida estelar habitual, sólo podrían fusionarse así para formar carbono menos de una cien millonésima de los átomos de helio en una estrella. Pero todavía es, quizá, más importante el hecho de que no haya manera de que esas colisiones de tres núcleos puedan generar energía a un ritmo suficiente para impedir la inevitable compresión del núcleo estelar por la fuerza de la gravedad.

La temperatura en el núcleo en contracción de nuestra estrella excede ahora los 100 millones de grados y sigue subiendo. Dos hechos más de la física nuclear nos arreglan el día, o, más bien, siguen haciendo posible la luz del día. El primero es que, cuando dos núcleos de helio se juntan, al "pegarse" forman el núcleo inestable del berilio 8. Este núcleo vuelve a desintegrarse en dos núcleos de helio. Sin embargo, la masa del berilio 8 es sólo ligeramente mayor que la de los dos núcleos de helio. Como resultado, apenas hay energía para desintegrarse, lo que hace que el núcleo de berilio viva durante casi una 1.000 billonésima de segundo. Esto puede no parecer mucho, pero es 100 millones de veces más de lo esperable para dos núcleos de helio que no estuvieran juntos momentáneamente en un núcleo mayor. Como consecuencia, es de esperar que en un momento cualquiera haya un núcleo de berilio 8 por cada 1.000 millones de átomos de helio en el denso núcleo. Una 1.000 billonésima de segundo es también tiempo suficiente para que algunos átomos de helio vayan de aquí para allá y colisionen con algunos de los núcleos de berilio antes de desintegrarse y se peguen formando el núcleo estable del carbono 12, base de toda la materia orgánica.

Aquí es donde entra en escena el segundo milagro nuclear. Con tan pocos núcleos de berilio a su alrededor con que chocar, las colisiones están muy solicitadas y hay que contar con todas si es posible, lo cual no es la situación normal en las colisiones al azar. El astrónomo Fred Hoyle, el hombre que acuñó el término "Big Bang" (en realidad como expresión despectiva, ya que él proponía otra teoría, la del "estado estable"), fue el primero en advertir que la única manera de reforzar suficientemente la probabilidad de formar carbono en una reacción nuclear entre el helio y el núcleo inestable del berilio para poder alimentar a las estrellas consistiría en que se pudiese crear un estado excitado del carbono precisamente en las colisiones que se produjeran en la escala de energía propia del interior de las estrellas. Una reacción "resonante" semejante puede darse con una probabilidad cientos de veces mayor que la que sería posible en otras circunstancias. Como es de rigor, el trabajo posterior en el laboratorio demostró la existencia de ese estado del carbono 12. ¡Se había descubierto una nueva vía más allá del helio y empieza una nueva vida para la estrella!

La combustión del helio para formar carbono da comienzo a una nueva fase del universo. Una vez formado el carbono, se abre la puerta a la creación de todos los elementos pesados que dominan nuestra existencia en la Tierra. A pesar de todo el poder del Big Bang, no podía sortearse la barrera del helio. El nacimiento y la consiguiente expansión del universo iban demasiado deprisa. En cambio, ir paso a paso permite ganar la carrera. A lo largo de diez millones de años, la lenta contracción de la estrella, combinada con el aumento del helio y las siempre crecientes temperatura y densidad del núcleo, hacen posibles las escasas reacciones que requieren miles o millones e incluso miles de millones de años para producirse.

Con todo, esta nueva fuente de energía es para la estrella un pobre sustitutivo de la combustión del hidrógeno. Al formar carbono se libera mucha menos energía por unidad de masa que al formar helio. Por ello las reacciones deben ir mucho más deprisa para poder generar la misma presión en el interior estelar. Tal vez el hidrógeno del núcleo de una estrella tarde diez millones de años en agotarse, pero no se tarda más que un millón de años en consumir todo el combustible de helio. Por si fuera poco, la probabilidad de reunir tres átomos de helio para formar carbono está tan en función de la temperatura que estas reacciones sólo pueden darse a un ritmo significativo en la parte más caliente del núcleo. Durante este tiempo la mayor parte de la luminosidad de la estrella la sigue produciendo la combustión del hidrógeno en la corteza que rodea al núcleo. Además, el creciente calor de la corteza sigue haciendo que el exterior de la estrella se expanda.

Las estrellas de menor masa apenas sobreviven al inicio de la combustión del helio. Como está en función de la temperatura de una manera tan sensible, el comienzo de este proceso puede ser explosivo. La nueva energía generada por la combustión del helio calienta el núcleo, lo que a su vez incide en una combustión más rápida del helio, y así sucesivamente. El "destello del helio" casi parte la estrella. Sin embargo, una estrella tan densa como esta gigante de primera generación realiza la transición mucho más suavemente.

Al cabo de un millón de años se ha reducido significativamente el combustible de helio en el núcleo. Éste se sigue contrayendo y se calienta todavía más. La temperatura termina por ser lo suficientemente alta como para que un núcleo de helio colisione con uno de carbono (que contiene seis protones con una carga lo bastante grande para repeler a todos los núcleos de helio salvo a los más energéticos) y forma oxígeno 16, el isótopo dominante del oxígeno en el universo. Aunque la repulsión del carbono hacia el helio es grande, el hecho de que sólo se requiera la colisión de dos núcleos para formar oxígeno significa que, a medida que el helio comienza a disminuir en el núcleo, va aumentando la cantidad de carbono, de modo que los restantes átomos de helio chocan preferentemente con carbono para formar oxígeno. Así que en el momento en que el helio se agota en el núcleo, ya se han creado cantidades significativas tanto de carbono como de oxígeno.

En ese momento existen dos cortezas en el exterior del núcleo. Una con combustible de hidrógeno (en la que nuestros dos átomos de helio se formaron hace millones de años) rodea a otra con combustible de helio, la cual rodea al núcleo de carbono-oxígeno.

Sin embargo, las cosas se ponen pero que muy feas para la estrella. Una vez agotado el helio del núcleo, la contracción continúa. Para producir nueva energía, el carbono debe interaccionar con carbono. Pero la barrera de la carga es ahora mayor y la estrella debe calentarse hasta los 600 millones de grados antes de que este proceso pueda darse a un ritmo significativo. Las colisiones de carbono con carbono, pueden producir una plétora de núcleos, del oxígeno al sodio pasando por el magnesio. La combustión del carbono libera menos energía que la del helio, y para combatir la inexorable marcha de la gravedad hay que volver a mantener una tasa más alta de reacción. El combustible de carbono dura únicamente 100.000 años, período diez veces menor que la fase del combustible de helio, que es diez veces más breve que la fase del hidrógeno en combustión.

Las cosas están empezando a descontrolarse. Le toca al oxígeno, cuya combustión produce silicio, otro elemento de vital importancia para los planetas parecidos a la Tierra, y también azufre a temperaturas aún más altas. Pero la combustión del oxígeno dura sólo unos 10.000 años, de nuevo diez veces menos que el combustible anterior.

Ahora las temperaturas, cercanas a los 1.000 millones de grados, son tan altas que la propia radiación es lo bastante energética para romper los núcleos formados. Así, por ejemplo, el neón, generado cuando el oxígeno captura un núcleo de helio, puede escindirse de nuevo en oxígeno y helio. El helio puede verse atrapado por los núcleos restantes de neón, lo que a su vez produce magnesio. Al ocurrir esto, la abundancia de oxígeno puede aumentar todavía más en las cortezas que rodean las regiones más calientes del núcleo. El oxígeno es el tercer elemento más abundante en la naturaleza, después del hidrógeno y el helio, y el motivo es el siguiente.

Una vez iniciada la combustión del silicio, el núcleo de la estrella necesita energía desesperadamente. Cada reacción de fusión posterior al helio libera cada vez menos energía por unidad de masa. Es más, ¡la fotodestrucción del núcleo consume energía! Aunque, por supuesto, al desmontar un protón o núcleo de helio —con la subsiguiente captura por otro núcleo— puede liberarse una cantidad neta de energía.

Todavía podemos preguntarnos: ¿cuánto tiempo más puede seguir la fusión produciendo energía? Después de todo, la gran carga positiva del núcleo terminará por vencer a la atracción nuclear. Como ocurre con tantos otros aspectos del universo, la configuración definitiva de la materia depende de una ley de escala muy sencilla. Conforme pasamos del helio al carbono, y de éste al oxígeno, y de éste al silicio, aumenta la cantidad por la que cada protón y neutrón del núcleo queda fijado a él. Este proceso continúa hasta que se llega al hierro. El hierro 56 es el núcleo más apretadamente confinado de la naturaleza. Tras el hierro, todos los núcleos más pesados están menos apretados. Según he descrito para los neutrones atrapados en el núcleo, la relatividad nos dice que los objetos ligados pesan menos que los libres, porque los ligados tienen menos energía total (es decir, hace falta energía para desligarlos). Este sencillo resultado nos dice que siempre podemos obtener energía fusionando dos núcleos ligeros para formar uno más pesado, hasta que lleguemos al hierro. Una vez que llegamos a él, la adición de más protones o nucleones creará núcleos más pesados que la suma total de la masa de las partículas que componen la mezcla. Formar esos núcleos más pesados exigirá energía en lugar de liberarla.

Por este motivo, todas las estrellas están condenadas a quedarse sin combustible nuclear. Y una vez que nuestra estrella comienza a quemar silicio, se halla peligrosamente cerca del final. En principio, el silicio puede combinarse con silicio para formar hierro, pero en la práctica todo está demasiado caliente para que eso pueda ocurrir sin más. En cambio, el silicio y los demás elementos presentes en la densa corteza se ven apartados unos de otros por la radiación y obligados a adoptar nuevas configuraciones. Mientras los núcleos que se recomponen son más masivos que los que se rompen, se liberará energía hasta que se produzca hierro. Luego, se acabó la suerte.

Increíblemente, el viaje de la combustión nuclear que va del silicio al hierro en el núcleo de nuestra estrella ¡no dura más que un día! Durante diez millones de años todas las reacciones nucleares que han mantenido a la estrella en pie frente a la compresión gravitatoria nos han ido conduciendo a esta última boqueada. Casi diez millones de años de combustión de hidrógeno, seguidos de un millón de años de combustión de helio, otros 100.000 de combustión de carbono, 10.000 de oxígeno y luego un único día para el resto del viaje. Una vez acabado, ya no queda esperanza. El denso núcleo interior de la estrella, rodeado ahora como una cebolla por capas de oxígeno, carbono, helio e hidrógeno, está a punto de experimentar uno de los acontecimientos más traumáticos del universo. Nuestros dos átomos de helio, todavía alejados de la actividad del interior, padecerán las consecuencias.

9
Un bonito Big Bang

Quien no se quede a cuadros con este asunto es que no lo ha entendido.
Niels Bohr, sobre la mecánica cuántica

Por las frías montañas de Chile, donde el aire es ligero y las noches frescas y despejadas, trepa una carretera serpenteante hasta un conjunto de edificios modernos con cúpulas como las de una catedral. Allí, muy por encima de las nubes que ocultan los valles, trabajan unas gigantescas máquinas de la noche buscando en el cielo señales de muerte.

En el Observatorio Interamericano de Cerro Tololo, cerca de La Serena, Chile, un grupo internacional de astrónomos ha dominado el arte de la probabilidad en una dura competencia para determinar qué sucede en el universo. Una vez cada 100 años más o menos, en una galaxia que contenga unos 100.000 millones de estrellas, explota una de ellas en una exhibición de pirotecnia sin parangón en el universo. Resulta interesante que en nuestra propia Vía Láctea esos acontecimientos suelen pasar desapercibidos porque los árboles no nos dejan ver el bosque. La mayor parte de nuestra galaxia aparece oscurecida porque está llena de polvo, que absorbe la luz visible. En consecuencia, solemos ver con mayor claridad lo que ocurre en galaxias a millones de años luz que lo que sucede en nuestro patio trasero.

Sin embargo, estas observaciones están recogidas en la historia humana. En China, el día vigésimo segundo de la séptima luna del año primero del periodo Chih-ho —agosto de 1054, durante el reinado del emperador Ren Zhong—, Yang Wei-De, Primer Contador del Calendario de la China imperial, informó de siguiente suceso:

> Postrándome, he observado la aparición de una estrella invitada en la constelación T'ien Kuan, que desprendía un ligero color amarillo iridiscente. Respetuosamente, y según las disposiciones para los emperadores, he realizado un pronóstico que arroja el siguiente resultado: la estrella invitada no usurpa a Aldebarán, lo que muestra que el Señor es generoso y que el país tiene gran dignidad. Requiero que este pronóstico sea entregado a la Oficina Historiográfica para su preservación.

Es posible que la profecía de Wei-De fuera un mero halago al emperador y quizá le hiciera reinar algo más compasivamente durante cierto tiempo. Pero la historia humana es fugaz. El objeto registrado por primera vez en 1054 sigue con nosotros desde entonces y se conoce ahora como Nebulosa del Cangrejo. Un bonito espectáculo para ver con telescopio que sigue brillando con la luz de 75.000 soles casi un milenio después de Wei-De. Un fenómeno sociológicamente interesante es que, en 1054, la "estrella invitada" del Cangrejo debió ser visible día y noche durante semanas también en Europa, pero no hay señales en los escritos de la época de que la vieran allí. ¡Por algo se llama a esta época de la historia europea la Edad Oscura!

Más significativa para la historia humana posterior fue la observación de una supernova en 1572 por el astrónomo danés Tycho Brahe. Esto impresionó tanto al rey Federico II de Dinamarca que proporcionó a Brahe una isla desde la que observar los cielos. En la isla de Hven, hoy parte de Suecia, Brahe pasó veinte años observando los movimientos de los planetas sin la ayuda del telescopio, instrumento no inventado todavía. A pesar de todo, las medidas de Brahe fueron tan precisas que fueron utilizadas más tarde por Johannes Kepler para deducir sus tres leyes del movimiento planetario, utilizadas a su vez por Newton para deducir su ley universal de la gravedad. Estos hechos revolucionaron el mundo moderno. No sólo pusieron las bases de las modernas ciencias de la física y la astronomía, sino que parecieron indicar también que el universo entero podía explicarse en términos de leyes naturales. Se ha apuntado que la quema de brujas acabó en Europa en parte al reconocer que todos los efectos podían tener causas naturales en lugar de sobrenaturales.

De manera que una única supernova vista en el sitio adecuado en el momento adecuado alteró notablemente el curso de la historia humana. En otro orden de cosas, y en primer lugar, otra supernova, pero ésta hace mucho, muchísimo tiempo, y muy, muy lejos, hizo posible la historia humana. Regresemos a esos viejos tiempos.

Por lo que respecta a nuestros dos átomos de helio, todo va bien. Están sumergidos en un denso gas de átomos de hidrógeno y la temperatura en esa zona media de la estrella sigue superando los diez millones de grados, de modo que las reacciones del hidrógeno siguen produciendo energía que se abre camino hasta la superficie. Sin embargo, en esta última hora del último día de vida de esa estrella, los núcleos de silicio que se encuentran en las profundidades del núcleo se han fusionado para formar hierro a un ritmo furioso, rapidísimo. La mayor parte del núcleo de la estrella, con una masa que excede la masa de nuestro Sol y un radio mayor que el tamaño de nuestra Tierra, se ha convertido ya en hierro y ya no queda nada que hacer. En un segundo habrá acabado todo.

Mientras termina la combustión del silicio, la presión del núcleo cae y comienza a contraerse. Pero ahora la temperatura sube por encima de los 5.000 millones de grados y la energía de la radiación es tan intensa que se deshace todo el trabajo hecho en los anteriores diez millones de años. Los fotones son tan energéticos que rompen los núcleos de hierro para formar helio, lo cual requiere energía en lugar de liberarla, energía que se absorbe de la energía térmica del núcleo, proporcionando presión.

Ahora las cosas comienzan a dispararse. El núcleo empieza a comprimirse mucho más deprisa. Al hacerlo, su densidad sigue aumentando. Cuando la densidad llega a ¡10.000 toneladas por centímetro cúbico!, los electrones, aplastados con los núcleos, vuelven a recuperar energía suficiente para volver a convertir los protones en neutrones, absorbiendo todavía más energía del sistema que se comprime. Además, en el proceso de conversión se emiten neutrinos y estos neutrinos interaccionan tan poco que se escapan de la estrella a la velocidad de la luz. Al eliminarse esta energía, el núcleo se comprime todavía más deprisa. Pero al comprimirse se adensa aún más, haciendo que más electrones colisionen con protones para formar neutrones, exigiendo más energía del núcleo y así sucesivamente. El núcleo se contrae con más fuerza de la que es posible describir.

Imaginemos un objeto del tamaño de la Tierra comprimiéndose hasta formar un objeto del tamaño de Manhattan ¡en menos de 1 segundo! No soy capaz de hacer justicia a algo semejante. Sin embargo, el universo no está constreñido por los límites de la imaginación humana, y eso es precisamente lo que ocurre en el interior de nuestra estrella.

Una compresión tan enérgica es difícil de detener pero la naturaleza vuelve a conseguir la hazaña, aunque pagando un precio. Conforme la densidad del núcleo interior llega a los 100 millones de toneladas por centímetro cúbico, lo que fueron núcleos de átomos y ahora son predominantemente neutrones están tan apretados que se tocan. Básicamente, el núcleo se convierte en un gigantesco núcleo atómico, una materialización física de la configuración que ya imaginamos en el capítulo 1. En ese instante se impone una nueva fuerza repulsiva. Los neutrones no pueden solaparse unos con otros. Las leyes de la mecánica cuántica sólo permiten que cierto número de ellos se agolpen en una determinada región de pequeño tamaño. Esta nueva fuerza repulsiva nuclear es tan grande que incluso esta inmensa compresión hacia el interior no puede continuar. En su lugar, el interior de la estrella (ahora conocida como *estrella protoneutrónica*) "rebota".

El primero que habló de estar entre la espada y la pared no tenía idea de que se podía estar aún mucho peor. Privada de presión, la zona más densa del núcleo se comprime en un segundo. La capa exterior del núcleo, todavía de hierro en gran medida, se encuentra de pronto sin nada que la sustente y comienza a caer a toda velocidad hacia el centro de la estrella moribunda. Al hundirse esta corteza, la materia se derrumba hacia el interior a más de 60.000 kilómetros por segundo: ¡en torno a un 20% de la velocidad de la luz! Y entonces, *¡bum!*, choca metafóricamente contra un muro, con la diferencia de que este muro es 100.000 millones de veces más duro que uno de ladrillo. La materia que recibe el golpe sale disparada otra vez hacia afuera, como una pelota golpeada por un bate. Una densa onda de choque que viaja a unos 10.000 kilómetros por segundo atraviesa la materia en su caída. A esa velocidad tardaría unos 30 minutos en llegar a la superficie de la estrella. Sin embargo, al chocar con la lluvia de materia que se derrumba pierde enseguida energía y prácticamente se detiene.

Mientras tanto, la mayor parte del resto de la estrella, la que contiene nuestros dos átomos además de otros, permanece felizmente ignorante de lo que ha ocurrido. En un segundo, la onda de presión retardante que comunica el estado del interior al exterior puede viajar como mucho unos pocos miles de kilómetros. Al igual que el Coyote, el personaje de dibujos animados que permanece suspendido en el aire después de andar, montar en coche o saltar un acantilado, el resto de la estrella, que se extiende millones de kilómetros en el exterior, todavía no sabe que tiene que derrumbarse.

Y lo cierto es que nunca lo sabrá. Antes de poder comprimirse, se da en unos diez segundos una de las series de acontecimientos más notables de la naturaleza. Primero, inmediatemente detrás de la onda de choque que sirve de parachoques, la densidad de la materia es mucho más alta que en sus alrededores y la materia continúa amontonándose en la superficie. La presión de esta materia de alta densidad está dominada por los electrones energéticos que se liberan en la conversión de los protones en neutrones, y es lo bastante grande para impedir que la onda de choque se vuelva hacia el interior.

Antes de este rebote, los neutrinos producidos por la conversión de protones a neutrones en la compresión inicial han escapado, en una centésima de segundo más o menos, como suelen hacer los neutrinos. Después de todo, el neutrino medio emitido en un proceso semejante puede viajar varios miles de años luz ¡antes de chocar ni siquiera una vez! Los neutrinos solares, por ejemplo, producidos por las reacciones en el interior del núcleo de nuestro Sol, atraviesan la Tierra sin enterarse.

Sin embargo, en el núcleo densamente comprimido de nuestra estrella, que contiene poco más de una masa solar de materia confinada en una zona de unos 50 kilómetros de radio (ha rebotado hacia afuera desde su compresión inicial a un radio de diez kilómetros), el entorno es completamente distinto de cualquier lugar del universo. Con una masa que supera a la de un millón de Tierras confinada en una región del tamaño de una ciudad pequeña, y con una masa como la de Manhattan contenida en cada centímetro cúbico, la densidad es tan grande que ni siquiera los neutrinos pueden escapar del infierno. ¡Y los hay en abundancia! A una temperatura de unos 5.000 millones de grados, el interior de la estrella protoneutrónica emite neutrinos con igual abundancia que fotones. Estos neutrinos van aumentando en número porque se ven atrapados dentro de la estrella.

Recuerde que los fotones atrapados tardan 100.000 años en escapar del Sol, en lugar de los dos segundos que necesitarían si fueran en línea recta sin chocar y a la velocidad de la luz. De modo que también los neutrinos emitidos desde el interior del núcleo de la estrella protoneutrónica tardan en escapar unos diez segundos, más de un millón de veces el tiempo que les costaría emerger si no se dispersaran en su huida hacia el exterior.

Estos neutrinos siguen aumentando en la región densa y caliente que se encuentra tras el frente de choque y tienen dos efectos. Primero, aminoran la transición de protones a neutrones dentro y en las proximidades del núcleo. A medida que su número va creciendo pueden interactuar con neutrones y volverlos a convertir en protones. Así, el núcleo no puede convertirse en una estrella de neutrones hasta que los neutrinos irradian desde la región del núcleo hasta el exterior. Sin embargo, es más importante el hecho de que el aumento de neutrinos incrementa la presión por detrás del frente de choque obstruido, al igual que las burbujas de un gas en un líquido viscoso pueden elevar la superficie de éste. En un primer momento la onda de choque se mueve despacio hacia el exterior, aumentando su velocidad conforme aminora la caída hacia el interior y se va encontrando menos materia difusa. En cuestión de minutos, la onda de choque llega hasta nuestros dos átomos de helio y los arrastra, como una ola se lleva a un surfista, hacia la superficie y mucho más allá, al tiempo que explota la estrella y su último aliento ilumina el cielo de la noche con la luz de mil millones de soles.

Por fin nuestros átomos están libres, aunque no solos. A medida que la materia de la superficie es lanzada hacia afuera a razón de miles de kilómetros por segundo, la estrella emite tanta energía en unas pocas semanas como nuestro Sol en los últimos 4.500 millones de años. Además, la onda de choque ha extraído materia de todas las partes de la estrella. Después del helio, el oxígeno es el producto más abundante de la fusión producida en las estrellas, seguido del carbono, y luego del nitrógeno, neón, silicio, magnesio, azufre y hierro. Todos estos elementos de las cortezas existentes en torno al núcleo interior son expelidos, junto con el helio y el hidrógeno. En la región caliente en expansión y rica en neutrones que se halla tras la onda de choque, la captura de neutrones por los elementos intermedios produce rápidamente todos los elementos hasta llegar al uranio, que contiene un total de 238 protones y neutrones.

Esta materia rompe contra la materia interestelar que rodea a la estrella moribunda. En el proceso, el gas se ve calentado a temperaturas cercanas al millón de grados. Conforme la materia empujada por la onda se propaga hacia el exterior, la existente delante y detrás del frente de choque se va enfriando. Si la materia que rodea a la supernova no es demasiado densa, la materia expulsada puede viajar grandes distancias antes de enfriarse. Si es más densa, tras su compresión esta materia irradiará su energía y se frenará con mayor rapidez. Salvo colisiones con nubes de gas extremadamente densas, la burbuja de gas expulsada continuará su expansión hacia el exterior a miles de kilómetros por segundo durante cientos o miles de años. Pasado este tiempo irá reduciendo su velocidad hasta unos pocos cientos de kilómetros por segundo. Los restos tardarán casi 100.000 años en disolverse completamente en el medio interestelar de fondo.

En este entorno caliente y energético, cargado de elementos pesados, puede darse por fin por primera vez la química compleja. Los núcleos captarán electrones y reducirán su estado de ionización y las colisiones entre átomos transferirán electrones. A medida que la materia se enfríe a lo largo de meses, años y milenios, los elementos más pesados tales como el hierro se condensarán en granos sólidos microscópicos en cuya superficie podrán depositarse otros materiales.

Nuestros dos átomos de helio pueden permanecer ionizados en este entorno caliente y denso. Pero el helio es un gas noble, es decir, no se forman compuestos de helio así como así. A pesar de todo, nuestros átomos de helio tienen un papel importante en la química de esta nube en expansión. La densidad de la materia sigue siendo alta, tal vez un millón de veces más que la densidad de la nebulosa gaseosa en la que se va expandiendo la materia expulsada por la onda de choque. El helio y los elementos siguientes en importancia, oxígeno y carbono, pueden experimentar a veces una colisión triple capaz de hacer que los dos últimos elementos reaccionen para formar monóxido de carbono, parte del cual sobrevive al enfriarse el gas. El monóxido de carbono tendrá después un importante papel en las vidas de nuestro átomo. En una estrella masiva como la que acaba de explotar se produce más oxígeno que carbono, de modo que queda oxígeno libre después de que el monóxido de carbono se haya combinado con el hierro, el silicio y el hidrógeno para formar óxidos de hierro, silicatos y agua.

Conforme la burbuja de gas se expande, cada vez que se topa con una región de gas la comprime. Si la región es lo bastante densa, una vez comprimida se darán colisiones con suficiente rapidez para enfriar el gas, que pasará de millones a miles de grados, emitiendo luz en longitudes de onda visibles. Así, según va pasando la onda de choque, los cúmulos filamentosos de gas se irán encendiendo paulatinamente a su paso, como se encienden y apagan alternativamente las luces de un árbol de Navidad.

Cuatro de nuestros átomos de hidrógeno primitivos viven en uno de esos cúmulos de gas, localizado a unos 20 años luz del lugar de la explosión de la supernova. Al cabo de 5.000 años, la onda de choque en expansión alcanza esa zona y las colisiones atómicas comprimen al gas del cúmulo. Al mismo tiempo parte de la materia de la burbuja de gas en expansión la sigue por detrás con el cúmulo de gas, a una velocidad de unos 100 kilómetros por segundo. La onda de compresión hace que el gas libere una explosión de calor y luz, enfriándose a una temperatura de 1.000 grados en el curso de unos años, no de milenios. Mientras tanto, la alta densidad del gas y de los granos de polvo que rodean a esta región protege la materia del interior de la radiación de la supernova y de otras estrellas cercanas, permitiéndole permanecer más fría que el gas caliente de fondo.

Nuestros dos átomos de helio experimentan ahora otra vez un *déjà vu* cuando, junto con los cuatro átomos de hidrógeno, pasan a formar parte de una nueva guardería estelar. Cuando la temperatura cae por debajo de unos pocos cientos de grados sobre el cero absoluto, se detienen las activas reacciones químicas que trabajan con el gas y los restos de polvo de la supernova. Una vez posado el polvo, literalmente hablando, el nuevo entorno es superficialmente el mismo que en la primera nube molecular de la que formaron parte nuestros cinco átomos iniciales, pero es fundamentalmente diferente en los detalles. El hidrógeno molecular sigue siendo la materia dominante en los alrededores pero ahora existe una pequeña contaminación de otros materiales. Los granos de polvo, sobre los que las moléculas de vapor de agua pueden solidificarse según se enfría el gas, absorben activamente la luz de las estrellas del entorno y del gas caliente y vuelven a emitir esta radiación en longitudes de onda mucho más largas de luz infrarroja.

El carbono, presente entonces en menos de una parte por 10.000, tendrá un papel crucial en el enfriamiento de la nube de gas como preparación para la formación de estrellas. En los primeros estadios de compresión de la nube, los átomos de carbono actúan como un excelente refrigerante. La radiación desde el exterior de la nube puede sacar los electrones fuera de los átomos ionizándolos. Si la energía almacenada en los electrones se transfiere a los átomos, el gas se calentará. Sin embargo, los electrones pueden colisionar con átomos de carbono, los cuales pueden ser excitados a temperaturas de unos 100 grados por encima del cero absoluto (es decir, a unos 173 grados bajo cero). Estos átomos de carbono quedarán desexcitados al emitir radiación, que se escapa de la nube. De ese modo, aunque esté presente en muy pequeñas cantidades, el carbono puede mantener el gas a una temperatura de unos 100 grados o menos. La conversión de energía térmica en energía radiante capaz de escapar de la nube mantendrá ésta lo bastante fría como para empezar a comprimirse.

La compresión de la nueva protoestrella sigue prácticamente los pasos anteriores, salvo con unas pocas complicaciones nuevas y significativas. Los elementos pesados pueden ser ionizados con más facilidad y las corrientes eléctricas pueden fluir creando campos magnéticos y respondiendo a su vez a ellos, lo que complica el proceso final de compresión. Más importante aún es que, según se comprime el núcleo de la protoestrella, el nuevo polvo que rodea el núcleo desempeña un papel esencial; absorberá la radiación emitida por el núcleo en compresión y volverá a irradiarla, protegiéndolo del entorno exterior. Y aún lo es más que el momento angular de la nube al comprimirse puede ser llevado al exterior por pequeños agregados, que terminan por unirse en rocas y planetesimales que permanecerán en órbita en las regiones externas de la nebulosa preestelar en compresión. La materia que cae hacia el centro de la nube con una rotación neta colisionará y se fundirá formando un disco central de materia que orbitará en torno a la esfera de gas en compresión. Ahora existe ya una siembra de planetas rocosos en torno a nuestra estrella en compresión.

La protoestrella que ahora se forma terminará por comprimirse en una estrella muy parecida a nuestro Sol. En torno a ella se formarán cuatro planetas, tres gigantes como nuestro propio Júpiter y un planeta rocoso, situado a la distancia justa de la estrella para que pueda haber agua líquida en su superficie. El entorno es horroroso: la intensa radiación emitida por el núcleo en compresión bombardea cualquier objeto que se encuentre en el disco que lo rodea, y hay granos que colisionan formando objetos paulatinamente mayores y que a su vez colisionan entre sí con mayor violencia para formar objetos aún mayores. Sin embargo, 5.000 millones de años después se habrá borrado cualquier prueba directa de este revoltijo caótico inicial. Una estrella estable bañará el sistema con una incandescencia constante y cálida. Los meteoritos pequeños habrán sido eliminados en su mayor parte del sistema debido a la gravedad de los planetas grandes o habrán colisionado ya con alguno de estos objetos mayores miles de millones de años antes. Sólo los seres inteligentes, capaces de explorar lo que queda de ese sistema solar y deducir el pasado a partir de claves remotas del presente, podrán tener una esperanza de desentrañar los detalles de la tragedia cósmica que condujo a su formación.

Pero nunca sabremos si la vida se formó en torno a esa estrella, que en la actualidad, unos 10.000 millones de años después de estos acontecimientos, agotó su combustible de hidrógeno y creció hasta engullir los antes acogedores planetas interiores. Porque nuestros cuatro átomos de hidrógeno —ahora convertidos en dos moléculas de hidrógeno— y los dos átomos de helio escapan de este infierno en evolución. A medida que la materia se derrumba hacia adentro, hacia el núcleo de la nube en compresión, campos magnéticos intensos se combinan con la dinámica compleja del sistema en rotación para dar origen a dos surtidores de materia que vuelan hacia afuera desde los polos norte y sur de la protoestrella esférica que queda en el centro. Como el agua caliente cuando sale de un limpiador a vapor, estos surtidores energéticos agujerean el gas y el polvo circundantes, devolviendo materia al medio interestelar, lejos de la estrella que se comprime. Atrapados en este torbellino astrofísico, nuestros átomos son lanzados una vez más al espacio vacío.

Este respiro, sin embargo, no dura mucho. La densa nube que inicialmente se fragmentó para comprimirse y dar lugar a nuestra primera estrella masiva contiene la suficiente materia prima para formar más de 1.000. Las supernovas expulsan algo de gas completamente fuera del alcance de las nubes circundantes y, desde luego, totalmente fuera del alcance de la galaxia incipiente, pero también disparan la formación de estrellas en las regiones cercanas al comprimir el gas y aportar nueva materia prima a toda esta cocción. Al cabo de unos millones de años, nuestros seis desventurados vagabundos se encuentran muy en el interior del núcleo de otra nueva nube, mucho mayor, en compresión. Y esta vez no escaparán.

El entorno que nuestros átomos de helio experimentan no es nuevo para ellos. Ya han pasado por todo esto en otra ocasión. Nuestros átomos de hidrógeno han eludido el horno de fusión pero no por mucho tiempo. En un lapso de un millón de años, la estrella masiva en la que se han visto engullidos comienza a brillar con la energía de la fusión. Las temperaturas en las profundidades de la estrella, donde residen seis de nuestros átomos, los cuatro de hidrógeno y los dos de helio, supera los 20 millones de grados y comienza otra vez la cocción cósmica.

Durante 100.000 años nuestros átomos de hidrógeno sobreviven al intenso bombardeo de la radiación pero inevitablemente se fusionarán para formar otro núcleo de helio. Sin embargo, el proceso en el que se funden es bastante diferente del experimentado por sus parientes fusionados previamente para formar nuestros dos átomos de helio veteranos estelares, aunque el resultado al final sea el mismo. En esta estrella nueva, de segunda generación, los elementos carbono, nitrógeno y oxígeno existen en forma de residuos escupidos por explosiones estelares previas. Estos elementos permiten una nueva vía cíclica para la formación de helio. Uno de nuestros protones se junta con carbono 12 para formar nitrógeno 13, que se desintegra (convirtiéndose un protón en un neutrón) en un nuevo isótopo del carbono, el carbono 13. Dos protones más colisionan y se juntan con él, dando oxígeno 15, el cual se desintegra (con otro protón que se convierte en neutrón) en nitrógeno 15. A raíz de otra colisión con un último protón, el hinchado núcleo de nitrógeno se desprende de un núcleo de helio, desintegrándose para volver de nuevo a carbono 12. Este ciclo continúa esporádicamente en la estrella naciente, pero se da con mayor frecuencia según se calienta a temperaturas que sobrepasan los 20 millones de grados. Una vez que el primero de nuestros protones se ve metido en el proceso, el núcleo completo de helio se crea en un día.

Ahora tenemos tres núcleos de helio situados en el interior de esta estrella gigante, asediados por la radiación, acercándose lentamente unos a otros. Durante otro millón de años la temperatura sigue siendo demasiado baja para que pase nada. Luego, lentamente, a medida que todo el hidrógeno del núcleo se va transformando en helio, el núcleo comienza a contraerse otra vez, calentándose más y más. Uno de nuestros núcleos colisiona con otro átomo de helio para formar berilio, pero antes de que podamos decir "abracadabra" el berilio colisiona con un protón y se fisiona de nuevo en sus componentes nucleares de helio en menos de una trillonésima de segundo.

Pasan diez mil años y en cada segundo se dan miles de millones de nuevas colisiones. Lenta, pero inexorablemente, nuestros núcleos de helio van aproximándose a su destino definitivo. Dos de nuestros núcleos vuelven a unirse para formar berilio, pero esta vez, antes de separarse, el tercero colisiona con el inestable núcleo de berilio y, *¡bang!*, se forma un tembloroso núcleo de carbono.

El nuevo núcleo no ha salido todavía del engorro. Su forma es un estado excitado llamado resonancia, lo que significa que no tiene mucho tiempo de vida. Puede perder energía de varias maneras. En una de ellas, nuestro núcleo de helio es regurgitado otra vez para volver a la refriega. En otra, un fotón energético es lanzado hacia la estrella, llevando una parte de la presión y la energía necesarias para sostener al núcleo sin que se comprima durante miles de años. Nuestro núcleo sigue esta segunda ruta. 100.000 años después, la energía emitida por el núcleo de carbono radiante saldrá a la superficie de la estrella en forma de luz visible. Al cabo más o menos de una hora es absorbida por una mota de polvo cubierta de hielo, que a continuación emite radiación infrarroja que se escapa de la nube de gas situada allí y de la galaxia incipiente, viajando miles de millones de años por el espacio vacío.

La absorción de luz por la mota de polvo es el suceso más perturbador que le ha ocurrido a este objeto en su breve historia, pero no durante mucho tiempo. Cuando la luz emitida por nuestro átomo de carbono muy dentro de la estrella gigante llega a la superficie, los procesos que conducirán a la defunción de la estrella están ya más que en marcha. Más dentro aún, en las profundidades del núcleo, otros átomos de carbono se han fusionado para formar oxígeno, los de oxígeno para formar silicio y los de silicio para formar hierro. Una vez más se ha encendido la mecha de una explosión estelar y en cuestión de minutos la onda de choque que engulle las capas externas del núcleo de la estrella, incluida la zona que contiene nuestro núcleo de carbono, emerge de la estrella para engullir la mota de polvo y tanto ésta como nuestro núcleo de carbono son escupidos al espacio vacío.

Finalmente, 500 millones de años después del Big Bang, ocho de nuestros protones iniciales y un núcleo de helio se han fusionado para formar carbono, base de todos los componentes orgánicos. Debido a su peculiar estructura química, el carbono puede constituir múltiples enlaces, bien con otros átomos de carbono para formar cadenas largas y estables, o con ávidos átomos de oxígeno que gustan de atesorar electrones y unirse al carbono, "oxidando" la molécula, o con átomos de hidrógeno, que se sienten felices de donar su único electrón a la incipiente estructura, "reduciendo" cualquier carga positiva.

La gama de compuestos químicos que puede formar el carbono es prácticamente ilimitada y en un entorno lo bastante denso puede reducirse u oxidarse para componerlos todos. En último término, al combinarse con los otros elementos abundantes —el hidrógeno, el oxígeno y el nitrógeno que emergen de las supernovas—, las moléculas basadas en el carbono pueden formar estructuras autorreproductoras y que algún día pueden cambiar la evolución del propio universo.

En la burbuja de polvo en expansión, nuestro átomo de carbono se junta con uno de los átomos de oxígeno creados en la explosión ligeramente más abundantes, formando monóxido de carbono. En la nube de gas existen diez moléculas de este tipo por cada millón de átomos de hidrógeno más o menos. Sin embargo, el monóxido de carbono y el agua representan los principales componentes moleculares del gas después del hidrógeno. Cuando la nueva molécula sale de la incipiente burbuja de gas, hay dos procesos enfrentados que afectan a su futuro. Las pequeñas motas de polvo de hierro o de silicatos atraen moléculas hacia su superficie, de tal manera que las motas quedan forradas por una capa helada que contiene hielo sólido, monóxido de carbono, nitrógeno y otras moléculas. Al mismo tiempo, la intensa radiación de la estrella moribunda, y luego de las protoestrellas nacientes, baña estas motas en energía, lo que puede hacer que, por un lado, se desprendan los materiales de su superficie y, por otro, que se produzcan reacciones químicas entre los diferentes constituyentes de las moléculas que albergan.

Este continuo proceso de evaporación y condensación sobre las motas, seguido de reacciones foto-inducidas, permite que se dé una nueva forma de química compleja. Nuestro átomo de carbono queda primero fijado en el monóxido de carbono, CO; luego en dióxido de carbono CO_2; luego en metanol, CH_3OH; luego en etanol, CH_3CH_2OH; y así sucesivamente.

Conforme la nube de gas interactúa con el medio que la rodea y se va enfriando se produce otro proceso ya familiar, a medida que la mota de polvo se incorpora a una nube molecular cuya superficie externa absorbe radiación de las estrellas circundantes y de las novas y vuelve a emitirla para que el interior pueda continuar enfriándose.

La estrella empieza a evolucionar una vez más. Según se va enfriando y se comprime la nube molecular, la nueva fuente de energía que crece en su núcleo empieza a alimentar un nuevo conjunto de reacciones químicas. La nube de polvo que rodea la naciente estrella absorbe radiación tanto del interior como del exterior. A medida que la estrella incipiente crece en luminosidad, al principio lentamente, luego bruscamente en su ya familiar estadio formativo turbulento tipo T-Tauri, la mayor parte de su polvo se vaporiza y nuestro átomo, envuelto anteriormente en un compuesto complejo de carbono, se volatiliza otra vez hasta el estado de molécula de monóxido de carbono.

Los átomos de gas colisionan, perdiendo energía por radiación y formando por acreción un disco que rodea a la protoestrella. En el radio interior del disco la temperatura puede pasar de los 1.000 grados, mientras que en el exterior decrece hasta sólo unos 30 por encima del cero absoluto (en la escala Kelvin), más de 240 grados centígrados por debajo de cero. Nuestra molécula de monóxido de carbono, que se encuentra en la región exterior del disco, queda adherida a una mota de polvo y empieza de nuevo a participar de la química, esta vez alimentada por la radiación de su nueva estrella anfitriona. En este caso, nuestra molécula de carbono reacciona para formar formaldehído (CH_2O), que después reacciona con el amoniaco y con otros compuestos del nitrógeno de la superficie pulverulenta hasta formar parte de la estructura NH_2CH_2COOH. La contemplación de esta fórmula química no es, quizá, muy ilustrativa, pero el nombre que se le ha dado, glicina, podría tocar una fibra más sensible. Se trata del aminoácido con menor número de átomos de carbono que se asocia a la vida órganica capaz de reproducirse por sí sola.

Esta notable estructura no sobreviviría en el turbulento futuro que le espera. Sin embargo, nuestra mota de polvo colisionará con otras en el siguiente millón de años, acumulándose todas en las zonas exteriores de ese nuevo sistema de disco en formación, originando trozos de materia cada vez mayores. Protegido del áspero entorno externo por el material de cobertura, nuestro átomo de carbono permanece a salvo congelado en su sitio, mientras a su alrededor se va formando lentamente un sistema solar.

En la meseta de la Antártida, cerca de la misma estación de investigación del Polo Sur que está sondeando las fluctuaciones de densidad primitiva que se generaron en el Big Bang, otro grupo de investigadores no mira hacia lo alto sino a la superficie de la capa de hielo de kilómetros de espesor que cubre el continente helado. La prístina superficie de hielo proporciona un delicado enterramiento a visitantes extraterrestres.

No me refiero a alienígenas como los que salen en *Expediente X* sino a piedras de un tono raro, principalmente de hierro pero que contienen aglomerados de pequeños cóndrulos de carbono, esférulas de tamaño milimétrico embutidas en la piedra y que probablemente son restos de gotas condensadas de la materia original procedente de la nebulosa de polvo que rodeó a nuestro Sol naciente. Al fundirse la capa superficial del hielo de la Antártida, los fragmentos de meteorito salen a la superficie asomando como un dedo hinchado. Unos geólogos bien abrigados rastrean las llanuras heladas en vehículos adaptados a la nieve recogiendo estas rocas como un mariscador recolecta sus langostas.

Los meteoritos recuperados en la Antártida revelan nuevos y emocionantes aspectos de la historia de nuestro sistema solar y de los planetas terrestres que alberga. Los meteoritos condríticos carbonosos se encuentran entre los objetos más primitivos de nuestro sistema solar, y proceden del cinturón de asteroides situado a medio camino entre la Tierra y Júpiter. La abundancia de elementos no volátiles (elementos que no se dispersan con facilidad por evaporación en el gas circundante) en estos meteoritos encaja muy bien con la abundancia de elementos en el Sol, lo cual indica que estos objetos no han tomado parte en ninguna transformación química ni física desde la época en que se formó el sistema solar.

Mezclados con los cristales inorgánicos de estos meteoritos se han descubierto más de 50 aminoácidos diferentes. En la Tierra todos los aminoácidos que participan en los procesos biológicos presentan cierta "orientación". Es decir, los componentes con la misma composición química pueden existir en cierto número de configuraciones diferentes. Pueden existir dos configuraciones equivalentes que sean imágenes especulares una de otra. A una se la puede clasificar como "forma D" y a la otra como "forma L". En las muestras de meteoritos, los aminoácidos recogidos existen en configuraciones tanto D como L, aunque no en la misma proporción, como veremos después, lo que indica su origen extraterrestre.

Es imposible que la materia orgánica sobreviva al impacto con la atmósfera de la Tierra si entra en ella a una velocidad superior a los diez kilómetros por segundo, velocidad de escape de la Tierra. Es habitual que los objetos de origen extraterrestre tengan velocidades respecto a la Tierra muy por encima de esa cifra. La única manera que tiene un objeto de aminorar lo suficiente su velocidad antes de horadar a toda velocidad las profundidades de la atmósfera terrestre es ser lo bastante pequeño para ser retenido en un primer momento por la ligera atmósfera exterior. Los objetos pequeños, de menos de 100 metros de radio, cumplen este requisito. Los objetos que se acercan a esa cifra, sin embargo, suelen ocasionar grandes cráteres de impacto cuando chocan con la Tierra, lo que a su vez origina mucho calor, que suele destruir cualquier materia orgánica presente. Sin embargo, los objetos menores, como los diminutos meteoritos recuperados en la Antártida e incluso las partículas de polvo interestelar mucho menores, que van de una millonésima a una diezmilésima de metro de diámetro, pueden sobrevivir al viaje y entregar sana y salva esa materia a la superficie terrestre.

Mucho más adentro del disco del sistema naciente donde se encuentra nuestra mota helada, las rocas colisionan para formar planetesimales, y éstos para formar planetas. Las recientes y taquilleras películas apocalípticas que muestran gráficamente el impacto de un gran asteroide que choca contra la superficie de la Tierra dan cierta idea de la violencia que supone tal choque. El entorno es excesivamente duro para la formación o la supervivencia de la vida. A medida que los planetesimales colisionan para formar planetas, los impactos funden por completo a los protagonistas formando y volviendo a formar superficies planetarias. Incluso cuando las colisiones menguan, la radiación de la estrella que evoluciona bombardea los planetas con vientos estelares y radiación ultravioleta.

En este incipiente sistema solar se forma un planeta a una distancia en la que puede existir agua líquida. Mientras se forma, el vapor de agua presente en el gas circundante probablemente es adsorbido en las motas de polvo, que pasan a ser rocas y quedan incorporadas a la superficie del planeta naciente. Sin embargo, cualquier atmósfera que pudiera fijarse en torno a él se perdería enseguida. Grandes rocas y planetesimales bombardean continuamente el planeta, que crece y los incorpora para construir un embrión planetario durante un lapso de diez millones de años. Éste es justamente el tiempo que emplea la estrella anfitriona en recorrer su etapa caliente y convectiva tipo T-Tauri. Cuando la luminosidad de la estrella anfitriona crece, el violento viento estelar resultante barre la mayor parte del gas del sistema solar interior, incluyendo el que se había acumulado por acreción en torno a los nacientes planetas.

¿De dónde viene el gas que termina por formar la atmósfera de este nuevo planeta? Mucho más lejos, hacia el exterior de este sistema solar emergente, han ido creciendo las motas de polvo cubiertas de hielo. A la distancia en la que el agua puede condensarse en hielo por primera vez, unas cinco veces más lejos de la nueva estrella que ese planeta de tipo terrestre, las motas colisionan y se agregan. Al cabo de diez millones de años se ha formado un planeta gigante que acumula hielo y gas. Este planeta se apropia de todo el gas y el polvo de la región de la nebulosa que rodea la estrella. Otro hecho de igual importancia es que, a medida que crece, crece también su efecto gravitatorio sobre la materia circundante. Las motas heladas mucho más lejanas se ven perturbadas por este planeta naciente y son lanzadas a órbitas que las llevan a los confines del sistema solar y también a su interior. Como cometas, trazan un sendero brillante en el cielo al acercarse a su estrella anfitriona. A lo largo de 100 millones de años más o menos, miles de millones de estos objetos de los confines helados exteriores del sistema solar bombardean el diminuto planeta interior, aportándole agua, dióxido de carbono, nitrógeno y materia orgánica que contiene carbono.

Nuestro átomo de carbono está en uno de esos cometas. Al chocar con la atmósfera naciente del nuevo planeta se genera un tremendo calor. Buena parte del gas se pierde mucho antes de que el objeto colisione con el planeta. Sin embargo, nuestro átomo llega a la superficie en la que la tremenda explosión que sigue al impacto lo lanza hacia el cielo, destruyendo el frágil compuesto orgánico en que se alojaba. El calor generado separa las moléculas, despidiendo átomos de carbono, oxígeno y demás. Nuestro átomo de carbono surge como dióxido de carbono, que lentamente va formando una gruesa capa en torno al planeta.

El calor del impacto libera agua en el cometa en forma de vapor. Este vapor de agua, combinado con el dióxido de carbono, cubre ahora el planeta, que va enfriándose lentamente, después de 100 millones de años de impactos, muchos de los cuales hubieran bastado para derretir la superficie rocosa del planeta. Al enfriarse, el agua liberada tanto en los impactos como en forma de vapor por la superficie rocosa, continuamente recalentada, se condensa, y un océano azul empieza a cubrir buena parte de la superficie de este nuevo mundo.

En este momento, al cabo de unos 100 millones de años, la estrella anfitriona se ha serenado en una etapa lenta y larga de combustión nuclear. Ha pasado su salvaje infancia y su adolescencia de compresión, convección turbulenta y liberación defensiva de calor. La estrella tiene ahora sólo el 70% de brillo de nuestro Sol actual. Debido a esta disminución del brillo, nuestro planeta fácilmente podría enfriarse para ser una tierra helada y baldía. Pero la rica envoltura de dióxido de carbono que lo rodea lo protege de semejante destino. La radiación solar llega al suelo e irradia otra vez al exterior como radiación infrarroja, que es atrapada por el dióxido de carbono de la atmósfera y la calienta. En lugar de frío y seco, este nuevo mundo se vuelve caliente y húmedo. Comparado con él, un día de verano en Houston no es nada.

Y así seguiría de no ser por otro milagro químico. El dióxido de carbono, con presiones 10.000 veces mayores que la del contenido actual del dióxido de carbono en nuestra propia atmósfera, es fácilmente soluble en agua de lluvia. Formando un ácido, H_2CO_3, el agua de lluvia ataca las rocas y da lugar a silicatos y carbonatos como la caliza. Estos materiales caen a los fondos oceánicos y quedan fuera de la circulación. Así, y con el paso del tiempo, el dióxido de carbono de la incipiente atmósfera se va reduciendo constantemente.

El carbono enterrado en los fondos oceánicos recién formados crece de tal modo que llega un punto en que no podría sumársele más carbono, de no ser por otra circunstancia afortunada. Los fondos oceánicos de este planeta caliente y joven flotan sobre un mar de rocas fundidas. La convección, como las corrientes en una olla de gachas, remueve el material y hace que las rocas de la superficie choquen entre sí, empujando parte del material hacia el interior y llevando a la superficie material de recambio. El carbono que está así enterrado en el océano es *subducido*, como la denominación de los géologos, hacia el interior. De este modo el dióxido de carbono va siendo retirado lentamente de la atmósfera.

Nuestro nuevo planeta está ya en camino de convertirse en un mundo de océanos azules. Sin embargo, nuestro átomo de carbono ha desaparecido bajo la superficie del planeta. En el lapso de 300 millones de años de enfriamiento, nuestro átomo de carbono ha pasado a formar parte de la caliza y ha sido subducido al interior del planeta. Allí, siguiendo una lenta marcha de otros 50 millones de años hacia el interior, su habitáculo de rocas se calienta y nuestro átomo de carbono se libera como gas de dióxido de carbono. La presión del dióxido de carbono y el agua va creciendo hasta que se alcanza el punto de ruptura. Se abre una fisura en la superficie y se produce una tremenda erupción volcánica submarina, que lanza lava fundida hasta crear un archipiélago nuevo y libera gas caliente que contiene el dióxido de carbono que transporta a nuestro átomo de carbono a la atmósfera en evolución.

Puede que hayan pasado ya 1.000 millones de años desde que el Big Bang creara los protones y neutrones que ahora componen nuestro átomo de carbono. Este átomo ha contribuído al nacimiento de cuatro estrellas diferentes y ha sido parte de dos de ellas. A partir de protones y neutrones sueltos se compuso el helio y ahora el carbono. Ha formado parte de una multitud de motas de polvo y de un cometa resplandeciente. Ha chocado contra un nuevo planeta y ha experimentado la fuerza de un millón de bombas de hidrógeno. Nuestro átomo de carbono se ha visto atrapado muy adentro de su nueva casa durante más tiempo que el que los humanos llevan habitando la Tierra. Ha vuelto a emerger ahora como parte de la cambiante atmósfera de un planeta que podría seguir existiendo hasta nuestros días. Aquí tenemos toda la materia prima necesaria para formar un paraíso.

Cosa que no ocurrirá, al menos no esta vez. Este mundo feliz tan reciente no es nuestra Tierra. Está, a su vez, destinado a convertirse en un lugar de esperanzas y sueños perdidos, de cosas que hubieran podido ser y cosas que hubieran debido ser. Intervendrá la galaxia, que aún no está lista para el milagro de la vida. En el lapso de 1.000 millones de años, el azar desaforado moverá su veleidosa mano y expulsará a nuestro átomo de este paraíso llevándose con él toda esperanza de vida en ese mundo.

10
La galaxia contraataca

En algunos sitios hay demasiadas estrellas y en otros no hay bastantes, pero sin duda esto puede arreglarse enseguida.

Mark Twain

Durante los últimos años, los informativos han estado llenos de historias desgarradoras sobre campañas genocidas de terror en distintos rincones del mundo y sobre pérdidas de vidas jóvenes en Estados Unidos a causa de las armas. Siempre que oigo tales cosas me sobreviene la mayor de las tristezas cuando pienso en lo que pudieron haber sido. ¿Qué aportaciones podrían haber hecho esas personas a su familia y al mundo de no haber sido barridas sus vidas antes de tiempo?

Sin embargo, y por terribles que podamos ser los humanos, la naturaleza puede mostrarse aún menos considerada con el valor de la vida, tanto humana como de cualquier otro tipo. Una única catástrofe natural puede eliminar una especie entera. Pero si lamentamos tantas vidas perdidas, ¿cómo respondemos ante los miles de millones de vidas que no pudieron ser? A lo largo de la historia del universo, y de la de nuestro átomo, las oportunidades perdidas han sido tan frecuentes como los milagrosos accidentes que nos han hecho llegar hasta el momento presente.

En aquel planeta solitario, muy, muy lejos, y hace mucho, mucho tiempo, todo estaba listo para la vida. Pero la galaxia tenía otros planes. De hecho, la galaxia tal y como la conocemos no existía todavía. Recordemos que nuestros nueve núcleos primitivos estaban localizados en un acúmulo de gas de unos 20.000 años luz de diámetro. Esta nube esférica de gas duplicó más o menos su tamaño antes de iniciar su contracción hasta volver a un tamaño comprendido entre 10.000 y 20.000 años luz de diámetro. Después, mientras se formaban estrellas en su estructura y las primeras explosiones estelares expulsaban gas, todo el sistema empezó a evolucionar. En unos pocos cientos de millones de años el gas comenzó a comprimirse cayendo hacia el plano central de la galaxia en evolución, de tal modo que la galaxia comenzó a parecerse cada vez más a un disco. La estrella de cuarta generación alrededor de la cual gira el planeta donde se halla ahora nuestro átomo se encuentra alojada en ese disco. Sin embargo, toda la masa de este conglomerado es menor que la cuarta parte de la masa de nuestra galaxia actual.

También se han comprimido otros acúmulos de gas cerca del que alberga a este nuevo sistema solar. También en estas galaxias incipientes se han formado y han muerto estrellas, y también los átomos han nacido y evolucionado. Estos universos islas, separados unos de otros, donde se encuentran tales sistemas son exactamente eso. Al igual que la galaxia de Andrómeda, la más cercana a nosotros, no es más que un borrón en el cielo nocturno, casi indistinguible del fondo estrellado, de haber habido alguien en aquel joven planeta primitivo para disfrutar de la vista nocturna, las demás pequeñas galaxias de su vecindad cósmica bien podrían estar oscurecidas por el polvo y otras luces más cercanas.

Pero lenta e inexorablemente, en una escala temporal tan larga que cualquier sistema vivo nunca podría percibirla, todo cambió. A lo largo de cientos de millones de años ese pequeño borrón del cielo que podría verse desde una galaxia cercana aumentó de tamaño haciéndose más brillante. Al cabo de 1.000 millones de años, su tamaño visible era suficiente como para que pudiéramos distinguir sus estrellas individuales. Pronto las estrellas de esta nueva galaxia se harán indistinguibles de las demás estrellas del cielo nocturno. Y ello debido a que las dos galaxias se están fundiendo en una sola. Al cabo de otros 1.000 millones de años se habrá completado este choque de titanes. Las galaxias en colisión se habrán separado siguiendo cada cual su camino. Aunque, como hay tanto espacio vacío en el interior de ambas que mientras se cruzan el número de estrellas individuales que colisionan es minúsculo, después de cruzarse ninguna de ellas será ya la misma.

A cierta distancia la gravedad sigue haciendo de las suyas. Las fuerzas de marea actúan sobre las estrellas individuales, parecidas en espíritu a la fuerza de la Luna sobre los océanos de la Tierra, que ocasionan las mareas. En este caso, algunas estrellas del borde de la galaxia se ven empujadas lejos de sus órbitas galácticas normales conforme se acerca la galaxia vecina. Una cola de estrellas empieza a seguir la trayectoria de la nueva galaxia. Como cada una sigue su rotación, estas colas se curvan y forman brazos espirales.

Las galaxias espirales pueden morir de manera parecida. Cuando las galaxias colisionan de frente, el impacto es tan fuerte que los dos sistemas pueden fundirse y adoptar una configuración homogénea, como una inmensa nube de estrellas. Dentro de 5.000 millones de años, la Vía Láctea y la galaxia de Andrómeda colisionarán y tal vez produzcan un revoltijo que termine por asentarse en forma de galaxia elíptica sin rasgos distintivos. Pero, una vez más, nos estamos adelantando a los acontecimientos.

Nuestro átomo de carbono se encuentra en un planeta que orbita en torno a una estrella en el borde del disco de la más pequeña de las dos gigantes que colisionan. Conforme atraviesa la galaxia vecina, nuestra estrella es absorbida por la gravedad en los nuevos brazos espirales de esta galaxia de mayor masa. La galaxia mayor ha engullido a la menor y nuestra estrella se ha sumado al viaje. Una vez completada la colisión, la galaxia que denominamos Vía Láctea está casi totalmente formada y nuestra estrella tiene un nuevo hogar. En el curso de unos pocos miles de millones de años, la Vía Láctea engullirá otros pequeños sistemas satélites hasta alcanzar su actual tamaño de más de 100.000 millones de estrellas.

Aunque parezca sorprendente, es posible sacar una estrella de su órbita y llevarla a otra sin afectar al movimiento de los planetas que giran en torno a ella. Durante una colisión galáctica, las estrellas individuales casi nunca se acercan entre sí lo bastante para colisionar. Casi nunca. Con una probabilidad de quizás una por cada 1.000 millones, dos estrellas pueden aproximarse lo suficiente para que los planetas que las orbitan se vean perturbados significativamente o incluso expulsados de sus órbitas. Nuestro planeta es de los que no tienen suerte. A los diez años de haber sido expulsado del sistema solar, se ha convertido en una tierra baldía congelada. Su futuro está sellado. Las grandes civilizaciones que podrían haber vivido en su suelo no surgirán jamás. Más aún, el tremendo calor que experimenta en su trayectoria cerca de su estrella anfitriona en su última órbita cometaria antes de ser expulsado es lo bastante grande como para arrebatarle buena parte de su atmósfera. Nuestro átomo de carbono se encuentra nuevamente sin hogar, empujado por un viento solar a la vasta oscuridad del espacio.

Cuatro átomos de hidrógeno que se localizaban en la nueva galaxia anfitriona han corrido una suerte mucho menos exótica que nuestro átomo de carbono durante los pasados 1.000 millones de años. Durante la mayor parte de ese tiempo han permanecido en el difuso espacio interestelar, en el borde exterior de la masa de gas en rotación, eludiendo el trajín de la formación estelar y la consiguiente agonía de la muerte de las estrellas. Pero no quedarán intactos para siempre. Los esfuerzos inducidos en el gas mientras colisionan las galaxias terminan en un nuevo período activo de formación de estrellas. Estos cuatro átomos son arrastrados por la marea de una gigantesca estrella, de 50 veces la masa de nuestro Sol. Al cabo de un millón de años, la estrella explota y el interior, con demasiada masa para resistir la carnicería de la compresión gravitatoria, se contrae hasta formar un agujero negro del que nada, ni siquiera la luz, puede escapar. Afortunadamente, nuestras cuatro partículas, ahora núcleo de un átomo de helio, se ven expulsadas por la onda de choque consiguiente a la explosión de la supernova y evitan así un destino que las borraría del universo visible, tal vez para siempre.

Ya está dispuesto el escenario para la formación definitiva del átomo que encontramos actualmente en la Tierra. A lo largo de los 3.000 millones de años siguientes nuestro átomo de carbono y el nuevo átomo de helio, a la deriva en el mar galáctico que evoluciona lleno de estrellas, terminarán por encontrarse de algún modo. Durante ese tiempo, las contorsiones dinámicas a gran escala de nuestra galaxia siguen su curso inexorable. Los brazos espirales, que representan ondas de gas de alta densidad, se mueven en torno a la galaxia creando estrellas a su paso. Las explosiones de supernovas desplazan gas de las regiones circundantes y a veces de la propia galaxia, al tiempo que comprimen otros materiales conforme se propagan sus frentes de onda, iniciando así la formación de estrellas. También continúa creciendo la galaxia, fundiéndose con pequeñas galaxias satélites o engulléndolas. En el centro de nuestra galaxia se forma un gran agujero negro que ingiere estrellas y gas con gran voracidad, liberando grandes cantidades de energía.

Sin embargo, todas estas evoluciones a gran escala pasan desapercibidas para nuestros dos átomos. Para ellos la vida consiste en dos tipos de procesos: bombardeados por la radiación de las estrellas, pueden combinarse químicamente con otros átomos o pueden verse extraídos de esas combinaciones. Concretamente, pueden adherirse a motas de polvo que se acumulan hasta formar rocas o evaporarse en su superficie. En último extremo pueden verse atrapados en grandes nubes moleculares destinadas a enfriarse para luego formar estrellas. La vida parece consistir en un continuo calentarse y enfriarse. Normalmente los resultados son diferentes combinaciones químicas. Sin embargo, sólo si los átomos se ven atrapados por las estrellas puede evolucionar su identidad primordial.

Nuestros átomos están situados ahora en el plano del disco de la Vía Láctea, el plano que alberga los brazos espirales y el grueso de las estrellas que vemos actualmente en el cielo nocturno. El gas con el que se han mezclado se ha calmado y asentado en este plano conforme rota la galaxia. En medio de esta rotación a gran escala hay abundante sitio para que se den movimientos singulares en contra o a través de este flujo. En esos senderos aparentemente caóticos, nuestros dos núcleos seguirán aproximándose cada vez más a lo largo de los tiempos.

En el curso de los primeros 5.000 millones de años de nuestra galaxia ha habido más de 100 millones de estrellas que han terminado su existencia en una explosión de supernova. Las burbujas de gas expulsadas en una explosión semejante se mezclan con las que están en expansión procedentes de cataclismos anteriores. Los productos de unos y otros terminan por mezclarse con el gas de fondo y toda prueba directa de la vida de una estrella y de los alrededores que dependían de ella pasa a la papelera de la historia.

A pesar de ello, no todo se ha perdido. La existencia de átomos, desde luego de todos los átomos que hoy hay sobre la Tierra, nos sirve de testimonio de las muchas estrellas que se sacrificaron para que podamos disfrutar actualmente de nuestro momento al Sol. La definitiva mezcla del carbono y el helio para formar el átomo de oxígeno que atrapa nuestra imaginación pudo darse en cualquier momento de los 5.000 millones de años de existencia de nuestra galaxia, en alguno de los millones de hornos estelares inestables que estaban condenados a explotar una vez formados. La abundancia de elementos como el oxígeno y el hierro ha ido creciendo a paso firme con el tiempo. Hoy vemos estrellas viejas en los bordes de nuestra galaxia que contienen 100 veces menos hierro que nuestro Sol. Sólo tras muchas supernovas pudo llegar la cantidad de elementos pesados a los niveles que vemos hoy en nuestra región de la galaxia. Sin embargo, mi sentido dramático me hace imaginar que nuestro átomo se formó finalmente en la última supernova, cuyos productos crearon de manera directa nuestro mismísimo sistema solar.

No hace falta una gran imaginación para suponer que fue así. Después de todo, entre los átomos complejos de la Tierra muchos fueron creados en la explosión de la supernova cuya burbuja en expansión quedó en reposo entre la materia de la que hoy estamos hechos. También sabemos que entre los productos de esta supernova lo normal es que el tercer elemento más abundante sea el oxígeno, seguido de cerca por el carbono. En algunas supernovas, el carbono gana por poco al oxígeno, como en la explosión que produjo el carbono progenitor de nuestro átomo a la deriva en la galaxia. Pero como el oxígeno suele ganar por término medio al carbono en el censo de los elementos hoy existentes, es razonable dar por hecho que esta última supernova en la que nos fijamos siguió esta tónica y produjo más oxígeno que carbono.

Imaginemos, por tanto, que el átomo de oxígeno que es el héroe de nuestra historia consiguió su forma definitiva justo a tiempo. En un ciclo que ya conocemos, y que se desarrolla en la galaxia con la regularidad de un reloj, nuestros núcleos de carbono y helio se han visto envueltos en una densa nube molecular. Volverán a ser capturados, esta vez los dos juntos, en el torbellino que señala la creación de una nueva estrella, destinado a resplandecer con una potencia nuclear para acabar explotando. Esta vez nuestros núcleos no serán observadores pacientes, ni tampoco se verán capturados en la caliente estrella de neutrones que será el residuo de la combustión completa del núcleo estelar. En vez de eso, los núcleos de helio y carbono se unirán en el último suspiro antes de que la estrella explote. Durante los últimos 10.000 años finales de su existencia, un breve lapso en la saga de 5.000 millones de años de estos átomos hasta la fecha, chocarán y se fusionarán. El resultado será el núcleo de un átomo de oxígeno y un poco de energía que detendrá durante un instante la compresión definitiva de la estrella anfitriona. Una vez completa la carrera de la aniquilación estelar, nuestro átomo de oxígeno será expulsado al espacio en un viaje espacial directo a la Tierra, o a lo que se convertirá en la Tierra.

Cada átomo de oxígeno terrestre tiene tras de sí una historia única por el hecho mismo de existir: la vida y muerte de millones de estrellas, la lenta evolución dinámica de nuestra galaxia y, por supuesto, la historia de la materia desde mucho antes de que existieran las galaxias. Nuestro átomo de oxígeno comenzó su vida como 16 partículas. Luego, como los pequeños indios de la canción infantil, se convirtieron rápidamente en 13, al formarse un núcleo de helio en los primeros minutos del Big Bang. Unos pocos cientos de millones de años después, ya eran 10 cuando se formó otro átomo de helio. Más tarde, al cabo de cierto tiempo, fueron siete al formarse un tercero, y luego cinco al fusionarse los tres átomos de helio en uno de carbono. En esta configuración se mantuvieron durante miles de millones de años un núcleo de carbono y cuatro de hidrógeno, mientras contemplaban la muerte de estrellas y planetas y la ruptura de la galaxia. Por último, dos partículas, el núcleo de carbono y el de helio, con historias individuales completamente diferentes, llegan desde diversas partes del cosmos para formar un único núcleo: un núcleo de oxígeno.

No es el final de esta historia. Sólo un nuevo principio. El viaje de nuestro átomo de oxígeno que sale del infierno de la supernova se parecerá a tantos otros realizados por sus predecesores. Al igual que éstos, no hará el viaje solo. Como hay más átomos de oxígeno que de carbono que salen despedidos de esta supernova, quedan átomos de oxígeno sueltos después de que el grueso de estos dos elementos se combine para formar monóxido de carbono. En lugar de ello, nuestro átomo se une a los átomos más abundantes de los alrededores, los átomos de hidrógeno. Al unirse con dos de éstos constituye una molécula de H_2O, agua. Y el agua, lo mismo que cualquier otra forma de materia, indica la historia que ha de venir. Dentro de 17 millones de años nuestro átomo de oxígeno, como parte de una molécula de agua, empezará a participar en uno de los conjuntos de transformaciones más sorprendentes que se han dado en el cosmos, que nosotros sepamos. La física del oxígeno y de su socio de la supernova, el carbono, hace posible una química extraordinaria. El carbono puede unirse en una inmensa variedad de combinaciones con enlaces de distintos tipos para distintos fines. El carbono puede ser fuente de energía o beneficiarse de ella. Sin embargo, el oxígeno ocupará un papel muy especial en la dirección de este proceso. Porque, por lo que sabemos, sólo los átomos de oxígeno pueden combinarse para formar moléculas capaces de impulsar una civilización.

Después de 100 millones de años, a partir del momento de la formación de este nuevo átomo, la química hará posible la geología y ambas darán como resultado una nueva "logía", la biología, algo que creemos que no ha existido antes en el universo. Al cabo de 5.000 millones de años, seres conscientes de sí mismos, que pueden reproducirse, compuestos de átomos de oxígeno, hidrógeno y carbono surgidos de aquella decisiva explosión de la supernova, se embarcarán en un viaje intelectual de una magnitud sin precedentes. Serán capaces de remontarse y seguir las huellas de su propia existencia hasta ese preciso momento y más allá, siguiendo las etapas de la historia cósmica, hasta los primerísimos instantes del Big Bang. Y hoy, poco después del final de un milenio caracterizado por las creaciones humanas, impulsados por el oxígeno y alimentados por el carbono, usted y yo continuamos el viaje.

11
Fuego y hielo

Su alma caía lenta en la duermevela al oír caer la nieve leve sobre el universo y caer leve la nieve, como el descenso de su último ocaso, sobre todos los vivos y sobre los muertos.

James Joyce

La caída de la nieve es una alegoría tradicional de la muerte, o por lo menos eso me enseñaron en el colegio. Pero hay más cosas en el cielo y en la tierra que las que sueñan las mentes de los maestros en los colegios ingleses. Hace 5.000 millones de años la nieve cayó levemente en nuestra región del universo, derramando vida, no muerte. Sin ella no podría haberse iniciado la compleja simbiosis que creó las condiciones que permitieron la evolución de la vida en nuestro planeta.

Nuestro vecino más próximo destaca como un llamativo ejemplo de lo poco fértil que puede ser en el béisbol una carrera frustrada. Creemos que Marte se acercó tentadoramente a la posibilidad de convertirse en un planeta hospitalario, pero fracasó. La tragedia está registrada sobre la superficie del planeta en forma de cicatrices de antiguos ríos. ¿Por qué florecimos nosotros mientras la superficie de Marte es tierra baldía? Probablemente porque nuestro planeta hermano era demasiado pequeño. Al mismo tiempo, el éxito de la vida y la geología han borrado en la Tierra buena parte de su antiguo pasado. Al fracasar en su intento vital, Marte no ha sufrido semejante pérdida.

En diciembre de 1999 un grupo de científicos e ingenieros de California, muy desanimados, hacían el equipaje y abandonaban un puesto directivo que habían esperado ocupar durante varios años.

Acababa de perderse la Mars Polar Lander, igual que había ocurrido con su compañera tres meses antes. ¿Se estrelló la Lander sobre la superficie helada del polo marciano? ¿Aterrizó sana y salva y luego sencillamente se volcó? ¿O aterrizó sana y salva y empezó a organizar por su cuenta sus actividades posteriores al aterrizaje a la espera de una señal de confirmación de la Tierra que nunca llegó? Los análisis posteriores parecen apuntar a la primera posibilidad. Tal vez dentro de algunas décadas los astronautas se aventuren en el planeta rojo y se abran paso hacia el sur para recuperar la Lander y tratar de reconstruir sus últimos momentos, como se hace después de un accidente aéreo.

Con 200 millones de dólares por misión, mandar una nave exploradora a Marte es tan costoso como filmar una película acerca del envío de una nave exploradora a Marte y unas cuatro veces más que el precio actual de un Picasso. Estas comparaciones no son arbitrarias ni caprichosas. Lo que el mejor arte y las mejores películas consiguen es que nos replanteemos nuestro lugar en el universo, cosa que es, justamente lo que se había planeado para la Mars Lander. Al buscar agua en Marte y otras cosas tales como el porcentaje de agua pesada en el agua descubierta, habríamos podido descubrir informaciones vitales sobre nuestros orígenes.

Hasta este punto de nuestra saga he descrito acontecimientos que son sobre todo hipotéticos. He hablado de posibles estrellas, de posibles choques, de posibles planetas y demás. Pero ahora ya nos vamos acercando a casa y lo posible se hace visible.

Volvemos a reunirnos con nuestro átomo de oxígeno hace casi 5.000 millones de años, mientras marcha a toda velocidad por el cosmos junto con una nebulosa de gas caliente que lleva en sí los restos de una estrella que explotó, de unas 15 veces la masa de nuestro Sol, a una velocidad que supera los 1.000 kilómetros por segundo. Esta onda de choque estalla en el gas circundante, perdiendo energía continuamente. A medida que la temperatura del gas cae por debajo de los 1.300 grados, los elementos pesados, hierro y silicio, junto con el carbono, empiezan a condensarse en motas microscópicas de polvo. Ello ocurre al cabo de unos pocos años de haber explotado la supernova. Este escudo de polvo termina por oscurecer la mayor parte de la luz producida por el núcleo brillante de la supernova. Al reventar la onda de choque en el medio circundante, proporciona energía para seguir procesando motas de polvo preexistentes, convirtiendo, por ejemplo, polvo de carbono en diamantes.

Al cabo de 100.000 años, la energía de la onda de choque se ha agotado y la rica mezcolanza de ingredientes de la supernova se entremezcla con la materia interestelar de fondo. En esta época la corteza puede haberse expandido hasta más de 100 años luz del punto de explosión originario. A esa distancia, la estrella de neutrones que queda será invisible. Pero este nuevo viaje cósmico no ha hecho más que empezar conforme las nubes de gas se ven llevadas en torno a la galaxia. En su viaje hacia el exterior, nuestro átomo de oxígeno fue bombardeado en el medio interestelar por la radiación, que lo ionizó repetidamente, rompiendo cualquier estructura molecular relevante que pudiera haberse formado. Sin embargo, al topar la onda de choque con el gas circundante, nuesto átomo quedó a un lado en algún momento del viaje. La energía de la onda, transmitida al gas, lo hizo comprimirse protegiendo otra vez a nuestro átomo de la radiación exterior. Según se enfría el interior de la nube comienzan a producirse enlaces químicos. Capas de dióxido de carbono y agua congelados empiezan a recubrir el aluminio, el hierro o las motas de polvo de silicio, formando diminutas bolas de nieve en el espacio.

Nuestro átomo de oxígeno se encuentra en la superficie de una de esas bolas de nieve con núcleo de óxido de aluminio. En la superficie de esas motas heladas, la densidad es lo bastante grande para que, gracias a la energía de la radiación que se abre paso a través de la nube, el carbono pueda reaccionar con oxígeno, nitrógeno e hidrógeno para formar moléculas orgánicas. Con el tiempo muchas de estas moléculas mayores serán disociadas por la radiación ambiente, pero se está formando una mezcla poderosa de materia prima, incluso mientras la nube molecular sigue perdiendo energía lentamente y contrayéndose.

No obstante, no se trata de cualquier vieja nube molecular. Aunque estos procesos ya se han dado antes con diferente apariencia, ahora nos preocupan más los detalles porque ¡ésta es *nuestra* nube molecular! Sin embargo, en aquel momento no era evidente que lo fuera. No podía verse ni un solo atisbo de la estrella que un día resplandecerá en su interior. Además, podría haber estado localizada en el extremo opuesto al que hoy ocupa nuestro Sol. A lo largo de los 5.000

millones de años anteriores, nuestra nebulosa solar ha viajado millones de años luz en su viaje en torno a la galaxia. Otras estrellas que pudieron estar situadas cerca de nosotros —entre ellas la supernova que dio a luz muchos de nuestros átomos— pueden hallarse ahora a miles de años luz.

Así como no podemos saber con precisión dónde estaba entonces nuestro naciente sistema solar, sí sabemos que nuestro planeta empezó a formarse menos de diez millones de años después de que una cercana supernova expulsara una onda de choque cuyos ingredientes contaminan hoy nuestro sistema solar y quizá desencadenaran su formación. Los mensajeros del pasado han aterrizado suavemente sobre la Tierra proporcionándonos la prueba necesaria, congelada en el tiempo, de las condiciones que rodearon la formación del Sol, la Tierra y el sistema solar. Tampoco ahora me estoy refiriendo a alienígenas, amistosos o no, sino a las rocas.

El año 1969 puso punto final a una década turbulenta social, política y científicamente. El mundo estaba en los umbrales de lo que parecía una revolución social a una escala sin precedentes. Los jóvenes experimentaban con las drogas, el sexo y la política. Estados Unidos seguía implicado en una guerra que se estaba haciendo muy impopular. En medio de todo aquello, en el mes de julio, dos seres humanos aterrizaron por primera vez sobre un cuerpo sólido que no era la Tierra.

Ese mismo año los cielos hicieron llover sobre la Tierra algunos objetos que nos ayudaron a avanzar en nuestras ideas acerca del origen de nuestro sistema solar y quizás de la propia vida. En lados opuestos de la Tierra —Allende (México) y Victoria (Australia)— se observó, y luego se recogió, material meteorítico de varias toneladas de peso. Por cada millón de meteoritos que caen puede recogerse después menos de uno. También en 1969, una expedición japonesa a la Antártida descubrió que la superficie helada estaba llena de meteoritos cuya cantidad había aumentado con el paso del tiempo, quizás durante millones de años. Esto abrió la puerta a una búsqueda de meteoritos a una escala nueva y más amplia. En la actualidad, como ya he señalado, durante cada verano antártico cazadores de meteoritos bien pertrechados rastrean las altas planicies cercanas al Polo Sur en busca de rocas que sobresalgan del hielo, como pingüinos en una playa de Florida.

Los meteoritos de 1969 ofrecieron una buena cantidad de información sobre el primitivo sistema solar. Desde hacía más de 150 años se había aceptado la naturaleza extraterrestre de los meteoritos. Una clase de éstos interesaba de manera especial, ya que contenía cantidades significativas de materia orgánica. A principios del siglo XIX era creencia común que tal vez la vida había sido traída a la Tierra por estos objetos extraterrestres, una variación de una antigua teoría llamada *panspermia*. En concreto, en la primera parte del siglo XIX estaba de moda creer que la vida podía generarse espontáneamente siempre que se dieran las condiciones orgánicas apropiadas, y que los meteoritos y cometas eran candidatos de primer orden para ser portadores de semillas de vida.

Hacia 1850 se había descartado ya la generación rápida y espontánea de la vida y era evidente que la materia orgánica compleja podía ser resultado de reacciones químicas estándar en ausencia de la biología. Entonces cedió el interés por estos meteoritos con un alto contenido de carbono. Pero los nuevos descubrimientos de 1969 volvieron a poner en actividad este campo, al permitir que algunas muestras primitivas y variadas de material pudieran analizarse para determinar su edad y origen.

Estos meteoritos, llamados Allende y Murchison por las localidades donde habían sido descubiertos, son ejemplos de meteoritos con alto contenido en carbono, tal y como he señalado antes, llamados condritas carbonosas. El adjetivo se entiende fácilmente, porque significa "de carbono". El nombre también tiene un origen fácil de explicar. Estos meteoritos contienen en su interior salpicaduras de roca llamadas *cóndrulos* (palabra que procede de la voz griega "grano"). Estas pequeñas salpicaduras de material se solidificaron como gotas líquidas a partir del gas a temperaturas de 1.300 a 1.600 grados. Para poder formarse, el calentamiento y enfriamiento de estos sistemas tuvo que ser muy rápido.

En las condritas, carbonosas o no, los cóndrulos están rodeados por muchas motas de polvo aisladas y toda la masa se halla apelotonada. Las motas de polvo son todas de distintas clases y además contienen otros materiales, como cristales de diamante diminutos, que se han formado, evidentemente, en diferentes regiones del espacio interestelar, dado que contienen diversos isótopos poco abundantes de átomos que nos son bien conocidos. (Recordemos que un elemento está determinado por el número de protones del núcleo y que los núcleos con diferente número de neutrones son diferentes isótopos del mismo elemento). Así, la materia que nos llega de nuestra supernova progenitora debe de haber recogido en su camino hasta aquí polvo previamente solidificado. Polvo que, a su vez, se fue apelotonando para formar un meteorito único, y que provino de muy distintas estrellas.

Sin embargo, las condritas tienen una característica, también mencionada anteriormente, que pone de manifiesto que se hallan entre los objetos más antiguos y menos elaborados de nuestro sistema solar. La abundancia general de esos elementos no volátiles, es decir, que se solidificaron a temperaturas lo bastante altas como para desgajarse del gas de fondo muy al principio, es justamente la misma que en el Sol. En objetos mayores, como los planetas, se da una mayor elaboración, y debido a la actividad química y geofísica se destacan y refuerzan determinados elementos. Sin embargo, es evidente que las condritas se agregaron casi directamente a partir del gas disponible en su zona de la primitiva nebulosa solar.

Así sabemos que al menos una supernova precedió inmediatamente a la formación de nuestro sistema solar. Por ejemplo, en el meteorito condrítico de Allende ciertas presencias básicas, como las de un isótopo del gas noble xenón, son anormalmente grandes. En concreto, el xenón 129 es demasiado abundante en comparación con la cantidad media actual del sistema solar. Este isótopo se forma por la desintegración radiactiva del iodo 129. Pero el iodo 129 se desintegra en una escala temporal de unos 16 millones de años. Lo que significa que el meteorito debió haberse agregado a lo largo de unos 16 millones de años a partir del momento en el que se produjo el iodo radiactivo. El único lugar en que se producen tales elementos pesados es en las supernovas, y así tenemos pruebas de que durante los 16 millones de años posteriores a una supernova se estuvieron formando meteoritos por agregación en nuestro sistema solar. Este resultado está confirmado por el hallazgo en el meteorito de otras cantidades excesivas de productos de isótopos pesados con vidas medias radiactivas cortas. Por ejemplo, se han encontrado cantidades anormalmente grandes de plata 107, que surge de la desintegración radiactiva del paladio 107, cuya vida media es de 6,5 millones de años.

Al hacer estas deducciones es importante que los materiales de los que se trata sean lo bastante pesados de modo que sólo se creen en las supernovas. Por ejemplo, en los meteoritos (entre ellos el de Allende) hay un exceso de un isótopo de magnesio que surge a partir de la desintegración del aluminio 26, cuya vida media es menor que un millón de años. Durante cierto tiempo esto se consideró un indicio de que la supernova precursora de nuestro sistema solar se produjo menos de un millón de años antes de que éste formara. Sin embargo, más recientemente se ha observado exceso de magnesio en toda la galaxia, lo cual indica que el aluminio 26 se produce continuamente en otras fuentes distintas de las supernovas, quizá en unas explosiones estelares menos exóticas y más frecuentes llamadas novas. De ser así se demuestra, por supuesto, que al menos parte de la materia del meteorito tuvo su origen en sucesos cataclísmicos más antiguos, pero no demasiado distantes, en otra parte de la galaxia.

Ésta es otra señal de que la materia expulsada de una supernova se combinó con una variedad de polvo interestelar presente ya en el espacio y que esta combinación, que contenía a nuestro recién fraguado átomo de oxígeno, comenzó a condensarse en lo que se convertiría en nuestro sistema solar. También hay que señalar que esta nebulosa presolar no estaba especialmente bien mezclada, incluso tras la agitación proporcionada por la onda de la supernova. Por ejemplo, en varios meteoritos de condrita carbonosa la proporción entre los dos diferentes isótopos de oxígeno descubiertos en determinadas "intrusiones" blancas hechas de compuestos como el óxido de aluminio es muy diferente de las proporciones de los isótopos de oxígeno en el material circundante dentro de los propios meteoritos. Ello parece indicar que estas intrusiones se formaron en una región de la nebulosa presolar aislada y rica en oxígeno, que nunca terminó de mezclarse bien con el resto del gas o con los residuos de la supernova que iban llegando.

Toda esta diversidad a la escala incluso de nuestro diminuto sistema solar hace imposible deducir una historia uniforme de la materia que vemos a nuestro alrededor, incluidos los átomos de nuestro cuerpo. Si los átomos de un único meteorito surgieron de distintas estrellas, lo mismo puede ser cierto de los átomos que respiramos ahora. Estamos siguiendo a un átomo de oxígeno que emergió de una supernova que precedió en unos diez millones de años, más o menos, la formación de nuestro sistema solar. Sin embargo, otros átomos, entre ellos algunos de oxígeno, tuvieron historias muy diferentes pero terminaron por llegar al mismo lugar al mismo tiempo. Incluso una vez situados en la nebulosa presolar, el destino de todos los átomos de oxígeno no fue el mismo.

Nos hallamos justamente hace 4.560 millones de años. Recuerde que nuestro átomo de oxígeno está ahora dentro de una molécula de agua helada adherida a la superficie de una mota de óxido de aluminio, que quizá está también levemente salpicada de gránulos de carbono y silicio, todo ello rematado con algo de "hielo seco", es decir, dióxido de carbono helado.

Conforme la nube molecular que formó nuestro sistema solar comenzó a condensarse, el futuro de esta mota pasó a depender fundamentalmente de su situación en la nebulosa presolar que se comprimía. Ya hemos seguido los rasgos generales de la formación de numerosos sistemas solares en los que ha tenido un papel nuestro átomo de oxígeno, bajo otras formas. Recuerde que, mientras el gas cercano al centro de la nube se comprime y pierde energía, calienta el medio en torno a la protoestrella naciente. Al mismo tiempo, el momento angular de la materia que se comprime disminuye por los flujos polares de gas y polvo y por las complejas interacciones de los campos magnéticos y las partículas cargadas. Lentamente, conforme el polvo y el gas se comprimen hacia el interior, caen al plano central de materia en rotación que se fragmentará para formar planetesimales y, con el tiempo, planetas que orbitarán en torno a nuestro Sol. Hace poco tiempo el telescopio espacial Hubble nos ha permitido confirmar sorprendentemente esta imagen genérica de la formación de estrellas y sistemas solares. Por primera vez ha proporcionado fotografías de alta resolución de las regiones que rodean las estrellas jóvenes y brillantes. Son claramente visibles los discos brillantes y circumestelares con las formas y los tamaños predichos exactamente por la teoría.

Pero mientras nuestro átomo participa en la formación de otro nuevo sistema solar, nosotros estamos mucho más interesados, como es natural, en los detalles íntimos de esta compresión de gas y polvo en concreto, puesto que esta vez somos nosotros la consecuencia directa de ese producto. Todos los átomos de nuestro cuerpo estuvieron entonces allí. Y cuando examinamos las cosas con mayor detenimiento, surge al menos un gran enigma. De hecho, el enigma abarca a la mismísima materia de la que ahora forma parte nuestro oxígeno: el agua. ¿Cómo es que el agua que acolcha actualmente nuestra Tierra llegó de buenas a primeras (o a segundas) junto con la atmósfera que la rodea?

El problema es fácil de delimitar, aunque no de responder. Según se formaba el Sol, el polvo y el gas se comprimieron cerca del centro de la nebulosa a lo largo de unos 100.000 años. El Sol comenzó a evolucionar hacia un estado de contracción tipo T-Tauri, con inmensas luminosidades y vientos estelares densísimos que, a lo largo de los siguientes diez millones de años aproximadamente, dispersaron el gas y las finas motas depositadas en la nebulosa solar. Se puede calcular, además, que la temperatura de la materia, según el disco se asentaba en órbita en torno al Sol, se hallaba cerca de los 1.700 grados en el borde interior del disco, bajando hasta temperaturas inferiores al punto de congelación del agua a distancias comparables a la actual distancia entre Júpiter y el Sol. Cerca de la actual posición de la Tierra, la temperatura del polvo y el gas era de 300 a 700 grados en el momento en que el polvo comenzó a condensarse formando rocas y, más adelante, planetas. Una vez creado el disco, el tiempo para que se formaran grandes rocas y pequeños planetesimales fue menos de unos pocos miles de años.

La temperatura a la que se condensa la materia a partir del gas, primero en un líquido y luego en polvo y roca sólidos, es de gran importancia. Antes de esa condensación, la materia está en equilibrio con el gas. Después aumenta a motas mayores, su composición queda fijada y su evolución posterior ya no depende de la temperatura del gas circundante. Así, la temperatura ambiente en el momento de la formación del disco determinará la naturaleza de la materia que se condense en cada posición. Como la Tierra ha evolucionado sustancialmente debido a muchos procesos geológicos, al escrutar su estructura actual no se puede deducir directamente la temperatura de la materia que se condensó para formar la Tierra. Los meteoritos que chocan contra ésta, como las condritas carbonosas, proporcionan una prueba mucho mejor de las condiciones primitivas. Puede deducirse una temperatura de unos 400 a 450 grados Kelvin —la escala de temperatura utilizada por los científicos, Kelvin, es equivalente a la escala Celsius o de grados centígrados, pero con el punto cero desplazado: el cero absoluto, que equivale a -273 grados centígrados, es el cero de la escala de grados Kelvin— como temperatura límite a la que es probable que los compuestos de carbono empiecen a condensarse y en la que podría formarse agua líquida, lo que permite una mayor complejidad futura de los compuestos orgánicos dentro del sistema. Si examinamos las distancias del cinturón de asteroides, del que surgen muchos de los meteoritos actuales, y comparamos la distancia del origen de la mayoría de los meteoritos de condritas carbonosas con la distancia del origen de sus parientes condríticos corrientes, se puede deducir una distancia de unas 2,5 veces la órbita actual de la Tierra como punto clave en el que la temperatura de la formación de las rocas meteoríticas cae por debajo de los 400 a 450 grados Kelvin. Esto parece indicar, a su vez, una temperatura de formación de rocas en la zona de la órbita actual de la Tierra de al menos 600 grados Kelvin, incluso quizá más próxima a los 1.000 grados Kelvin. A esas temperaturas, el agua y otros elementos volátiles como el dióxido de carbono y el nitrógeno, se recalentarían hasta desaparecer de las motas primitivas y pasarían a existir como vapor y gas.

Pero en tal caso las rocas que se agregaron para formar la Tierra carecían básicamente de agua y de otros gases volátiles. Así que, ¿de dónde vino el agua necesaria para formar los océanos y el carbono y el nitrógeno necesarios para constituir nuestra atmósfera?

La temperatura a la que el agua helada puede mantenerse como una envoltura en torno a las motas de polvo proporciona una clave. A temperaturas inferiores a 250 grados Kelvin (próximas al punto de congelación del agua), el hielo puede seguir creciendo en torno a las motas, que rápidamente pueden aumentar hasta el tamaño de bolas de nieve y más tarde hasta el embrión de un planeta. Las temperaturas deducidas anteriormente para la actual posición de la Tierra y del cinturón de asteroides parecen indicar de forma aproximada que en la actual posición de Júpiter debió de empezar a formarse rápidamente un gran planeta helado. Una vez que se forma un embrión diez veces mayor que la masa de la Tierra, enseguida puede atrapar a su alrededor una gruesa atmósfera de gas. Así, el hecho de que Júpiter contenga grandes cantidades de gas hidrógeno es bastante importante. En 30 millones de años, el neonato Sol del tipo T-Tauri habrá dispersado todo el gas nebular del sistema solar, y sobre todo el ligero gas hidrógeno. De ahí que Júpiter pueda tener una atmósfera de hidrógeno significativa sólo si la formó antes de la expulsión del hidrógeno del gas nebular en torno al Sol naciente.

El rápido crecimiento de un gran planeta de gas como Júpiter deja rápidamente sin polvo ni gas a su región del sistema solar, ya que esa materia se deposita en el planeta en crecimiento. Sin embargo, como ya hemos visto en otro sistema solar muerto hace tiempo, tiene un efecto mucho más interesante sobre la materia que orbita inmediatamente detrás de la zona en la que son probables las colisiones directas con Júpiter. La influencia gravitatoria del planeta en crecimiento servirá para perturbar las otras rocas heladas y los planetesimales de la región, haciendo que muchos de ellos sean expulsados del sistema solar y otros desplazados a órbitas muy exteriores. Estos objetos helados son lo que hoy observamos como cometas. De tanto en tanto, uno de estos objetos sufre una perturbación en su órbita de gran radio y pasa brevemente por la zona interior del sistema solar, siendo observado, si es que hay observadores, desde los planetas interiores como un objeto brillante en el cielo con una larga cola de gases volátiles que emanan de él.

A medida que Júpiter expulsa de su camino a los cometas helados, muchos de ellos atraviesan el interior del sistema solar y colisionan con los planetas que se forman a menor distancia que el radio de Júpiter. El bombardeo de los planetas interiores por los cometas, llenos de agua y dióxido de carbono, proporciona un modo de transporte de agua a sistemas que inicialmente pueden haber sido bastante secos.

Algunos cálculos de la cantidad de agua, dióxido de carbono y nitrógeno que en principio es posible transportar a un planeta en la región donde se localiza la Tierra, mediante el bombardeo de miles de millones de cometas, parecen indicar que éstos pueden suministrar entre 10 y 100 veces la cantidad de esos materiales hoy existentes en el planeta. Si estos cálculos son correctos, incluso si el mecanismo de suministro fuera ineficaz, nuestros océanos y nuestra atmósfera pudieron crearse a partir de un bombardeo primitivo de la Tierra naciente por cometas enormes de tipo bola de nieve.

Sin embargo, hay un problema que parece indicar que al menos una fracción significativa de nuestra atmósfera y nuestros océanos tuvo que estar almacenada en una Tierra embrionaria primitiva. Si toda el agua que vemos sobre la Tierra viniera de los cometas, la composición de esta agua debería ser parecida a la que observamos en la actualidad en los cometas. Sin embargo, las observaciones astronómicas de los últimos cinco años de cometas como el Halley, el Hyakutake y el Hale-Bopp plantean algunas pegas. Si se mide en el agua la proporción del deuterio, el isótopo estable de hidrógeno más pesado, respecto al hidrógeno normal (a saber, la fracción de agua pesada que se da naturalmente en los océanos) se observa que esa proporción es dos veces mayor en el agua cometaria que en el agua de la Tierra.

¿Supone esto un problema? Bien, en las medidas que tenemos hay muchas incertidumbres, pero como mínimo son interesantes. Además, se puede calcular que la proporción del deuterio en relación al hidrógeno en el vapor de agua de la nebulosa solar debería estar en función de la posición. Si la nebulosa de gas duró hasta dos millones de años en las proximidades de la Tierra, se ha calculado que la proporción deuterio/hidrógeno (D/H) debería ser aproximadamente la mitad de la observada en la actualidad en la Tierra. Esto parece indicar que si la Tierra hubiese atrapado, del modo que fuera, vapor de agua que pudo haber existido en sus cercanías mientras se estaba formando, antes de que el viento solar lo expulsara del sistema solar interior, dicha proporción D/H en la actualidad sería demasiado pequeña en comparación con el valor observado. La solución está clara. Si la Tierra atrapó una combinación de materia suministrada por los cometas (con una proporción D/H demasiado grande) y materia suministrada por la nebulosa interior (con una proporción D/H demasiado pequeña), entonces la sopa primitiva resultante tuvo que ser, como para Ricitos de Oro, la adecuada.

¿Cómo podemos saber si esta teoría es correcta si carecemos de modelos que nos permitan entender con exactitud cómo pudo atrapar la Tierra el vapor de agua de la nebulosa interior primitiva durante su formación? Esto nos devuelve, después de un círculo completo, a la tragedia de la Mars Lander.

Marte tiene mucha menos agua y mucha menos atmósfera que la Tierra. Al ser más pequeño que ésta fue menos eficiente en la captura de esos materiales y, además, cualquier bombardeo primitivo significativo de asteroides o grandes meteoritos pudo eliminar buena parte del agua primitiva de la superficie. Los cálculos de la proporción D/H en los meteoritos marcianos ofrece una proporción superficial comparable a la del material cometario, lo que parece indicar que toda el agua restante en la superficie de Marte pudo haber sido suministrada originariamente por cometas. Sin embargo, se calcula que en Marte ha habido mucho menos contacto entre el agua de la superficie y la del interior del manto del planeta que el que hubo en la Tierra. Nuevamente esta conclusión procede de los cálculos sobre las proporciones de isótopos, en este caso del isótopo tungsteno 182, que se produce por desintegración radiactiva del hafnio 182. Este último elemento se halla principalmente en las rocas de la corteza del planeta y no en las del núcleo. El hecho de que en las muestras de meteoritos marcianos se encuentre gran cantidad de tungsteno 182 residual parece indicar que no resultó diluido por ninguna actividad geológica significativa tras la formación del planeta (que dragara material del manto y lo llevara a la superficie), como ocurrió en la Tierra.

De ahí que, si pudieran medirse directamente las muestras primitivas de rocas marcianas que contienen material del manto, y se midiera la proporción D/H, es posible que se encontrasen pruebas de agua de la nebulosa interior originaria, con una baja proporción D/H. La única manera de estar seguros de obtener muestras rocosas de Marte no contaminadas es ir allí y recogerlas. De modo que si queremos comprender verdaderamente cómo surgieron los océanos que han nutrido y mantenido la vida en la Tierra, si queremos comprender nuestros propios orígenes en este planeta, quizás necesitemos enviar sondas a Marte. A mí me parece que los posibles resultados bien valen el precio de unos pocos Picassos.

Así como las incertidumbres sobre los detalles de la formación del sistema solar primitivo siguen en pie, el marco general para entender la cronología de la formación de la Tierra está razonablemente bien establecido. Hay pocas dudas de que, como mínimo, algo de la actual corteza de la Tierra, los océanos, la atmósfera, la materia orgánica y tal vez incluso algunas semillas de vida, nos fue enviado por vía aérea mediante bombardeos durante su historia primitiva. Teniendo esto en mente, podemos ahora seguir el viaje final de nuestro átomo hasta la Tierra. No obstante, no puedo dejar de remitirme a la sabiduría de Víctor Hugo, quien escribió, en una ilustre obra de ficción histórica: “No pretendemos que el retrato que hacemos sea toda la verdad, pero sí que se le parezca”.

El tremendo frío del espacio al borde de la nebulosa solar en compresión en el cual se encuentra nuestro átomo de oxígeno, congelado en la superficie de una microscópica mota de polvo, enmascara el turbulento dinamismo que comienza en las profundidades del centro de la esfera de polvo y gas en compresión. Aquí, el convulso núcleo estelar expulsa al exterior chorros de materia e inmensas cantidades de radiación. Se está estableciendo una tensión primitiva entre polvo y gases que regirá el sistema durante millones de años. A medida que el Sol en evolución empiece a expulsar viento solar y su luminosidad comience a crecer a saltos, el gas de la nebulosa circundante experimentará una presión hacia afuera además del tirón de la gravedad hacia adentro. Estas fuerzas centrífugas son lo suficientemente grandes durante el estado T-Tauri de la evolución del Sol como para expulsar del sistema solar la mayor parte del gas restante.

La materia que queda se ha condensado en forma de motas de polvo cuya apariencia depende de su posición. Cerca del núcleo caliente pueden condensarse a partir del gas compuestos tales como óxidos de aluminio o de calcio, que tienen un punto de fusión muy alto, más de 1.500 grados Kelvin. Más hacia el exterior, donde la temperatura cae por debajo de los 1.400 grados Kelvin, pueden solidificarse aleaciones de hierro y níquel. Más hacia el exterior aún, conforme las temperaturas caen por debajo de los 1.000 grados Kelvin, se forman diversos silicatos. Por último, cuando las temperaturas bajan de los 450 grados Kelvin en el borde del sistema solar interior, el vapor de agua se incorpora a la red mineral de las motas. A una distancia cuatro veces mayor de la actual entre la Tierra y el Sol, el hielo puede empezar a revestir los núcleos de las motas.

En cuanto éstas crecen hasta alcanzar cierto tamaño se hacen resistentes a la presión producida por las colisiones de las partículas individuales de gas, de manera que la presión no puede arrancarlas de la gravedad. El polvo empieza entonces a "caer" hacia el interior.

Así como parte de esta materia cae verdaderamente dentro de la estella incipiente, buena parte del polvo se asienta en el disco central en rotación, que inevitablemente parece acompañar la formación de estrellas. La materia llueve tanto sobre la estrella como sobre el disco desde arriba y desde abajo. De este modo, hasta en puntos localizados tan cerca del Sol como lo está la Tierra actual, el polvo condensado mucho más lejos se asentará en el disco, añadiendo nuevos ingredientes a la mezcla de materiales que acabará formando los planetas interiores.

Conforme el polvo barre el gas en su caída, encuentra una pequeña fuerza de rozamiento que se opone a su movimiento, lo que lleva a las partículas a realizar un movimiento en espiral todavía mayor hacia el interior. En esa nueva trayectoria colisionarán con otras partículas de polvo. Estas colisiones, si son suficientemente energéticas, pueden servir para romper cualquier masa que se vaya formando, pero lo más frecuente es que las motas se acumulen. Las mayores se van tragando a las menores y se forman enseguida objetos grandes. Antes, incluso, de que muchas de las motas se hayan asentado en el disco central, habrán crecido ya hasta tener un tamaño de centímetros, de modo que sus materiales interiores estarán completamente aislados del entorno y los materiales condensados al principio permanecerán a buen recaudo.

Los ricos se enriquecen y los pobres se empobrecen, lo mismo en los cielos que en la Tierra. A partir de las colisiones se forman rocas cada vez más grandes y al cabo de 10.000 años nos encontramos con objetos de tamaño kilométrico. Las colisiones son ahora muy espectaculares y por lo general producen calor suficiente para fundir el material que compone los protagonistas que se mezclan. Así comienzan a crecer los planetas interiores.

Mucho más hacia afuera, en el punto donde puede formarse el hielo, Júpiter crece exponencialmente. Rápidamente, en diez millones de años, antes de que el viento estelar pueda expulsar todo el gas hidrógeno del sistema solar interior, Júpiter ha engullido más de 100 veces la masa de la Tierra en rocas y hielo y ha generado un campo gravitatorio lo suficientemente fuerte para atrapar hidrógeno en una cantidad tres veces mayor en forma de atmósfera. Este gigante devora muy deprisa cualquier materia que encuentra a su paso, vaciando de material externo esa zona de la nebulosa solar.

Más lejos todavía, nuestro átomo de oxígeno ha sido incorporado a una gran bola de nieve de materia rocosa que lleva camino de formar el núcleo de un nuevo planeta. Sin embargo, Júpiter ha derrotado a todos sus competidores, y en un encuentro relativamente cercano nuestra bola de nieve se bambolea y sale disparada como un proyectil de una honda. Una colisión posterior con otro peñasco de hielo es tan energético que los dos objetos se rompen en millones de trozos derritiendo la mayor parte del hielo, que luego se vuelve a congelar. Durante este estado de continuo fundirse y congelarse, materiales orgánicos, que ya se han formado sobre la superficie de las motas primitivas de polvo como autoestopistas interestelares, se incorporan a ese cuerpo que luego será un cometa, y en el material derretido se dan nuevas reacciones que continúan formando sustancias más complejas. En los núcleos de estos carámbanos gigantes, el aluminio 26, sustancia radiactiva que ya se mencionó anteriormente, se desintegra en una escala de tiempo inferior a un millón de años, proporcionando el calor que mantiene parte del agua en forma líquida e interviniendo en la continua síntesis orgánica.

Algunos de los planetesimales expulsados por Júpiter viajan por el sistema solar interior antes de pasar cerca del Sol y dirigirse nuevamente al exterior. La gran velocidad con que se alejan de Júpiter les obliga a compartir energía y agitar la materia que estaba destinada a formar planetas en sus cercanías. Entre Júpiter y el pequeño planeta naciente que es Marte existe un inmenso depósito de planetas fallidos, cuyas colisiones fueron tan energéticas que en lugar de constituir una gran masa se rompieron en objetos menores de decenas de kilómetros de diámetro. Y allí permanecen hoy como un gran cinturón de asteroides que, seguramente, volverán para acosarnos.

Más hacia el exterior, al otro lado de Júpiter, la molécula de agua que contiene a nuestro átomo de oxígeno ha permanecido relativamente ilesa, aparte de derretirse y congelarse durante unos 40 millones de años cuando sus diversos cuerpos formadores han ido tropezando unos con otros y chocando entre sí, después de acercarse mucho al gigantesco Júpiter. Finalmente se produce un último empujón gravitatorio y sale disparado a gran velocidad en una trayectoria que puede llevarlo 1.000 veces más lejos del Sol que la órbita de Júpiter. Allí podría pasar a formar parte de lo que se conoce como la nube cometaria de Oort, que orbita mucho más allá de nuestro sistema solar, a medio camino entre el Sol y la siguiente estrella más cercana. Esta región, que hoy contiene literalmente billones de cometas, se pobló fundamentalmente gracias a los empujones gravitatorios de Júpiter y de los demás gigantes gaseosos que agitaban el primitivo sistema solar. Periódicamente, el movimiento de las estrellas próximas u otras perturbaciones sacan a un cometa fuera de su órbita en la nube de Oort y lo envían con una trayectoria que lo acerca al Sol iluminando temporalmente el cielo nocturno. Sin embargo, la mayoría de los cometas de este reino sobrevivirá durante miles de millones de años en su limbo helado en los bordes del espacio interplanetario. Pero antes de que pudiera alcanzar la nube de Oort, el azar intervino para hacer mucho más interesante el futuro de nuestro átomo.

Durante las decenas de millones de años que nuestro átomo pasó cerca de Júpiter en una batalla de bolas de nieve cósmica, las cosas se fueron calentando considerablemente en el sistema solar interior. Aquí las colisiones violentas constituían las primeras guerras de dominación, conforme los sólidos grandes iban barriendo y engullendo a los pequeños. Como he dicho antes, estas colisiones solían tener la fuerza suficiente para derretir a los propios protagonistas. Puede que en este proceso la roca fundida saliera salpicada al espacio con el consiguiente rápido enfriamiento para formar los cóndrulos que se encuentran en los meteoritos, que a su vez fueron en su momento gotas líquidas que flotaban libremente. Las simulaciones muestran que debieron enfriarse con rapidez y que, por tanto, no se derritieron ni se enfriaron suavemente según descendía la temperatura de la nebulosa.

En cualquier caso, tras varios miles de años de este toma y daca, buena parte de la masa estaba encerrada en objetos de tamaño kilómetrico. A partir de ahí, las colisiones fueron disminuyendo y se dieron aproximadamente cada 1.000 años. No obstante, los objetos mayores comenzaron a experimentar un crecimiento sostenido, de modo que durante un período de 20.000 a 100.000 años hubo muchos objetos del tamaño de nuestra Luna en el espacio ocupado hoy por los planetas interiores.

A medida que un número más reducido de cuerpos cada vez mayores fueron adquiriendo más masa, bajó el ritmo de las colisiones. Los cálculos indican que el crecimiento de planetesimales del tamaño de la Luna hasta planetas del tamaño de la Tierra, Marte y Venus tardó unos diez millones de años. Incluso entonces, los planetas no estaban completamente formados. Si el estado final de crecimiento de la Tierra se produjo mediante una breve explosión de crecimiento sostenido, al que contribuyó en un principio una continua presencia de gas nebular, pudo haber estado formada en un 99% al cabo de unos 40 millones de años.

La Tierra en formación carecía, desde luego, de la mayoría de su atmósfera. En primer lugar, las altas temperaturas existentes durante buena parte de la condensación de las rocas en la nebulosa interior "desgasificaron" mucha de esa materia. Después, durante 10 a 40 millones de años de formación, el turbulento viento del Sol debió alejar cualquier gas del sistema solar interior. Este efecto, combinado con las constantes perturbaciones gravitatorias originadas por las colisiones y las cuasi colisiones de los planetesimales más densos, tuvo que despojar de todo gas incipiente que pudiera haberse asentado gravitatoriamente en torno a la Tierra.

La máxima perturbación se produjo relativamente tarde, pero todavía dentro de los 100 millones de años de la formación primitiva de la Tierra. Tuvo que ser seguramente en esta época cuando ocurrió la colisión planetesimal más grande de la historia de la Tierra. Un objeto tal vez del tamaño de Marte rozó la superficie y el manto que se enfriaban expulsando miles de millones de toneladas de materia y poniéndolas en órbita a su alrededor. El calor generado fundió todo el sólido (si es que en aquella época había algo sólido). La materia salpicada al espacio formó, quizás en un el breve período de unos pocos años, lo que hoy es la Luna, que estaba mucho más cerca de la Tierra que en la actualidad, tal vez tres o cuatro veces más cerca, y daba una vuelta completa más o menos cada cinco días.

Esta colisión puede explicar muchas cosas, entre ellas el elevado ritmo de giro de la Tierra (el roce debió impulsarla como dos jugadores de rugby que se rozan cuando van en sentidos opuestos). Explicaría también por qué la órbita de la Luna está inclinada con respecto al disco del sistema solar: de haberse formado junto con la Tierra sería lógico esperar que orbitara a lo largo del mismo plano. Finalmente explicaría por qué la Luna contiene más o menos el mismo material que el manto de la Tierra y está también en gran parte desgasificada (la colisión extrajo materia del manto pero los elementos volátiles fueron arrojados al espacio debido al gran calor de la colisión).

Ésta eliminó seguramente cualquier atmósfera que pudiera preexistir en el planeta naciente. También continuó el proceso de generación de calor que mantuvo a nuestro planeta burbujeando e hirviendo durante sus primeros 100 millones de años de existencia. El intenso calor de las colisiones se unió al calor generado por la compresión gravitatoria de elementos pesados como el hierro hacia el núcleo de la Tierra y al calor generado por las desintegraciones radiactivas en el interior del planeta. El calor generado por todos estos procesos fue suficiente para fundir incluso la corteza de la Tierra durante esos primeros diez millones de años.

Este calor permitió el procesado químico y físico de la materia que componía la Tierra. Este proceso, llamado *fraccionamiento*, dejó seguramente la Tierra definitiva con una estructura muy distinta de la que tuvieron los meteoritos y planetesimales individuales que la formaron. Por ejemplo, el hierro, el sulfuro de hierro y el óxido de hierro en estado líquido se hundieron en el núcleo, lo mismo que el níquel y otros elementos que tienden a seguir al hierro en combinaciones químicas.

Otro factor mucho más importante para la vida definitiva de nuestro átomo de oxígeno en la Tierra rige, sin embargo, la cronología de la formación de la Tierra. Sería de esperar que los primeros materiales que se formaron en los primitivos planetesimales que bombardearon la Tierra en crecimiento estuvieran compuestos de materia de las proximidades, condensada a partir del gas a alta temperatura y que contendría, por tanto, aluminio y hierro y muy pocos gases volátiles. Así pues, el núcleo de la Tierra pudo haberse formado rápidamente. Más tarde, conforme las perturbaciones procedentes de los planetas exteriores en crecimiento agitaban el conjunto, los meteoritos del cinturón de asteorides empezaron a golpear la Tierra en desarrollo. Estos materiales contienen carbono y un gran componente volátil. Finalmente, podemos imaginar que más tarde material procedente incluso de más lejos empezó a bombardear la Tierra. Este material, de naturaleza cometaria, tenía agua, carbono y hasta materia orgánica en cantidades significativas.

Hay varias pruebas que sustentan la idea de una rápida formación del núcleo y el consiguiente rápido crecimiento de las capas externas de la Tierra. La primera es que en el manto externo se encuentran elementos como el níquel y el cobalto, que tienden a seguir al hierro en condiciones de fusión, en mayor proporción de la que cabría esperar. El hecho de que estos elementos permaneciesen fuera del núcleo sugiere que pueden haberse depositado allí después de que se formara buena parte de él.

Otra prueba de que el núcleo se constituyó con relativa rapidez consiste en medir la composición de los gases nobles de la atmósfera de la Tierra. La materia fundida del planeta liberó gases hacia la creciente atmósfera terrestre. Si el desarrollo del núcleo hubiera sido lento, estos gases se habrían acumulado durante un período significativo. Los gases nobles son muy buenos indicadores de esa temprana “desgasificación hacia el exterior” de la Tierra porque no reaccionan químicamente y, una vez liberados en la atmósfera, quedan en ella (salvo, claro está, los elementos más ligeros, que suben flotando a la parte alta de la atmósfera y se pierden). El gas noble argón aparece fundamentalmente en dos isótopos estables diferentes, el argón 36 y el 40. Este último sólo se genera por la desintegración radiactiva del potasio 40. Si el núcleo se acumuló poco a poco, y el manto que lo recubrió permaneció derretido con él durante un largo período, entonces el potasio 40, que tiene una vida media de unos 1.000 millones de años, habría tenido tiempo de desintegrarse de manera sustancial, por lo que habría podido liberar a la atmósfera cantidades significativas de argón 40. Pero la proporción de argón 40 en relación con la de argón 36 en la atmósfera terrestre es casi 100 veces menor que la de la materia contenida en el manto actual de la Tierra, lo que indica que la mayor parte del gas liberado por el primitivo planeta fundido se produjo en un período de aproximadamente 10 a 100 millones de años.

Si el núcleo de hierro terrestre se formó con relativa rapidez, entonces el subsiguiente crecimiento de nuestro planeta, sobre todo de las capas exteriores que incluyen a la atmósfera, pudo haberse visto afectado de forma sustancial por el suministro posterior de meteoritos y cometas. Podemos calcular que a Júpiter le habría costado varios cientos de millones de años empujar a la mayoría de la materia protocometaria hasta la nube de Oort o expulsarla por completo del sistema solar. Durante ese tiempo también salpicaría, por supuesto, de materia el sistema solar interior. Neptuno y Urano habrían expulsado materia en una escala de tiempo algo mayor. Con lo cual es de esperar que, por lo menos, durante 100 millones de años (y durante otros 500 millones a un ritmo inferior) se produjera un interminable bombardeo que agitó las capas superficiales de los planetas interiores conduciendo, como mínimo, a una fusión parcial de la corteza. Las observaciones de la superficie de la Luna, que ha preservado los cráteres más antiguos, a diferencia de la superficie de la Tierra, más dinámica, proporcionan una prueba palmaria de que los primeros pocos cientos de millones de años de historia terrestre fueron una continua catástrofe. Objetos de varios cientos de kilómetros de tamaño llovían sobre el planeta con una frecuencia de una vez cada pocos millones de años.

A medida que la Tierra se enfriaba, los gases atrapados en el interior del material fundido se escapaban, y a partir de los datos del deuterio en el agua de los océanos sabemos que una fracción significativa de la actual agua de la Tierra es agua que estaba contenida en los planetesimales originarios que colisionaron para formar la Tierra. También sabemos que la materia que bombardeó nuestro planeta en sus etapas posteriores de formación suministró una fracción menor de agua, aunque todavía en una cantidad significativa.

Estos impactos no eran suaves. Por ejemplo, un objeto de 300 kilómetros de diámetro que colisiona con la Tierra proporciona suficiente calor para evaporar los actuales océanos de todo el mundo y calentar la superficie entera del planeta a una temperatura superior a 1.300 grados Kelvin. El agua evaporada tardaría más de 1.000 años en enfriarse y volver a condensarse en forma líquida.

Así es como finalmente nuestro átomo de oxígeno llega a la Tierra, experimentando un *déjà vu*. Anteriormente, en otra ocasión, 1.000 millones de años antes, hizo un viaje semejante en el extremo opuesto de la galaxia. Ahora, expulsado de su órbita próxima a Júpiter, la roca cubierta de hielo que contiene nuestra molécula de oxígeno/agua comienza su viaje a través del sistema solar. Por un azar del destino atraviesa el sistema solar interior en su viaje hasta más allá del Sol partiendo de las regiones externas de la cada vez más grande nube de Oort. Pero no llega a pasar junto a él. El cometa helado, con una cola de materia que va desgasificándose, se topa con la Tierra en medio de ese vacío, como quien encuentra una aguja en un pajar. Al cabo de diez años de comenzar su nuevo viaje, nuestro átomo está situado en el interior de un objeto en una trayectoria de colisión con un cuerpo destinado a convertirse en un planeta azul. Cuando los restos sólidos chocan con la parte alta de la creciente atmósfera de la Tierra, buena parte de la cáscara del cometa ha quedado ya atrás. La materia que ha estado tan protegida en pequeñas motas puede llover con relativa lentitud atravesando la atmósfera, sin generar mucho calor. Al hacerlo así, es posible que parte de la materia orgánica creada en el espacio interestelar, completada por la cocina cometaria, se abra paso incólume hasta el creciente océano.

Sin embargo, nuestro átomo de oxígeno está enterrado en las profundidades del cometa. El intenso calor generado por el viaje de destrucción a través de la atmósfera rompe el cometa en pedacitos que sobreviven hasta llegar al suelo. Algunos chocan con la corteza recién formada, fundiéndola en algunas zonas y penetrando bastante en el material de la superficie. La anterior vez que nuestro átomo colisionó con un planeta chocó con tierra firme. En esta ocasión el fragmento que contiene la molécula de agua que alberga a nuestro átomo de oxígeno choca contra el océano recién formado, evaporando grandes cantidades de agua, que llevan a nuestro átomo a la atmósfera en el vapor dispersado. En conjunto, el cometa ha liberado a la atmósfera una energía equivalente a más de 1.000 megatones de TNT.

Nuestro átomo ha completado un viaje tortuoso de 5.000 millones de años hasta la Tierra. Aquí permanecerá más tiempo que el que han pasado sus constituyentes en ningún otro lugar en la historia del universo. De momento al menos, nuestro átomo ha llegado a casa.

12
Cocina de gas

La ciencia de la vida es una sala espléndida y deslumbrantemente iluminada a la que sólo se puede llegar pasando por una cocina larga y espantosa.

Claude Bernard

El 12 de marzo de 1610, cuando Galileo Galilei anunció al resto del mundo que existía un mundo oculto más allá del alcance de nuestros ojos, se palpaba el nerviosismo. El día de su publicación, el embajador inglés en Venecia envió un ejemplar del nuevo libro de Galileo al rey Jacobo I, prometiéndole "las noticias más extrañas (así puedo denominarlas) que ha recibido de parte alguna del mundo; que es el libro adjunto (publicado hoy mismo) del profesor de matemáticas de Padua, quien con la ayuda de un instrumento óptico [...] ha descubierto cuatro nuevos planetas que giran en torno a la esfera de Júpiter, además de otras muchas estrellas fijas desconocidas".

Creo que es difícil para cualquiera que viva a comienzos del siglo XXI darse realmente cuenta de lo extraordinario que debió resultar saber de repente que nuestro sistema solar no era lo que parecía. De pronto revelaban su existencia cuatro nuevos vecinos de la Tierra. ¿Podría haber más? Y si el resto del sistema solar "gira" en torno a la Tierra, ¿por qué estos cuatro nuevos intrusos orbitan en torno a Júpiter? Ni siquiera el inmenso poder de la Iglesia católica de la época pudo detener la revolución que estaba a punto de desatarse como resultado de esta sencilla observación de un matemático (porque todavía no existían los "físicos") de una pequeña pero prestigiosa universidad de Padua.

Para intentar comprender el impacto de esta revelación en aquella época, imaginemos que hoy se desenterraran pruebas (o con más precisión, se "desenmartizaran") que indicasen que hace 2.000 millones de años floreció en Marte vida inteligente y que desapareció después sin dejar apenas rastro visible sobre la superficie del planeta. La conmoción sería enorme y las implicaciones de tal descubrimiento sacudirían probablemente los cimientos teológicos, como mínimo igual que lo hicieron los descubrimientos de Copérnico o Galileo.

Por supuesto, todo lo que sabemos de Marte y lo que conocemos sobre la evolución de la vida va en contra de esa posibilidad. Una vez discutí con un lector de uno de mis libros sobre este asunto de la posible vida inteligente en el pasado de Marte. Aquel individuo no era un chalado. No pretendía, por ejemplo, que las sombras vespertinas que, con cierto ángulo, producen accidentalmente lo que parece un rostro en la superficie marciana, fueran, como han reivindicado otros, pruebas de una civilización antigua ya desaparecida. Lo que argumentaba era, más bien, lo contrario. Sabemos que hace miles de millones de años el agua líquida fluía por la superficie marciana, entonces más cálida, y que el planeta parecía maduro para la evolución de la vida. Su argumentación era que no quedaría ningún rastro visible de ninguna civilización que pudiera haber vivido y perecido hace 2.000 millones de años debido a los estragos del tiempo. Por tanto, ¿cómo vamos a desechar esa posibilidad?

Superficialmente —si se me perdona el juego de palabras— este argumento no puede desecharse sin más. 2.000 millones de años es un período muy largo. Sin embargo, Marte tiene menos actividad geológica que la Tierra, de modo que la corteza del planeta no se recicla con regularidad. Así, aunque puede resultar difícil detectar desde el espacio restos de antiguas ciudades, la prueba de una vida inteligente anterior debería poder descubrirse en la superficie utilizando incluso sondas no tripuladas. Ello sin mencionar el hecho de que, al menos en la Tierra, se tardaron unos miles de millones de años para que los seres vivos evolucionaran hasta la autoconsciencia.

No obstante, aquello me hizo pensar en la Tierra. Si mañana nos aniquilamos, ¿quedará alguna prueba significativa dentro de 2.000 millones de años de que hemos poblado el planeta ?

Después de todo, la Tierra es un planeta dinámico. Nuestros actuales continentes son unos recién salidos a escena. Se van separando a una velocidad parecida a la que crecen las uñas. Hace 2.000 millones de años estaban juntos en un único supercontinente, que llamamos Pangea, y varios cientos de millones de años antes en otro supercontinente anterior. En los años transcurridos, los continentes se han separado y luego unido de distintas formas. La materia de los continentes flota sobre una capa de roca más densa y las fuerzas de convección del planeta originan que la corteza de la Tierra se recicle a lo largo de cientos de millones de años. La materia interpuesta entre los continentes que colisionan se ve empujada hacia abajo, o *subducida*, hacia el manto, para allí calentarse y derretirse debido al calor y a la presión inmensos de las profundidades de la Tierra, mientras las cadenas volcánicas en medio de los océanos escupen nueva materia.

¿Quedará un rastro directo sobre la superficie del planeta de Nueva York, las pirámides de Gizeh o la Gran Muralla china dentro de 2.000 millones de años? Probablemente no, aunque tal vez algunos elementos enterrados sobrevivan al caos.

Esto no quiere decir que un futuro alienígena paleobiólogo que visite este planeta no sea capaz de deducir que en otros tiempos hubo organismos vivos complejos que vagaron por su superficie y hasta quizás alteraron su entorno durante su apogeo, después de 4.000 millones de años, aunque no se descubrieran objetos artificiales. Sin embargo, no está claro que, si la humanidad desapareciera pronto, alguien supiese alguna vez de nuestra existencia y la registrara en los libros de historia galácticos de algún lugar.

Pero puede que haya esperanza. Ahora afrontamos el mismo reto cuando tratamos de ir miles de millones de años atrás para desvelar los misterios de nuestro naciente planeta. Continuamente estamos descubriendo nuevos vestigios de los primeros momentos de la historia de la Tierra, de modo que los grandes huecos que había en nuestro conocimiento se van llenando y surge una historia evolutiva de 4.000 millones de años.

Es lógico que se haya encontrado un mensaje geológico clave, congelado en el tiempo, en tierra congelada. En un borde del hielo de agua dulce de Isua, al suroeste de Groenlandia, se encuentra un afloramiento de roca, cuarzo, calcita y arcilla, combinados con algunos compuestos de hierro y pequeñas cantidades de carbono orgánico.

Es lo bastante grande para no pasar desapercibido aunque a gran escala terrestre es minúsculo, pues tiene sólo unos 40 kilómetros de largo por unos pocos de ancho. Sin embargo, enterradas allí se encuentran las rocas sedimentarias más antiguas del mundo. Tres técnicas de datación independientes indican que esos sedimentos tienen casi 3.800 millones de años de antigüedad. Y lo que es más importante: la existencia de esos sedimentos implica que en esa época éste era un mundo con océanos de agua líquida, cubierto por una atmósfera que contenía dióxido de carbono.

En un mundo donde los continentes se reciclan con regularidad es una suerte maravillosa tener objetos que daten de hace 3.800 millones de años para ayudarnos a ordenar nuestro pasado. Pero seamos ambiciosos. 3.800 millones de años es mucho tiempo, pero aún así es más de 700 millones de años *después* de que la Tierra se formó a partir de la nebulosa solar. ¿Y qué pasa con todo ese tiempo intermedio?

Lo cierto es que hay restos incluso más antiguos: pequeños cristales de zirconio que se remontan a las rocas ígneas que se meteorizaron para formar las rocas sedimentarias del tipo que vemos en Isua. Los cristales aislados de zirconio hallados en sedimentos mucho más jóvenes en las colinas Jack, en Australia occidental, tienen casi 4.300 millones de años, menos de 250 millones desde la formación de la Tierra.

Pero no son rocas antiguas sino sólo cristales antiguos empotrados en rocas más jóvenes. Las estructuras geológicas completas más antiguas han sido descubiertas recientemente en las riberas del río Acasta, en los estériles desiertos del noroeste de Canadá. Por qué las rocas antiguas parecen tener afinidad con lugares fríos es algo que supera mi capacidad de comprensión, pero parece ser así. Un refugio solitario de geólogo se levanta cerca del río con el letrero de bienvenida "Ayuntamiento de Acasta, fundado hace 4 Ga" pintado encima de la puerta (Ga es la abreviatura de giga-año: 1.000 millones de años). Una datación reciente de las muestras ígneas indica una antigüedad de poco más de 4.000 millones de años: 4.055 millones, para ser exactos.

La mera existencia de estas rocas sobre la superficie actual es significativa, porque nos dice que hubo alguna forma de continente incluso en época tan temprana. Después de todo, los continentes no se forman hasta que los minerales más ligeros se enfrían y forman una costra que flota sobre el fluido derretido más abajo. ¡Y la primitiva Tierra estaba caliente!

Después del acrecimiento de peñascos del tamaño de la Luna y de la lluvia de cometas y asteroides que mantuvo la Tierra derretida, formando su núcleo y finalmente su manto, el bombardeo no cesó. En la actualidad existen unos 1.000 objetos mayores de un kilómetro de diámetro en trayectorias que intersectan (o casi) la órbita terrestre. La tasa media a la que los objetos de un kilómetro de diámetro o mayores chocan con la Tierra es hoy de aproximadamente una vez por cada millón de años. La tasa a la que dichos impactos se dieron después de que la Tierra se formara fue un millón de veces mayor. Así, cada década más o menos por término medio, y durante al menos 50 ó 100 millones de años, chocó con la Tierra un gran objeto. Uno de esos grandes objetos fue, por supuesto, el cometa que llevó a nuestro átomo de oxígeno a la atmósfera de nuestro planeta. Pero no fue ni mucho menos el último. ¿Qué efecto tuvo ese bombardeo?

Un cometa o un meteorito de un kilómetro que golpea la Tierra produce un cráter de unos 20 kilómetros de diámetro. La erosión lo hace irreconocible al cabo de 600 millones de años. Por un razonamiento similar, un meteorito de diez kilómetros de diámetro produce un cráter de unos 200 kilómetros de diámetro que puede seguir siendo visible durante 2.000 millones de años. Pero lo que producen no son sólo cráteres. La intensidad violenta del choque está bien descrita en el año 1178, cuando cinco observadores de la Luna en cuarto creciente informaron de la aparición de un cráter (posteriormente llamado Giordano Bruno, en honor del filósofo italiano quemado en la hoguera que proclamó su creencia en la existencia de otros planetas). Los observadores escribieron: "Súbitamente el cuerno superior se abrió en dos. Del punto medio de esa abertura surgió una antorcha llameante escupiendo fuego, carbones al rojo y chispas a una considerable distancia. Entre tanto, el cuerpo de la Luna que estaba debajo se encogía como si estuviera angustiada [...] y palpitaba como una serpiente herida."

El bombardeo por cometas y meteoritos calentó la atmósfera cada vez mayor de la Tierra naciente, al igual que su superficie. Como ya describí en el anterior capítulo, a juzgar por sus cráteres, la superficie lunar fue bombardeada por objetos de hasta 200 kilómetros de diámetro hasta hace al menos 4.000 millones de años. Como la Tierra es mucho más grande que la Luna, podemos calcular que tal vez una docena de objetos de ese tamaño, aproximadamente uno cada diez millones de años, chocaron con la Tierra desde su formación hasta que tuvo unos 400 millones de años. Cada uno de esos impactos evaporó la mayor parte del agua de los océanos del mundo y calentó la corteza hasta pasar de los 1.000 grados Kelvin, derritiendo parte de ella. Asimismo, el vapor creado permaneció en la atmósfera durante más de 1.000 años. Además de enviar grandes cantidades de agua y demás elementos volátiles a la atmósfera, el impacto de las colisiones empotró también en el manto de la Tierra algunas sustancias volátiles de los objetos en colisión.

Objetos más pequeños cayeron con mucha mayor frecuencia. Uno de diez kilómetros que impactara en el océano produciría mareas en todo el mundo. El calor generado por los residuos que siguieran al choque llenaría el cielo de una luz incandescente a lo largo de cientos, si no miles, de kilómetros. Las reacciones químicas producirían nuevas moléculas en la atmósfera. Colisiones así debieron producirse cada 20.000 años más o menos durante los primeros 400 millones de años de la historia del planeta. Como veremos más tarde, es justamente una colisión como ésta la que produjo, según se cree, extinciones masivas en la Tierra hace unos 65 millones de años, entre ellas la de los dinosaurios. Las colisiones con objetos menores pero todavía mortales debieron darse incluso con mayor frecuencia.

Por tanto, durante este período buena parte del agua de la superficie de la Tierra permaneció en la atmósfera. Tuvo que haber breves períodos de tranquilidad en los que nuestro átomo, en su molécula de agua, pudo haberse condensado sobre el suelo sólido, pero debieron de ser pocos y muy espaciados. Más aún, buena parte de la superficie era probablemente un océano de magma de roca derretida y partes de él se volvían a derretir a intervalos regulares incluso mientras se enfriaba. La roca derretida liberaba sus sustancias volátiles a la atmósfera, aumentando así todavía más los contenidos de dióxido de carbono y agua. En resumen, nuestro átomo de oxígeno había llegado a una versión del infierno, pero repleta de vapor de agua.

El ritmo del bombardeo meteórico y cometario cayó exponencialmente con el paso del tiempo. La tasa de expulsión cometaria de Júpiter cayó hasta un 1% de su valor original en 400 millones de años, y hace 3.500 millones la tasa de impacto neto de cualquier origen disminuyó otras 100 veces más. Así, hace aproximadamente

4.100 millones de años el ritmo de calentamiento era lo bastante pequeño para que la superficie de la Tierra estuviera solidificada en su mayor parte, con la excepción de catástrofes producidas por impactos muy localizados. Las rocas del norte de Canadá son supervivientes de esa antiquísima era de la formación de los continentes.

Esto no significa que las cosas no siguieran muy calientes. De hecho, esta fase de formación de la Tierra hasta hace unos 3.900 millones de años recibe el apropiado nombre de *período del Hades*. El manto y el núcleo eran seguramente lo bastante calientes, debido al calor proporcionado por los impactos, el asentamiento gravitatorio y también los altos niveles de radiactividad, para que cualquier corteza que se formase fuera una corteza muy fina.

Si usted llega en avión a Cleveland y atraviesa la ciudad camino de mi despacho en la universidad pasará junto a los últimos restos de la antaño floreciente industria del acero de la región. Algunos días todavía puede verse un inmenso fuego que arde en lo alto de una gran chimenea, a modo de faro terrestre. En las fábricas, el acero se procesa en hornos de escoria. Sobre la superficie del acero fundido se forma una piel fina y flexible. Cualquier corteza de la Tierra existente en aquella época tuvo que parecerse a esa fina piel.

Durante aquel período inicial, el nivel de radiactividad de la Tierra era aproximadamente cuatro veces mayor que en la actualidad. Las corrientes de convección del manto eran bastante más fuertes que hoy día. Las grandes placas sólidas sobre las que flotan los actuales continentes, responsables de la tectónica de placas global que moldea una y otra vez la faz de la Tierra a intervalos regulares, no habían surgido todavía.

Los niveles de radiactividad en aquellas épocas eran más altos, sencillamente, porque los elementos radiactivos dominantes (uranio, torio y potasio) tienen vidas medias que van de los 700 a los 14.000 millones de años. Esto significa simplemente que había más isótopos radiactivos entonces que ahora. Por cierto, la distribución de la materia radiactiva en la Tierra es sorprendente o al menos me lo pareció la primera vez que tuve conocimiento de ella. Cabría pensar que los elementos pesados como el uranio se hundieron hasta el núcleo cuando la Tierra estaba fundida. Pero los átomos de uranio ionizados (como debió ocurrir cuando estaban en el magma líquido) son muy grandes. Ello les hace flotar hacia la superficie. Ésta es la razón por la que se cree que la mayor parte de la radiactividad que queda en la Tierra está localizada en la corteza continental.

Debo señalar que esta hipótesis tiene importantes consecuencias. Desde luego, se puede concebir que una fina capa de diez kilómetros de espesor alrededor de la Tierra, con la radiactividad actual del granito, produzca suficiente calor como para explicar el flujo calorífico que sale de la Tierra hoy en día. Si hubiera una radiactividad significativamente mayor en el manto y en el núcleo de la Tierra, ésta estaría calentándose actualmente. Que yo sepa nadie lo cree así, sin embargo hace 15 años propuse un conjunto de experimentos para calcular los niveles de radiactividad en el interior de la Tierra. Resulta que las desintegraciones radiactivas de isótopos que se dan en la naturaleza terrestre conducen todas a la producción de antineutrinos, las antipartículas de las partículas débilmente interactivas que todos los días bombardean la Tierra desde el Sol. Si se pudiera medir el flujo superficial de esas partículas capaces de atravesar la Tierra, se podría deducir la cantidad y distribución de los elementos radiactivos en ella. Sin embargo, es un conjunto de experimentos muy complicado de realizar y hasta la fecha no existe detector lo bastante sensible para medir esta señal potencialmente tan útil.

Hace unos 3.800 millones de años, más o menos en la época en la que se formaron los sedimentos de Isua, las cosas empezaron a asentarse. La corteza oceánica se había solidificado y probablemente ya se había producido la última evaporación, aunque los sucesos que hacían evaporarse a la capa superficial del océano (los primeros cientos de metros) continuaron produciéndose hasta cientos de millones de años después.

De no ser por la existencia de Júpiter y, hasta cierto punto, de otros grandes planetas gaseosos exteriores, tal vez las cosas no se hubieran asentado nunca en la Tierra, o al menos no lo suficiente para que tuviera lugar su historia posterior. Al expulsar restos cometarios durante cientos de millones de años, Júpiter garantizó que el ritmo de los impactos sobre la Tierra se redujera exponencialmente al cabo de un tiempo. De no haber conseguido Júpiter concluir la tarea de formar la actual nube de Oort, el ritmo de bombardeo cometario y meteorítico de la Tierra podría haber sido quizás de 10.000 a 100.000 veces mayor que en la actualidad a lo largo de su historia. En ese caso, los sucesos de evaporación de los océanos habrían continuado a razón de al menos uno por cada período de 10 a 100 millones de años.

Afortunadamente, las cosas se calmaron. Conforme la vaporosa atmósfera comenzó a condensarse, empezó a llover sobre la Tierra una lluvia caliente, no durante 40 días y 40 noches sino durante 40 millones de días y de noches o incluso más. La molécula de agua que contenía a nuestro átomo de oxígeno cayó con esta lluvia contribuyendo a formar los océanos que comenzaron a cubrir la Tierra. Pero hasta en los océanos las cosas eran mucho más turbulentas que hoy. La Tierra seguía estando caliente y la energía transmitida para formar corrientes oceánicas era intensa. Por añadidura, la Luna estaba unas cuatro veces más cerca de la Tierra que en la actualidad. Al orbitar cada cinco días, más o menos, produjo inmensas mareas, unas 30 veces mayores que las actuales, lo cual contribuyó aún más al calentamiento de los océanos.

Parte del vapor de agua permaneció en la atmósfera, pero en esa época el gas dominante era sin lugar a dudas el dióxido de carbono. Liberado por los cometas que chocaban y por la propia Tierra derretida en ignición durante millones de años, la atmósfera primitiva de la Tierra fue unas 60 veces más densa y tuvo una composición muy distinta de la actual. Como el hidrógeno primitivo se había ya evaporado, es probable que el dióxido de carbono formase el 98% del gas atmosférico, más un porcentaje pequeño de nitrógeno y algo de vapor de agua.

Y menos mal que fue así. Después de que el Sol se calmó en su estado estable de larga duración, quemando hidrógeno tras su turbulento estado T-Tauri, su luminosidad fue tan sólo un 70% de la actual. Con esa intensidad, de haber estado la Tierra rodeada de su presente atmósfera, los océanos habrían terminado por congelarse. Pero no hay indicios de glaciación primitiva en la Tierra. De hecho, todas las pruebas indican que estaba mucho más caliente que ahora.

Ya aludí anteriormente al motivo de esta situación. Sus raíces se hunden en la misma preocupación que impulsa a las naciones ricas e industrializadas a reconsiderar sus criterios respecto a los combustibles fósiles. El dióxido de carbono es uno de los llamados gases de efecto invernadero. Es transparente a la luz visible del Sol pero absorbe la radiación infrarroja que, de no ser así, la Tierra emitiría al espacio. Como tal, origina un calentamiento del globo.

El efecto invernadero en esa época era varias veces superior a cualquier cosa que podamos imaginar que pueda ocurrir hoy. La razón es que la cantidad de dióxido de carbono en la atmósfera hace 4.000 millones de años era unas 10.000 veces mayor que en la actualidad. La composición de la atmósfera de la Tierra en esa época, fundamentalmente dióxido de carbono y nitrógeno, con una presión quizás unas 20 veces la de hoy, era muy parecida a la de la actual atmósfera de Venus. La temperatura superficial de ese planeta, capaz de levantar ampollas, pasa de los 750 grados Kelvin (unos 477 grados centígrados).

Nuestra existencia se la debemos al agua líquida. Las cantidades totales de dióxido de carbono y nitrógeno de la Tierra y Venus son casi idénticas, lo mismo que sus tamaños. Sin embargo, de haber aterrizado nuestra molécula de agua en Venus y no en la Tierra, la historia habría sido muy diferente. En otros tiempos, cuando la luminosidad del Sol era un 30% menor, pudo haber agua líquida en Venus, pero conforme el Sol se fue calentando ocurrió lo mismo con el planeta. Al evaporarse en la atmósfera, el agua contribuía a un efecto invernadero desbocado. El vapor de agua y el dióxido de carbono producen el mismo impacto. Cuanto más vapor de agua había en la atmósfera, más se calentaba el planeta. Pero cuanto más se calentaba el planeta, más agua se evaporaba, y así sucesivamente. Hoy Venus es un planeta seco. El contenido de agua total es unas 10.000 veces menos que el de la Tierra. Se cree que el agua de la atmósfera de Venus quedó escindida, con el paso del tiempo, en gases de hidrógeno y oxígeno debido a la radiación del Sol. El hidrógeno desapareció más tarde.

¿Por qué no tuvo la Tierra un efecto invernadero descontrolado y por qué el dióxido de carbono de la atmósfera es hoy una parte mínima de lo que fue? Agua líquida y suerte en la jugada.

La posición de la Tierra cerca del Sol ha permitido que el agua líquida permanezca sobre el planeta durante más o menos los últimos 4.000 millones de años. La temperatura actual es tal que, si la Tierra se calentara un poco, la cantidad extra de agua que la atmósfera debería albergar no sería suficiente para disparar un efecto invernadero desbocado. Si la Tierra estuviera un 15% más cerca del Sol, no ocurriría esto (por cierto, Venus está un 30% más cerca del Sol). De modo parecido, en aquellas épocas, cuando el dióxido de carbono dominaba la atmósfera, el Sol era un 30% menos luminoso y, una vez más, la temperatura de la Tierra, equivalente a la de un té caliente, mantuvo en los océanos la mayor parte de la masa de agua.

Entonces, ¿por qué al calentarse el Sol no se calentó más la Tierra? Aquí nosotros y la molécula de agua que carga con nuestro átomo de oxígeno nos encontramos por segunda vez con uno de los mecanismos de retroalimentación más notables de la naturaleza. Regirá buena parte de la historia de nuestro átomo sobre la Tierra y asimismo buena parte de la historia de la vida terrestre. Recordemos que el dióxido de carbono puede disolverse en agua y que, a mayor presión, el agua puede contener más cantidad de dióxido de carbono. En concreto, el dióxido de carbono se disolverá en agua de lluvia formando ácido carbónico, H_2CO_3.

Éste es, dicho sea de paso, el mismo principio que hace que las botellas de bebidas carbónicas siseen al abrirse y que al cabo de un rato resulten algo insípidas. Cuando el refresco se halla a alta presión en la botella, se puede disolver más dióxido de carbono en el agua formando ácido carbónico, la sustancia que da a los refrescos carbónicos su sabor ácido. Una vez abierta la botella, se reduce la presión y el agua tiene menos capacidad para contener dióxido de carbono, de modo que éste se escapa del agua en forma de burbujas, dando lugar a la efervescencia. Al mismo tiempo, bajan los niveles de ácido carbónico en el agua y el refresco se vuelve insípido.

Ahora bien, el agua ácida ataca los silicatos de las rocas formando precipitados y dan lugar también a rocas carbonatadas, tales como la caliza y la dolomita. Éstas se sedimentan en el fondo del océano, retirando de la circulación de manera efectiva una parte del dióxido de carbono de la atmósfera. Además, resulta que la formación de carbonatos depende mucho de la temperatura. A mayor temperatura, más eficazmente se forman los carbonatos y más efectivo resulta este mecanismo para retirar de la circulación el dióxido de carbono.

Al funcionar este mecanismo durante miles de millones de años, los niveles de dióxido de carbono en la atmósfera disminuyeron 10.000 veces, al mismo tiempo que el Sol aumentaba, a su vez, su luminosidad y mantenía el planeta caliente. De ese modo, el nitrógeno fue convirtiéndose paulatinamente en el gas dominante de la atmósfera de la Tierra. Y así es como empezaron a formarse rocas sedimentarias a medida que se separaban los materiales carbonatados.

La existencia de los sedimentos de Isua indica no sólo la existencia de óceanos de agua hace 3.800 millones de años, sino también que se estaba produciendo activamente la retirada de dióxido de carbono de la atmósfera.

Nuestra molécula de agua participó en ese proceso. Como parte de una primitiva tormenta de vapor que siguió a un impacto que lo llevó a la atmósfera como vapor de agua, el oxígeno del agua estaba unido al dióxido de carbono, del mismo modo que estuvo unido anteriormente al oxígeno cuando fue un átomo de carbono en otro mundo, formando H_2CO_3. Esta molécula de ácido carbónico cayó sobre la recién formada corteza de la Tierra, corroyó los silicatos y pasó a formar parte de un precipitado calizo que se vio arrastrado por un arroyo hasta el mar. Allí se hundió hasta el fondo océanico, donde habría permanecido para el resto de su vida en la Tierra de no haber sido por el calor y la química.

Conforme la Tierra se enfriaba y los materiales más ligeros flotaban hasta la superficie gracias a un derretimiento parcial, comenzó a formarse una corteza superficial que fue haciéndose más rígida. Mientras se producía una importante convección en el manto, las primeras cortezas que se formaron en la superficie eran demasiado finas y quebradizas para que la dinámica de fondo las empujara a todas en bloque. A medida que se formaban estas cortezas, en su mayor parte de basalto muy denso, este material constituyó la corteza situada bajo los océanos. Los sedimentos de Isua se formaron sobre ella. Una vez que las cortezas se hicieron lo bastante rígidas terminaron por romperse en grandes placas que flotaban sobre el manto de convección subyacente y se movían con estos flujos de convección. Había empezado en la Tierra lo que ha llegado a conocerse como tectónica de placas y los continentes pudieron empezar a surgir mediante este nuevo proceso.

En ciertas zonas donde la convección del manto fluye hacia arriba, puede formarse nuevo material en la corteza. Esas zonas pueden observarse en las cordilleras existentes en medio del océano. Conforme se constituye este nuevo material, la corteza preexistente se va desgarrando. En otros lugares se producen colisiones entre dos placas de la corteza que se mueven. En tal caso una parte debe ceder, y una vez que las placas tienen grosor suficiente una de ellas es literalmente empujada bajo la otra, cosa que nuestro átomo ya ha experimentado una vez. Este proceso de subducción origina un derretimiento parcial del material de la corteza, que se ve obligada a descender. Por añadidura, las sustancias volátiles almacenadas en los carbonatos que se sedimentan en la corteza experimentan un calentamiento y liberan agua y dióxido de carbono. A medida que crece la presión surgen volcanes que escupen a la atmósfera no sólo esas sustancias volátiles sino también rocas más ligeras fundidas a partir del material de la corteza subducido. Esta roca menos densa, el granito, cubre la superficie, se eleva por encima de los océanos y finalmente forma los continentes.

La edad media de la actual corteza continental es de sólo unos 2.000 millones de años. Esto no significa que los continentes sean igual de antiguos, ya que el material de la corteza se ha reciclado numerosas veces. Los granitos se remontan a más de 3.000 millones de años, lo que nos dice que la formación principal de los continentes ya era muy activa en aquella época y que se había iniciado en tiempos de las rocas de Isua, hace poco más de 3.800 millones de años.

Este ciclo geológico de subducción y actividad volcánica no sólo proporciona un mecanismo para formar continentes que se eleven de los océanos, sino que devuelve el dióxido de carbono y el agua a la atmósfera. Al proporcionar un mecanismo de retorno del dióxido de carbono a su lugar de origen, se completa su ciclo. Ya tenemos un mecanismo de retroalimentación. Sorprendentemente, nos asegura que los océanos líquidos sigan existiendo sobre el planeta, mientras la cantidad de dióxido de carbono en la atmósfera se reduce a una mínima parte de la que contienen otros planetas terrestres.

El crecimiento de los sedimentos de carbono en la corteza oceánica tardó centenares de millones de años pero una vez organizado el mecanismo que devolvía una parte a la atmósfera, se hizo posible el equilibrio. La actividad volcánica devuelve carbono a la atmósfera al mismo ritmo que desaparece de ella, lo que proporciona el bucle de retroalimentación definitivo. La reserva de carbono en la corteza y en el manto ha adquirido tal magnitud a lo largo del tiempo que, por ejemplo, la actividad volcánica existente en la Tierra podría reponer en menos de 400.000 años todo el dióxido de carbono que se puede observar en la atmósfera. Una vez que se crea el bucle y se impone la tectónica de placas, el tiempo medio para que un átomo carbonatado en sedimentos recorra todo el ciclo antes de volver a ser dióxido de carbono y agua que salen a la atmósfera es unos 150 millones de años.

Nuestro átomo de oxígeno participó en la primerísima lluvia ácida de la historia de la Tierra como parte de una molécula de ácido carbónico, menos de 500 años después de que se formara nuestro planeta y antes de que hubiera empezado a formarse de manera significativa la corteza continental. Permaneció encerrado en carbonatos cálcicos en el lecho oceánico durante unos 100 millones de años más, enterrado bajo grandes masas de caliza conforme la corteza empezaba a engrosar y a endurecerse, dando así paso a los movimientos tectónicos posteriores y a la creación de las cortezas continentales. La Tierra tenía ya 600 millones de años y se enfriaba lentamente, pues había remitido mucho el bombardeo periódico de meteoritos y cometas. La corteza todavía no se había engrosado hasta el punto de constituirse la tectónica de placas, pero sí de una forma localizada sí en el punto donde estaba situado nuestro átomo. El manto estaba muy caliente y la convección lo removía todo. Parte de la corteza engrosada cayó de alguna manera hacia la zona caliente y las corrientes de convección que se generaban por debajo, y nuestro átomo fue arrastrado hacia abajo a medida que la roca en que estaba atrapado era subducida hacia el manto y calentada por la gran presión existente.

Aquí, a escala microcósmica, empezó a darse el primer ciclo del carbono. En el lugar de formación de uno de los primeros microcontinentes, sin duda poco más que una islita en medio del caliente océano del globo, hace unos 3.900 millones de años, nuestro átomo de oxígeno fue liberado en una enorme explosión flatulenta. El calor y la presión expulsaron el gas de la roca carbónica y la presión terminó por ser tan alta como para conducir al gas y las rocas hacia arriba y formar un volcán, creando tierra nueva y lanzando nuestro átomo, que ahora formaba parte de una molécula de dióxido de carbono, a la atmósfera.

Gracias a este ciclo terrestre que fue creciendo a lo largo de los siguientes miles de millones de años, mientras las cortezas continentales y las placas planetarias aparecían de una manera activa, nuestro átomo de oxígeno se reciclaba indefinidamente entre dióxido de carbono, agua y rocas carbónicas. Este ciclo de 150 millones de años de sedimentación, subducción y liberación volcánica podría describir por completo el ciclo vital terrestre de nuestro átomo de oxígeno durante miles de millones de años, de no ser porque iban a producirse nuevos procesos.

En primer lugar, había otro ciclo, más corto, en el que nuestro átomo de oxígeno participó después de que se impusiera la tectónica en el planeta. Cuando átomos como el nuestro salen a la superficie en determinado lugar incorporándose al océano, justamente en las zonas del fondo marino donde se generan las cordilleras oceánicas, el material del manto profundo es reciclado hacia arriba, apartando y derritiendo en algunos sitios la corteza, creando material nuevo como parte del juego de la tectónica de placas a escala planetaria. Viniendo, como viene, del manto, privado de sustancias volátiles, este material no explota con exuberancia gaseosa sino que salpica más bien de manera algo más controlada a partir de las corrientes oceánicas internas. Al mismo tiempo, el agua se recicla por las corrientes, percolando por lugares próximos y sobrecalentándose hasta temperaturas que superan los 400 grados, irrumpiendo en el océano con abundancia de minerales en solución. Cuando esta agua caliente se enfría en contacto con los océanos, los minerales se sedimentan en varias combinaciones químicas. Toda el agua de todos los océanos del mundo circula en semejantes respiraderos cada 10 millones de años. Estos respiraderos hidrotermales son por tanto ricas fuentes de agua caliente y soluciones minerales en las que se produce una química interesantísima, como la creación de materiales orgánicos complejos. En los primeros tiempos, cuando la corteza era más fina, el material del manto subía por muchos más puntos, porque los primeros océanos estuvieron repletos de respiraderos hidrotermales. En esa época, el reciclaje del agua oceánica tuvo que ser incluso más rápido.

Así nuestro átomo de oxígeno llevó una vida plena, aunque predecible, alternando entre ciclos de 10 millones de años en los océanos y 150 millones entre la atmósfera, los océanos, la corteza y el manto. Observemos que en ningún momento estuvo en la forma molecular del oxígeno gaseoso, O_2, de la que hemos llegado a depender para vivir. Eso quedaba para el futuro. Pero recordemos que, cada vez que respiramos, el oxígeno que llena nuestros pulmones ha sido parte de la Tierra, del mar y del cielo, que fue escupido por un volcán y que llovió sobre una Tierra llena de vapor miles de millones de años antes y que pudo haber estado encerrado bajo tierra durante períodos mucho más largos que la existencia del actual lecho oceánico.

Pero al tiempo que nuestro átomo de oxígeno salía de repente de su prisión rocosa subterránea, el milagro de la química comenzó a funcionar para asegurar un futuro todavía más rico de lo que indica el panorama anterior. Incluso cuando se estaban depositando los sedimentos de Isua, el mundo empezó a cambiar de manera mucho más profunda de lo que pudieron modificarlo los cometas energéticos y las fuerzas geológicas. Pronto surgieron en el planeta nuevas fábricas químicas que terminaron de alterar por completo su paisaje y su atmósfera. Reciclarán a nuestro átomo un millón de veces más deprisa y un millón de veces más a menudo de lo que habría sido posible de otro modo. Estas fábricas funcionarán durante casi toda la existencia de nuestro átomo en este planeta.

13
El peligroso juego de la energía

Es una tontería pensar en el origen de la vida; igualmente podríamos pensar en el origen de la materia.
Charles Darwin, carta
a Joseph Hooker, 1863

Desde mi niñez me ha obsesionado la historia de Antoine-Laurent Lavoisier. Lavoisier fue un científico francés de finales del siglo XVIII —considerado por muchos como el padre de la química moderna— que tuvo la desgracia de nacer rico y bien relacionado. Por supuesto, de no haber sido rico no habría podido permitirse el lujo de dedicarse a su gran amor, la ciencia. Siguió la tradición familiar de estudiar Derecho y ocupó una serie de puestos oficiales a lo largo de su vida. Como fue miembro de una asociación que ayudó a recaudar impuestos durante la Revolución, fue detenido y guillotinado en 1794 por ese delito capital a la edad de 50 años.

La auténtica tragedia de la muerte de Lavoisier, como de tantas muertes prematuras, es que no sabemos qué habría sido capaz de hacer. Durante su vida revolucionó el campo de la química, inventando métodos analíticos e identificando elementos. Cuando fue detenido y juzgado, se hallaba realizando varios experimentos importantes, o así lo declaró ante el juez al aceptar su sentencia de muerte, y solicitó que se retrasara hasta haber terminado su trabajo. Se dice que el juez, en una declaración que debería recordarse para que no se vuelva a repetir, dijo: “La nueva República no tendrá necesidad ni de ciencia ni de científicos. Que le corten la cabeza”.

Hay ocasiones (como cuando el equipo directivo de una escuela pública de Kansas en 1999 retiró la evolución del currículo de ciencias) en que me acuerdo de Lavoisier y me estremezco ante el daño que puede hacerse al combinar ignorancia y poder. Ni siquiera el moderno y magnífico edificio llamado ciencia, construido durante más de un milenio a base de pequeñas aportaciones en dirección a la verdad, se halla a salvo de las vicisitudes del mundo político. Si, como reivindicaba Carl Sagan, la ciencia es una "vela en la oscuridad" que erradica los demonios que poblaban las eras oscuras de la humanidad, lo más que puede decirse es que arde débilmente. Una generación de ignorancia, apoyada en el mito y el misticismo, es todo lo que hace falta para borrarla del mapa.

Precisamente la comprensión de cómo arde una vela fue tal vez la contribución más importante de Lavoisier al desarrollo de la ciencia moderna. Descubrió que el proceso de combustión no suponía la liberación de una sustancia mítica y espiritual llamada *flogisto* sino que el gas "vital" relacionado con la combustión era un elemento al que llamó *oxígeno*, del griego "generador de ácido", porque pensaba que los productos de la combustión eran siempre de carácter ácido.

Pero Lavoisier hizo más. Demostró que los humanos y las cobayas no son básicamente sino velas que arden despacio. También demostró que el acto de la respiración no está diseñado para enfriar al cuerpo sino para calentarlo y que el calor proviene del oxígeno. En un conjunto de experimentos cuidadosamente controlados, Lavoisier, junto al matemático Pierre Laplace, demostró que el calor generado cuando una cobaya absorbe oxígeno y produce dióxido de carbono es el mismo que el generado por la combustión del carbón. Tal como lo dijo Lavoisier en 1783, "la respiración es una combustión, desde luego muy lenta, pero por lo demás idéntica a la del carbón". Más aún, tras una década de experimentos sobre humanos que confirmaron la generación de calor a partir del oxígeno, Lavoisier terminó por asegurar que "la vida es una función química".

En cualquier caso, como solía decir mi padre, la vida es dura. Hay pruebas de que toda la vida existente a lo largo de los 4.500 millones de años de historia del planeta se deriva de un único origen. Todas las criaturas vivas utilizan exactamente las mismas moléculas para almacenar y transportar energía y, finalmente, para reproducirse. Nosotros los humanos surgimos de la misma chispa vital que produjo a las bacterias y los repollos.

Desde luego, como resultado de una licencia poética, nuestro átomo ya se vio en una ocasión en un mundo similar al nuestro. Estaba a la distancia justa de una estrella de tamaño justo y fue creado lo bastante después del Big Bang como para que elementos como el carbono y el hierro se hubieran producido en las estrellas. Sin embargo, en esa ocasión no hubo vida. ¿Habría evolucionado la vida en ese planeta, hace tanto tiempo muerto, de no haber intervenido la galaxia? Nunca lo sabremos. Después de todo, con innumerables dificultades, al cabo de los 100 millones de años después de que las leyes de la física permitieran que la vida se formara sobre la Tierra, después de que nuestro planeta se enfriara y después de que disminuyera el bombardeo meteorítico, las criaturas que podían reproducirse empezaron a cambiar nuestro mundo. Además, esas criaturas estaban compuestas por los cuatro elementos más abundantes del universo: el hidrógeno, el carbono, el nitrógeno y, por supuesto, el oxígeno.

Si la vida que estudió Lavoisier es una función química, su primer motor es el oxígeno. No obstante, y quizás paradójicamente, el oxígeno, el oxígeno libre, representó una enorme amenaza, mayor que ninguna otra, para la evolución inicial de la vida sobre nuestro planeta. Si nuestro átomo de oxígeno y sus parientes en la Tierra primitiva hubieran tenido una existencia libre y sin restricciones, la vida en este planeta no habría llegado, seguramente, a desarrollarse.

Veamos. El oxígeno es peligroso, igual que jugar con fuego. Arde. Una vez que se ha producido la combustión, como sabe cualquiera que haya contemplado una chimenea después de que las brasas de un fuego agonizante se han consumido, no queda ya mucho que hacer. Si los materiales orgánicos se hubieran combinado indiscriminadamente con el oxígeno en los comienzos, habrían ardido y nunca habrían sido capaces de construir las estructuras necesarias para crear los primeros gérmenes de la vida reproductiva.

Sin embargo, el oxígeno gaseoso es perfectamente adecuado para proporcionar energía a la vida, incluso a las formas más simples. Aunque la energía podría haberse obtenido en otra parte, nada quema como el oxígeno. Además, hay tres pequeñas maravillas de la química que son las que hacen de la molécula de oxígeno, el di-oxígeno, O_2, especialmente apropiada para ser la fuente de energía de la vida: 1) puede liberar grandes cantidades de energía al unirse a otros átomos; 2) hace falta mucha energía para que se inicie ese proceso de combinación; y 3) los productos de esa combinación, dióxido de carbono y agua, no son en sí excesivamente reactivos. Sin la primera propiedad, la vida compleja no podría satisfacer sus necesidades. Sin la segunda, toda la materia orgánica se quemaría antes de poder llegar a vivir. Y sin la tercera, la vida no sobreviviría al proceso de respiración.

Pero nuestro átomo de oxígeno no conoció tal vez la respiración hasta unos 2.000 millones de años después de su llegada a la Tierra. Al contrario, como hemos visto, la atmósfera del planeta estuvo inicialmente dominada por el dióxido de carbono. Hoy en día ese gas, producido en abundancia por los volcanes, puede ser letal. En 1986 envenenó a todo un pueblo de Camerún al brotar de un lago que se había formado en un antiguo cráter volcánico.

De algún modo, la atmósfera de la Tierra pasó de estar dominada por el dióxido de carbono, seguido del nitrógeno, a estarlo por el nitrógeno y el oxígeno, como ocurre actualmente. Hemos visto cómo los procesos geológicos naturales pueden retirar de la circulación el dióxido de carbono de la atmósfera, y eso es lo que sucedió. Pero el oxígeno gaseoso no es producto de la química inorgánica. Sólo la vida pudo preparar la Tierra para nuestra existencia.

Después de llover sobre la Tierra en forma de molécula de agua, nuestro átomo de oxígeno se convirtió en parte de una roca carbónica enterrada durante más de 100 millones de años antes de verse libre una vez más en la atmósfera en forma de dióxido de carbono. Pero todavía estaba a tiempo de participar en un acontecimiento maravilloso. Cuando las vaporosas lluvias ácidas del nuevo planeta en formación empezaron a caer hace 4.000 millones de años, ya habían empezado a producirse otros procesos que pondrían los cimientos de la química maravillosa que llamamos vida.

Toda la vida contiene los mismos ingredientes orgánicos básicos. En un principio se pensó que quizás se crearon en la atmósfera, mediante la acción de los rayos y de la radiación solar sobre materiales como el metano y el amoniaco, que se creían predominantes en la atmósfera de la Tierra primitiva. Una famosa batería de experimentos realizados en la década de 1950 demostró que las descargas eléctricas en recipientes cerrados que contenían amoniaco y metano producían efectivamente los complejos orgánicos básicos de la vida, entre ellos los aminoácidos, que son comunes a todas las formas de la vida.

Pero hay un problema en esta hipótesis. Una atmósfera de metano y amoniaco habría sido inestable bajo una intensa radiación ultravioleta llegada del Sol. En todo caso, como ya señalé anteriormente, cualquier atmósfera primitiva tuvo que durar probablemente poco, siendo rápidamente reemplazada por otra dominada por los gases dióxido de carbono y nitrógeno.

Como hemos visto, nuestro átomo, junto con una fracción significativa del dióxido de carbono de la Tierra, llegó viajando en cometas durante las últimas etapas de formación de la Tierra. Como sabemos ahora que la materia orgánica compleja se sintetiza en los cometas y meteoritos, ¿acaso pudieron esos mismos cometas que esterilizaron la Tierra durante 300 millones de años de bombardeos, tal vez incluso destruyendo al mismo tiempo la vida naciente, haber enviado también los mismísimos componentes de los que luego se formaría la vida? En esta forma moderna de la teoría de la panspermia mencionada anteriormente, quizás la vida misma no viajó por el espacio a bordo de cometas para después colonizar la Tierra, sino que ésa fue la manera como nos llegó la materia prima que más tarde hizo posible la vida.

A primera vista parece imposible. El impacto de un gran cometa o meteorito sobre el planeta es inmenso y genera el suficiente calor como para destruir cualquier material complejo que transporte y que haya sobrevivido a su viaje interplanetario o interestelar. Y conforme aumentó la atmósfera de la Tierra, el calor producido por la fricción sobre estos objetos extraterrestres que viajan a velocidades superiores a los 40.000 kilómetros por hora, convertiría los cometas en bolas de fuego incluso antes de que tocaran el suelo.

Pero no toda la materia cometaria cae a la Tierra dentro del cometa. La inmensa cola de éste, visible por la noche cuando los cometas entran en el sistema solar interior, que ha inspirado a poetas y a generaciones de astrónomos, representa la emisión de gas de la materia calentada por los rayos del sol. Las motitas de materia del cometa pueden ser frenadas por la atmósfera exterior y descender flotando a la Tierra suavemente. De hecho, gracias a los aviones U2 de la NASA, se ha recogido polvo cometario en su caída a través de la estratosfera superior y está repleto de materia orgánica. El fallecido Carl Sagan y su colaborador Chris Chyba utilizaron muy buenos argumentos para sostener que las bases orgánicas de la vida nos llegaron desde el espacio de ese modo. Más aún, recalcaron que si esta materia llegó a la Tierra, también debió llegar a todo el sistema solar, quizás para que la vida surgiera en todas partes.

Una prueba importante que sustenta esta hipótesis proviene del meteorito Murchison, descubierto en Australia en 1969. Este meteorito estaba repleto de aminoácidos, la base de las proteínas. Como ya he descrito anteriormente, los aminoácidos son moléculas complejas que pueden tener una "orientación". Al igual que las personas, pueden no ser idénticos a sus imágenes especulares. Lo peculiar de la vida en la Tierra es que sólo utiliza los aminoácidos L en la síntesis de las proteínas biológicas. Sin embargo, la materia orgánica que se crea en laboratorio normalmente contiene un número igual de moléculas L y D. Aunque el meteorito de Murchison contenía aminoácidos tanto L como D, se descubrió que existía un sobrante de moléculas L, y la probabilidad de que esta asimetría se produjera por contaminación terrestre, aun sin ser descartable por completo, no es muy alta. ¿Pudieron estas semillas orgánicas extraterrestres, a bordo de cometas como los que trajeron nuestro átomo de oxígeno a la Tierra, haber causado la preferencia fortuita de la vida terrestre por las moléculas L?

Por supuesto que, incluso si los cometas aportaron materia orgánica en gran cantidad, el primitivo planeta Tierra con sus cálidos océanos y su rica geología tenía otras muchas oportunidades de crear la necesaria materia prima para la vida a partir de la nada. La idea de que la vida se originó en los océanos tiene también una larga historia. Después de todo, vivimos en un planeta dominado por los océanos y el agua nutre la vida. Es un disolvente universal y puede transportar disueltos minerales y sustancias volátiles como el carbono y el oxígeno. Lo único que se necesita es un aporte de energía para iniciar la cocción. Los océanos primitivos estaban calientes y las inmensas mareas arrojaban agua a zonas estancadas donde la materia prima de la vida pudo estar expuesta a la radiación que desencadenó reacciones químicas con las que fabricar una multitud de materiales. Pero las más prometedoras localizaciones de estas fábricas orgánicas primitivas que tal vez crearon a nuestros antecesores ni siquiera se conocían hace unos 20 años. Sólo entonces el sumergible Alvin, al explorar a 2,5 kilómetros bajo la superficie del Océano Pacífico, se topó accidentalmente con lo que, dependiendo del punto de vista, podía denominarse o una chimenea del infierno o el jardín del Edén.

Las "chimeneas negras" como la descubierta por el Alvin vomitan humos sulfurosos oscuros ricos en minerales enterrados y llevan agua que se ha calentado en la corteza a temperaturas de hasta 1.000 grados centígrados. Son respiraderos hidrotermales que se encuentran cerca de las cordilleras situadas en mitad del océano, donde la materia procedente del manto profundo fluye hasta la superficie creando nueva corteza que separa los continentes en algunos lugares y en otros los junta. Nuestro átomo de oxígeno, atrapado en la roca carbónica bajo el océano, se vio libre finalmente gracias al movimiento de las cortezas primitivas generado por esos flujos. En esa época, cuando el manto empujaba la materia hacia las finas cortezas, debió existir gran abundancia de respiraderos hidrotermales.

Poco después del hallazgo de estas chimenenas negras se descubrieron nuevas especies de animales que prosperaban a su alrededor, desde decenas de bacterias hasta grandes animales tubícolas que se alimentaban de ellas. Algunas bacterias se atracan de azufre, y para otras el oxígeno es un veneno. En este mundo oscuro de medianoche podemos encontrar lo que queda de nuestros ancestros más antiguos.

En sentido cósmico, la historia de la vida, que enriquecerá las existencias de nuestro átomo un millón de veces, sigue muy de cerca toda la historia previa del mismo. Si el universo se hubiera mantenido en equilibrio en todas partes, durante toda su existencia, no habría ocurrido nada de interés. En cambio, de la formación de los protones a la de las estrellas hemos sido testigos una y otra vez de una desviación localizada del equilibrio, seguida de una vuelta al redil. Todo lo que nos resulta de interés en el universo proviene de esas desviaciones momentáneas. Los protones sólo existen debido a la desviación del equilibrio que permitió a la materia evitar la aniquilación con la antimateria. Después de eso, la gravedad se convirtió en la máquina de la mayor parte de la actividad reinante. Crecieron las pequeñas fluctuaciones de densidad, lo que generó cúmulos concretos de energía. La energía gravitatoria de la materia que se comprimía se convirtió en energía calorífica, la cual nutrió a las estrellas manteniéndolas en equilibrio a pequeña escala mientras, en cambio, perdían la batalla frente a la inevitable compresión que devolverá esa energía al universo. Como resultado de esa acumulación de energía se crearon los elementos que hacen posible la vida. Las desviaciones del equilibrio en las nubes moleculares protegieron a elementos tales como el carbono, el oxígeno y el hidrógeno de la radiación —que les habría impedido combinarse para formar moléculas complejas— en la superficie de las motas. Finalmente, la vida existe sólo en tanto es capaz de perpetuar las desviaciones frente a la dispersión de la energía y al desorden que rige el universo en su conjunto. Darwin tenía razón: desde la perspectiva física que subyace a todo, el origen de la vida y el de la materia son muy similares. La pregunta interesante, a la que volveremos, es si su fin también es el mismo. Sin embargo, de momento, lo que nos interesa es el principio.

La vida sólo puede existir si puede obtener energía de su entorno, más energía de la que devuelve. La vida representa orden en un universo diseñado para el desorden. Y por mucho que podamos debatir dónde surgieron por primera vez los ingredientes de la vida, éstos por sí solos no producen vida al igual que los componentes de un coche, por sí solos, no forman un coche. La chispa de la vida y el combustible que la mantiene animan lo inanimado.

Si la energía es el motor que impulsa la vida, la fuente de esta energía es el electrón. La vida consiste en su nivel más básico en un mecanismo autorreplicante que transfiere electrones, que divide y combina moléculas con el fin de producir energía utilizable. Los electrones de las moléculas ricas en energía son despojados y pasan por los sistemas biológicos hasta que ya no tienen nada más que dar. Se sueltan al entorno y se encuentran nuevos electrones. Todos los organismos vivos obedecen esta simple regla. Pueden diferir en cuanto al lugar donde obtienen la energía, en cómo la usan y en cómo eliminan los electrones residuales, pero en una visión de conjunto esas diferencias son de menor importancia. Y como el don de manipular los electrones ricos en energía va contra el proceso normal de los sistemas físicos, más dispuestos a ceder energía que a atesorarla, en la Tierra sólo tenemos prueba de que este truco se aprendió una vez. Por lo que sabemos, todo bicho viviente sobre la Tierra durante los últimos 3.500 millones de años ha hecho suyo el mismo mecanismo de acumulación y transporte de energía, obtenida del entorno de diferentes modos. Una vez descubierto el mecanismo, es notablemente resistente. Hasta donde llega nuestro conocimiento, la vida existe en cualquier parte de la Tierra donde se dé una reacción química que pueda proporcionar una fuente de electrones energéticos como combustible.

Al parecer, el mecanismo fue descubierto durante el período de 100 millones de años más o menos en que se fueron depositando los sedimentos de Isua y formando los continentes, aproximadamente en la época en la que nuestro átomo fue liberado de su largo viaje subterráneo cuando la tectónica de placas empezó a predominar en la dinámica de la corteza. En esa época los microcontinentes, como aquel del que emergió nuestro átomo, asomaban la cabeza esporádicamente por encima del agua. Estas islas volcánicas estaban rodeadas sin duda de manantiales calientes y zonas estancadas causadas por las mareas. Quizás fue allí donde se creó la vida por primera vez, o quizás bajo el agua a gran profundidad, cerca de las entrañas de la Tierra.

A este misterio regresaremos pronto. Fijémonos ahora, en cambio, en la prueba de que la vida apareció con fuerza aún antes, al tiempo en que nuestro átomo de oxígeno quedaba liberado de su encarcelamiento. Se trata de un descubrimiento reciente e importantísimo porque puede tener profundas implicaciones para el posible origen de la vida en otras partes del universo. La vida parece un accidente extraordinario, pero si fuera un accidente susceptible de producirse menos de cada 100 millones de años, dadas las condiciones adecuadas, el número de posibles lugares de formación de vida en todo el universo y quizás incluso dentro del propio sistema solar se amplía enormemente.

Durante largo tiempo se pensó que la historia de la vida en la Tierra estaba restringida a más o menos los últimos 500 millones de años, a partir de lo que se ha llamado *período Cámbrico*. La razón era sencilla: las conchas y los esqueletos fósiles se remontaban a esa época, pero no más atrás. Sin embargo, como le gustaba decir a Carl Sagan, ¡la ausencia de pruebas no es necesariamente prueba de ausencia!

Desde luego, no había tal ausencia. Según suele ocurrir en la ciencia, como la visión predominante era que no hubo vida antes del período Cámbrico no se hicieron grandes esfuerzos por descubrirla. Aun cuando los primeros fósiles del Precámbrico se describieron en 1899, sólo se reconoció que *eran* realmente del Precámbrico hace unos 50 años, después de varios descubrimientos que se sucedieron rápidamente por todo el planeta. En 1952 se descubrieron microfósiles en Gunflint Chert, en torno al Lago Superior. Un escolar inglés que daba un paseo descubrió algunos fósiles de animales precámbricos en un bosque de Leicestershire en 1957 y se identificaron algunos más en las montañas Flinders de Australia meridional en la década de 1960. Después, numerosos ejemplares llegaron desde Rusia y lo mismo ocurrió con el famoso yacimiento de Burgess Shale en la Columbia Británica. Al volver la vista atrás no es sorprendente que estos animales prehistóricos no se hubieran detectado anteriormente. Eran de cuerpo blando y por esta razón no legaron al futuro ni conchas ni esqueletos.

Pero la marcha de la vida no comenzó ahí. Así como justo antes del Cámbrico aparecieron los animales multicelulares, ya se había datado material unicelular del tipo de las algas hace por lo menos 1.500 millones de años. Una forma primitiva de materia orgánica aparentemente multicelular descubierta en China data de hace casi 2.000 millones de años.

Dos mil millones de años puede parecer una notable extensión sin interrupciones para la vida, pero apenas es un comienzo. Cuanto más atrás nos permitan explorar nuestras técnicas, tanto más atrás encontraremos vida. Hoy día, gracias a pruebas tanto directas como indirectas, sabemos que los oscuros orígenes podrían encontrarse en las mismísimas rocas más antiguas, de casi 4.000 millones de años.

Desde luego, las rocas de Isua pueden haber contenido el germen de nuestra existencia. Estos sedimentos albergan polímeros de carbono que pudieron crearse en una química prebiológica. En la naturaleza existen dos isótopos del carbono: el carbono 12, el isótopo dominante, y su versión algo más pesada, el carbono 13. Los sistemas vivos parecen tener una ligera preferencia por utilizar el carbono 12. El carbono de las rocas de Isua tiene una historia complicada, ya que ha estado sometido a presiones de hasta 5.000 veces la presión atmosférica y a temperaturas de unos 550 grados. Estas condiciones producen ciertas transformaciones que mezclan el carbono de las rocas con material de otras procedencias. Sin embargo, las rocas de Isua muestran una carencia de carbono 13 que algunos investigadores han interpretado como prueba de que los polímeros los crearon organismos vivos. Sin embargo, resulta que también hay una predominancia significativa del carbono 12 sobre el carbono 13 en los meteoritos condríticos carbonosos que bombardearon la Tierra con gran frecuencia hasta esa época. Por tanto, no se puede descartar la posibilidad de que la asimetría observada pueda ser un residuo del bombardeo extraterrestre.

En el material sedimentario de menos de 3.500 millones de años —a saber, el material que no ha sufrido grandes transformaciones en el interior de la Tierra— se hace mucho más evidente el hecho de que la vida orgánica ya había empezado a prosperar. Aquí no hay mezcla de materiales y la disminución del carbono 13 es justamente la que se observa en los sistemas orgánicos, es decir, vivos.

Hay una débil prueba de que la vida pudo haber surgido antes, cuando los microcontinentes surgieron por vez primera, y nos llega también de las rocas de Isua. En estas rocas primitivas pueden encontrarse fosfatos. El fósforo es una sustancia extremadamente reactiva y tóxica, pero queda suavizada cuando se enlaza con cuatro átomos de oxígeno, y bajo esta forma se fabrica en todas las células vivas actualmente. Hay quien ha argumentado que la presencia de compuestos fosfóricos en las rocas de Isua parece indicar que la vida ya existía en aquella época. Sin embargo, debo señalar que, aunque los fosfatos los manufacturan las células vivas, no se producen *sólo* en ellas. Los fosfatos, por ejemplo, se dan en la Luna y nadie afirma que esto sea una prueba indirecta de vida lunar.

Lo que hace que merezca la pena fijarse en los fosfatos es que la vida tal como la conocemos y los fosfatos están íntimamente ligados. Los sistemas vivos tienen muchas formas diferentes de tomar energía del entorno, pero sólo han desarrollado una única manera de manipular esa energía para crear materia orgánica. Todo sistema vivo descubierto hasta ahora, desde la más humilde bacteria hasta Albert Einstein, tanto toma su energía del Sol como de la materia orgánica o de los gases sulfurosos que vomita la Tierra, se apoya para sobrevivir en una sustancia llamada *adenosin trifosfato* (ATP). Este material tiene tres grupos fosfato distintos en una cadena conectada a un anillo de carbono. Los enlaces que conectan los dos grupos fosfato exteriores de la cadena son *enlaces de alta energía*. La ruptura de un grupo fosfato puede liberar, por tanto, una tremenda energía. La ruptura del fosfato exterior da *adenosin difosfato* (ADP) y la ruptura del segundo produce, como sin duda ya habrá adivinado el lector, *adenosin monofosfato* (AMP). La obtención de energía procedente de tales transformaciones puede utilizarse para construir un animal capaz de vivir y reproducirse y, repito, es la *única* manera como los sistemas vivos de la Tierra han redistribuido la energía a los lugares donde se necesitaba durante 4.000 millones de años. La presencia de fosfatos entre los sedimentos de Isua no es, bajo ningún aspecto, una prueba definitiva de que la vida existiera allí y entonces, pero da qué pensar.

Lo cual nos lleva a la inevitable cuestión del huevo y la gallina. Es razonable esperar que el ATP existiera en el entorno antes de que se desarrollara vida que la sintetizara. Los experimentos han demostrado que el ATP puede crearse de manera natural, ya que es posible obtener compuestos orgánicos complejos a partir de los compuestos de los cometas y los meteoritos, y que también debió existir en la atmósfera, los océanos y las rocas prebióticas de la Tierra. Por tanto es probable que las primeras formas de vida utilizaran ATP mediante una simple y fácil recolección en sus alrededores. Por supuesto que eso no podía continuar eternamente así y aquellas formas de vida que pudieron sintetizar ATP en su cuerpo utilizando como combustible otras formas de energía externas terminaron por obtener una ventaja.

De modo que los fosfatos de los sedimentos de Isua pueden haber sido creados biológicamente o haber sido el pasto de la vida que aún estaba por formarse. Sea como sea, estamos ya cerca de ese momento mágico. Y buscando la prueba definitiva de la vida primitiva, los restos fósiles de esas formas de vida primitiva, podemos obtener una clave de dónde ocurrió.

En las películas de ciencia-ficción, siempre que los exploradores descubren algún raro limo primitivo, a menudo amenazador, que data de la noche de los tiempos, lo hacen en una zona remota y salvaje. ¿Por qué un lugar así nos parece más natural que el centro de Milwaukee, por ejemplo? Si se piensa un momento, se obtiene la respuesta. La vida es siempre un acto de reinvención. Y aunque tal vez no sea muy profundo decirlo, resulta que los lugares acogedores son acogedores. Implican que la vida es fácil. La vida fácil atrae a nuevos moradores y los nuevos moradores desplazan inevitablemente a los habitantes originales.

De manera que, si queremos dar marcha atrás al reloj y buscar tierras olvidadas por el tiempo, este razonamiento nos sugiere que vayamos adonde nadie se aventura, salvo los exploradores decididos. Sólo entonces podemos esperar encontrar duros supervivientes de la antigüedad. Quizás porque la vida, y sobre todo la vida compleja, invariablemente altera su entorno, un razonamiento similar da a entender que otros restos del pasado pueden tener también su santuario en lugares remotos. O tal vez sea sencillamente porque, como buena parte de la Tierra sigue estando poco poblada, las rocas y los fósiles más antiguos conocidos por los humanos se han descubierto fuera de los caminos más trillados.

Si se rodara en Hollywood una película en que se descubriera vida prehistórica prosperando todavía en un remoto lugar, el continente australiano no sería una mala opción, ya que se separó de los demás continentes hace 200 millones de años. El interior de Australia alberga algunos de los lugares más inhóspitos imaginables. Investigadores que han trabajado allí me han contado que, aunque no todo lo que se mueve es venenoso, no está de más tomar semejante precaución. Y la vegetación no es mucho más amable. El paleontólogo Richard Fortey ha escrito elocuentemente sobre lugares donde "todos los arbustos tienen espinas; y los que no, aguijones".

Así nos econtramos con que Australia alberga no sólo fósiles que se cuentan entre los más antiguos conocidos en la Tierra, sino también sus descendientes actuales, en general poco modificados. En los restos fósiles no se distinguen en el momento las formas individuales de los animales que murieron para producirlos, sino que parecen más bien almohadas grandes, verdosas, corrientes, hechas de masa pastelera.

En Australia occidental, a unos 650 kilómetros al norte de Perth, en las charcas salobres que deja la marea en Shark Bay, se encuentran unos grupos de objetos *vivos* llamados *estromatolitos*. Literalmente, son colonias de vida microbiana, con diferentes caminos metabólicos, que viven en armonía. Hacer cortes en las capas de estos objetos es como leer un libro de historia de la vida. Las criaturas de la parte de arriba, llamadas *cianobacterias* (algas verdiazules) viven de la energía del Sol y del dióxido de carbono y es obvio que pueden sobrevivir en presencia del oxígeno de nuestra atmósfera e incluso, en cierto modo, utilizarlo. Estos microorganismos, que miden poco más de dos milésimas de milímetro, contienen la molécula de la *clorofila*, que les permite absorber la luz y utilizar la energía para dividir el dióxido de carbono en carbono, para su propia nutrición orgánica, y oxígeno, que se libera a la atmósfera como gas de desecho.

Por debajo de esa capa prosperan otras bacterias. Justo bajo la capa más alta se encuentran bacterias que pueden existir en presencia de oxígeno pero que funcionan a la perfección sin él, produciendo energía por fermentación de los productos de desecho procedentes de las bacterias que tienen por encima. Bajo esta capa hay bacterias que son completamente *anaerobias*, que no pueden tolerar en absoluto la presencia de oxígeno. Estas bacterias prosperan en los productos de desecho de la capa que tienen sobre ellas y se nutren también de los minerales que se hallan en las motas de sedimento que atrapan las bacterias de la capa más alta, que quedan allí muertas a medida que crece la estructura del estromatolito. De este modo, las bacterias inferiores se alimentan constantemente de los cadáveres de sus vecinos del piso de arriba.

Hace más de 100 años el paleontólogo James Hall descubrió lo que hoy se conoce como estromatolitos fósiles, patrones estratificados de formaciones rocosas que contenían lo que en apariencia eran fósiles microscópicos. Durante casi un siglo se mantuvo el debate sobre si eran verdaderamente orgánicos, pero en esas capas acabó por descubrirse finalmente algo que eran sin duda fósiles microscópicos, casi idénticos en su forma a las modernas cianobacterias. Vistas al microscopio parecen boñigas en miniatura, inferiores a cinco diezmilésimas de milímetro de longitud. Se han conservado en la pasta de sílice que llenaba la estructura interna de los ancestros prehistóricos de los modernos estromatolitos.

Ahí tenemos objetos que han vivido casi inalterados durante buena parte de la historia de la Tierra. Los fósiles más antiguos conocidos se encuentran —¿cómo no?— en Australia occidental, en las llamadas rocas de Pilbara, cerca de la localidad de tan agradable nombre de Warrawoona. Pero también se encuentran vestigios igual de antiguos en las rocas de Fig Tree, en Sudáfrica, fechadas en 3.500 millones de años.

El debate, tan intenso en un principio, sobre la naturaleza orgánica de los fósiles de estromatolitos no era erróneo. Algunas personas pueden considerar que los científicos son demasiado conservadores y que rechazan automáticamente las pruebas de posibilidades nuevas y emocionantes. Pero es importante darse cuenta de que la mayoría de las posibilidades nuevas y emocionantes son erróneas. Recientemente se ha avivado una versión moderna del debate sobre los estromatolitos en torno a la posibilidad de que una roca de 4.500 millones de años, y no de la Tierra sino de Marte, contuviera fósiles más pequeños pero similares a los que se encontraron por primera vez en los estromatolitos. En esta roca se han observado formaciones diminutas en forma de boñigas y en ella se han registrado algunos materiales que a veces se asocian con la presencia de vida.

Por emocionante que sea, ya que representaría la primera observación de vida extraterrestre de cualquier tipo, incluso aunque lleve mucho tiempo muerta, se hace aconsejable cierta cautela. La prueba de fósiles en este meteorito descubierto en la Antártida, y conocido con el romántico nombre de ALH84001, es mucho más endeble que la de los estromatolitos de Hall. En concreto, los análisis recientes parecen indicar que las formaciones orgánicas se crearon a temperaturas excesivamente altas para permitir la vida. Teniendo en cuenta que hicieron falta muchas muestras independientes obtenidas a lo largo de un siglo para dar por zanjado el debate sobre la vida de los estromatolitos fósiles en la Tierra prehistórica, se puede apostar que harán falta muchas muestras y más pruebas decisivas antes de que la mayoría de los científicos se convenza de que en Marte existió vida, aunque fuera microbiana. Así debe ser.

Volviendo a la Tierra, otra polémica se cierne sobre si los recientes descubrimientos, realizados también en Australia (en esta ocasión a cinco kilómetros bajo el lecho marino, en el pozo de una explotación petrolífera), representan no una vida fósil sino ¡vida viva! Lo cierto es que, mientras escribo esto, ha salido un informe que describe a unos diminutos *nanobios*, unas hebras de materia orgánica de unas millonésimas de milímetro de longitud, que crecen entre los cristales minerales existentes en los sedimentos de esas profundidades, que están comprimidos bajo grandes presiones. Responden a ciertas pruebas como si tuvieran ADN (aunque todavía falta extraerles directamente el ADN) y se reproducen rápidamente en colonias densas de estructura parecida a zarcillos que se agarran a las rocas. Son tan pequeños como los fósiles marcianos, si no más. De hecho, y según algunos biólogos, son demasiado pequeños representar una plena vida floreciente. ¿Se ampliará por su causa lo que llamamos "vida" y serán un vínculo con los primeros eslabones perdidos entre la vida y las moléculas orgánicas? Permanezcan atentos.

En todo caso, parece que los estromatolitos han florecido desde hace al menos 2.500 hasta unos 500 millones de años. Por lo tanto, pasaron ya su mejor momento. Los vestigios fósiles de este período incluyen ciertos microbios individuales unicelulares descubiertos por todo el mundo, desde las islas árticas de Spitsbergen, en Noruega, hasta las rocas del Shield canadiense. La razón de su declive está clara. Mientras no hubo predadores vivos, las bacterias pudieron prosperar. En cuanto surgieron formas más complejas de vida, que podían comerse las bacterias, se acabó su apogeo. Es decir, salvo en sitios como Shark Bay o Baja California, México, donde el calor combinado con niveles increíblemente elevados de sal hacen la vida imposible para todo lo que no sean los endurecidos descendientes de aquellas primitivas criaturas (y, por supuesto, para los endurecidos científicos que hacen allí sus exploraciones).

Las cianobacterias de los estromatolitos tienen parientes que flotan entre los componentes del fitoplancton. Su tamaño varía desde una milésima de milímetro hasta veinte veces más, y los más pequeños viven mucho más abajo de la superficie, a unos 80 metros de profundidad. El fitoplancton produce hoy casi el 80% del oxígeno generado en aguas no árticas.

Si los fósiles más antiguos que se han descubierto resultan ser vestigios de bacterias que utilizaban la luz para producir oxígeno, entonces la vida ya había avanzado sustancialmente hace 3.500 millones de años. Pues es casi seguro que esa no fue la forma de vida original. La complejidad requerida parece excesiva. Por añadidura, según veremos, la producción directa de oxígeno por medio de la fotosíntesis tuvo que ser excesivamente traumática. Como si los humanos aspiraran el letal gas cianhídrico en su proceso respiratorio. Además, sin oxígeno en la atmósfera, ni su correspondiente capa de ozono, la radiación ultravioleta debía de resultar una poderosa asesina. Lo mejor era evitar la luz por completo.

En su lugar, las primeras células estaban seguramente más acostumbradas a la oscuridad y al pútrido olor del azufre asociado a los respiraderos hidrotermales. Todos los años leemos algo sobre nuevas formas de vida descubiertas en lugares que van desde los respiraderos hidrotermales relativamente benignos hasta las regiones del fondo de profundos pozos petrolíferos, ácidas, tóxicas y calurosísimas.

Puede que lo más llamativo sea el reciente descubrimiento de que el árbol de la vida tuvo sólo tres ramas, no cinco, y que la más próxima a las raíces incluyera las bacterias que viven en medios calientes, las *hipertermófilas*.

Las hipertermófilas desafían todos los conocimientos tradicionales. Estas formas de vida no sólo pueden prosperar en entornos que normalmente esterilizan materiales, por encima de la temperatura normal de ebullición del agua —100 grados centígrados—, sino que *exigen* tales temperaturas. Se mueren si no hace suficiente calor, y muchas no pueden reproducirse si la temperatura baja de 80 grados. Pueden ingerir azufre y muchas mueren en presencia de oxígeno.

La comprensión de la vida ha cambiado drásticamente conforme hemos desvelado detalles del código genético que rige su propagación. En el centro de los procesos se halla el ADN, la molécula larga en forma de dóble hélice con su información digital contenida en la secuencia de cuatro bases distintas que unen ambas cadenas de ADN de dos formas: con un enlace de citosina-guanina (CG) o con otro de timina-adenina (TA). La secuencia de innumerables bases de A, T, C y G en la molécula determina de manera única el código genético que, a su vez, determina todos y cada uno de los aspectos de la forma de vida resultante.

El campo de la genética molecular ha cambiado por completo nuestro modo de comparar las especies animales. Recuerdo vagamente que cuando era estudiante me vi obligado a memorizar los cinco reinos de la vida: plantas, animales, hongos, bacterias y protistas (animales unicelulares complejos). Uno de los aspectos gratificantes del avance de la ciencia es que, por lo menos en principio, cuanto más comprendemos menos tenemos que memorizar. Lo cual se debe a que la complejidad del universo se puede comprender partiendo de unos pocos principios fundamentales. (Está claro que aquí me enfrentaré a algunos de mis colegas, que lamentan esta visión "reduccionista" del mundo y argumentan que las nuevas leyes surgen para describir la complejidad a escalas progresivamente crecientes. Pero se trata de una polémica secundaria que no debería apartarnos del punto clave, es decir, que cuanto más comprendemos menos tenemos que memorizar, en general). Los cinco reinos se han convertido hoy en tres ramas. Y las tres ramas abarcan sencillamente dos tipos básicos de elementos constructivos. Dos de las tres ramas de la vida comprenden diversos tipos de bacterias, con células únicas que son fundamentalmente sacos de ADN y materia orgánica defendidos del mundo exterior por una pared celular. Se les llama *procariotas* (células prenucleadas). La otra forma de vida, más avanzada aunque quizá más frágil, los *eucariotas*, tiene células con núcleos que albergan el material genético y toda suerte de cosas que invariablemente consiguen que mi mente se quede en blanco. Con todo, hay un elemento especialmente significativo y que proporciona una prueba más, por si hiciera falta, de que estas células surgieron después de las procariotas: contienen estructuras llamadas *mitocondrias* en las que se utiliza el oxígeno para la combustión del alimento y la obtención de energía. En un mundo primitivo sin oxígeno libre no había necesidad de tales estructuras.

Lo que es especialmente interesante en los procariotas es que son sencillamente sacos de sustancias químicas que se reproducen. Para su supervivencia son cruciales las membranas celulares que controlan lo que llega del mundo exterior. Es sorprendente que estas membranas puedan surgir espontáneamente en la materia orgánica encontrada en meteoritos condríticos carbónicos. Lo cierto es que, una vez extraída de los meteoritos, se la ha visto coagularse de forma natural formando membranas en torno a unos sacos denominados *vesículas lipídicas*. Estas fábricas químicas aisladas del entorno por la membrana, probables precursores de la vida, pudieron así extenderse por los antiguos océanos de la Tierra, iniciando de una sola zancada el camino hacia la vida.

Más sencillo que el ADN es el ARN, que posee una única hebra y es fundamentalmente media molécula de ADN en la que la base T es sustituida por la base U (uracilo) con un oxígeno extra que recorre su espina dorsal. El ARN tiene diversas funciones, entre ellas transmitir de un sitio a otro la información genética copiada del ADN y ayudar a construir proteínas. Como es más sencillo, y algunas formas de ARN pueden catalizar reacciones capaces de unir y reconstruir moléculas de ARN (reciente descubrimiento que ha merecido el premio Nobel), hoy se cree que, antes de la complejidad de nuestro mundo de ADN, existió un mundo de ARN. En él, esa molécula se utilizó para construir y transportar información genética.

Las más importantes para nosotros son las moléculas del *ARN ribosómico* (ARNr), que codifican la información para formar las enzimas necesarias con las que catalizar las reacciones químicas usadas por todas los seres vivos. Se ha estudiado con cierto detalle una molécula concreta de ARNr, ya que es común a todos los seres vivos. Se trata de la molécula ARNr 16/18s, que más bien suena al tamaño de un neumático (la secuencia 18s existe en los eucariotas y la 16s en los procariotas). Esta secuencia es relativamente sencilla en comparación con el ADN y contiene unas 1.500 bases.

Tal vez sea más sorprendente que todas las especies existentes tienen los mismos tipos de estas moléculas, lo cual parece indicar que todas tienen un ancestro común. Por supuesto que la secuenciación detallada de las bases es diferente en las distintas especies. Pero por diferentes que sean, a todas se les ve el parecido. Así, aunque las personas no se parecen demasiado a las bacterias (bueno, conozco algunas que sí, pero no daré nombres), no son tan diferentes que sus ARNr 18s no puedan identificarse con las ARNr 16s de las bacterias y no podamos encontrar grandes áreas comunes en secuencias casi idénticas.

De vez en cuando el proceso de copia genética produce un error en la secuencia 16s o 18s. Si el error se da en una parte de la secuencia de la que depende la célula anfitriona, producirá un ente no viable (lo habitual) o un modelo mejor. En este caso, la selección natural influirá en la velocidad con que se propague este error. Hay muchas partes en la secuencia que, sin embargo, no tienen una función perceptible y dan la impresión de que, básicamente, están repetidas. Si se examinan los "errores" (cambios aleatorios) en esas partes no funcionales de la secuencia, se descubre que se dan con un ritmo fijo, y no están influidos por la selección natural, ya que los cambios no producen efectos seleccionables. Por el contrario, el ritmo de tales cambios se rige sencillamente por la tasa inherente —que puede variar con el tiempo— a la que se dan los errores aleatorios en el mecanismo de copia genética. Cuanto más similares sean estas secuencias en las distintas especies, más reciente será su separación del árbol de la vida.

Y así es como los biólogos, a quienes les gusta añadir a todos los nombres adjetivos procedentes del latín y del griego, han desarrollado un árbol de la vida *filogenético*. Tiene tres ramas: los *eucariotas* (que contienen células con núcleo, incluidos los actuales animales y plantas), las *bacterias*, y otra rama, la de las *arqueas,* que también son procariotas pero que difieren sustancialmente de las bacterias en la estructura de sus paredes celulares y otras propiedades. Casi todas las arqueas son hipertermófilas, al igual que algunas especies bacterianas.

Como sugiere el nombre de *arqueas*, se cree que estas especies son realmente arcaicas ya que fueron predecesoras de los eucariotas y, además, que la rama de los eucariotas (y quizás la de las bacterias) salió directamente de ellas, iniciando así el camino de nuestra creación. Sin embargo, esta deducción no es totalmente sólida. Después de todo, aunque la técnica de estudiar el ARN ribosómico puede demostrar lo cerca que se hallan, evolutivamente, dos especies, no puede determinar directamente cuál de las dos fue primera en llegar. Pero el hecho de que todas las especies contengan los mismos tipos de moléculas de ARNr parece indicar que compartían un ancestro común. Además, una mirada a la divergencia entre secuencias de ARNr sugiere que los eucariotas y las bacterias están más estrechamente relacionados con las arqueas que entre ellas, lo que puede indicar que las arqueas albergaron al ancestro común. Si trazamos nuestro árbol genealógico remontándonos lo suficiente, es probable que descubramos que estamos emparentados ¡con una bacteria comedora de azufre!

Estos argumentos parecen apuntar a que la actual vida sobre la Tierra desciende de especies amantes del calor. Recordemos que las arqueas son en general hipertérmofilas: prosperan en agua caliente, como la existente cerca de los respiraderos hidrotermales del fondo océanico. Por añadidura, muchas de ellas son anaerobias y sólo pueden sobrevivir en entornos donde no hay oxígeno libre presente.

Esto no implica que la propia vida empezara en tales entornos sino sólo que pasó por ese estado y que todo lo que hay hoy a nuestro alrededor proviene de esas formas de vida. Sin embargo, es evidente que la vida actual evolucionó a partir de bacterias que prosperaban sin oxígeno, puede que incluso sin luz, y sólo en agua caliente. En primer lugar, en la Tierra primitiva no había oxígeno libre. En segundo lugar, en ausencia de oxígeno no había capa de ozono que protegiera a la vida de la extrema radiación ultravioleta que llegaba del Sol. Y así como hay pocas dudas de que la vida puede sobrevivir en tales condiciones, éstas bien pudieron inhibir su crecimiento en la superficie de los océanos y en tierra firme.

Debemos recordar también que los impactos cometarios y meteoríticos, tan abundantes hace más de 4.000 millones de años, no se interrumpieron de repente sino que fueron disminuyendo gradualmente. Es casi seguro que hasta hace 3.800 millones de años se produjo más de una colisión que evaporó los océanos, lo que exige el impacto sobre la Tierra de un objeto de más de 300 kilómetros de radio. Pero a partir de ese momento, hasta hace tal vez 3.500 millones de años, no pueden dejarse a un lado estadísticamente los impactos de objetos menores (de unos 150 kilómetros de radio) porque debieron evaporar los primeros 200 metros de agua de todos los océanos del mundo. De modo que si hasta ese momento se habían desarrollado especies que vivían en la superficie, esos sucesos las pudieron aniquilar fácilmente. Las especies termófilas, sin embargo, pudieron muy bien salir ilesas pues vivían cerca del fondo oceánico.

Por último, las pruebas bioquímicas parecen indicar la probabilidad de que las bacterias comedoras de azufre, o las fermentativas que producen metano, fueran predecesoras de bacterias fotosintéticas más complejas. De hecho, las formas primitivas de vida debieron de vivir sin oxígeno y en la oscuridad. No se nutrieron del Sol, como las plantas, sino, por el contrario, del calor de la Tierra.

Recordemos que el motor que impulsa la vida se basa sencillamente en el movimiento de los electrones. Determinados elementos son donantes de electrones mientras otros son receptores. El proceso de recibir electrones puede liberar energía utilizada luego para otros propósitos. Al hidrógeno le gusta donar electrones, y al oxígeno recibirlos. Siempre que se añade un electrón a un átomo se reduce su carga positiva global, ya que los electrones están cargados negativamente. Se dice que, en este proceso, el átomo es *reducido*. Como al oxígeno le gusta aceptar electrones, a los materiales a los que quita electrones se les llama *oxidados*. Este término se aplica más generalmente cuando se quita un electrón de un sistema. Por norma, siempre que se oxida la materia se libera energía. La combustión es un buen ejemplo: en ella los compuestos los oxida el gas oxígeno, produciendo carbono completamente oxidado en forma de dióxido de carbono, CO_2, más agua, H_2O. A su vez, cuando la materia se reduce, esta reducción suele exigir energía, que se almacena para un uso posterior.

En la Tierra primitiva e infernal, los respiraderos hidrotermales y los manantiales calientes que salpicaban los fondos oceánicos escupieron en abundancia vapores tóxicos y diversas combinaciones minerales. Las altas temperaturas de la Tierra contribuyeron a la formación de diversos compuestos reducidos que, a su vez, pudieron proporcionar, por oxidación, el combustible de la vida primitiva. Como primera fuente de energía utilizada para construir los compuestos orgánicos que llamamos vida se ha apuntado el proceso por el cual un compuesto de azufre y hierro (FeS) oxida el gas reducido (y muy tóxico) sulfuro de hidrógeno (H_2S) para liberar energía (y electrones), produciendo iones de hidrógeno y pirita, mineral de hierro (FeS_2).

Este proceso tiene un especial interés porque es completamente inorgánico y, por tanto, no requiere la preexistencia de compuestos orgánicos complejos. Además, la estructura de la pirita es bastante regular, con átomos de hierro cargados positivamente en posiciones a las que se pueden unir compuestos orgánicos. Se ha señalado que la pirita pudo servir como plantilla sobre la cual se formaron inicialmente polímeros orgánicos normales como el ARN. De ese modo, los respiraderos hidrotermales pudieron proporcionar, gracias a su energía calorífica, tanto la fuente de energía para impulsar la vida como las estructuras que contribuyeron a sintetizar los compuestos complejos como el ARN, que permiten la propagación de la vida. De hecho, las bacterias hipertermófilas reductoras de hierro siguen existiendo todavía hoy.

Hay toda una plétora de otras bacterias arqueas hipertermófilas que obtienen energía a partir de parecidos donantes inorgánicos de electrones y utilizan los gases producidos cerca de los respiraderos, entre ellos el hidrógeno puro y el sulfato de hidrógeno. Las más antiguas producían metano, y las más recientes sulfuro de hidrógeno, ambos bastante desagradables y generalmente tóxicos para vidas como la nuestra. Todas ellas, basándonos en los análisis de ARNr anteriormente descritos, se encuentran cerca de la raíz del árbol de la vida, aunque hayan sobrevivido durante casi 4.000 millones de años. Y algunas son bastante parecidas a las bacterias descubiertas en la base de los modernos estromatolitos.

No obstante, hemos de tener en cuenta dos cosas. Primera, en ninguno de estos procesos interviene el oxígeno libre. Ni se consume ni se produce. En relación con esto, ninguno de estos procesos libera los productos estándar de la combustión, a saber, dióxido de carbono y agua. Por el contrario, producen energía que se utiliza universalmente para un único propósito: romper el dióxido de carbono de modo que los átomos de carbono puedan sumarse a estructuras orgánicas mayores a medida que el organismo crece, se desarrolla y se reproduce. Ahí es donde nuestro átomo de oxígeno entra por primera vez en contacto con la vida.

Hace casi 4.000 millones de años, nuestro átomo de oxígeno salió de su prisión subterránea formando dióxido de carbono, escupido por un volcán submarino que estaba a punto de alzarse sobre la superficie del mar primitivo. El dióxido de carbono se disolvió en el agua circundante que fluía por encima de los manantiales calientes y los respiraderos que cubrían el suelo oceánico. Los primeros microbios acechaban allí para arrojarse sobre su presa. A diferencia de los animales, que comen a sus presas para hacerse con las reservas de materia que puedan proporcionarles, nuestros microbios prehistóricos ingerían y respiraban cosas como azufre para obtener energía, y dióxido de carbono para obtener materias primas. Absorbido a través de la pared celular de uno de estos seres microscópicos, nuestro átomo de oxígeno, todavía enlazado con su carbono asociado, se vio perturbado de repente al introducirse en el conjunto un átomo de hidrógeno. Después otro átomo de hidrógeno reemplazó al oxígeno próximo y nuestro átomo quedó convertido en parte de lo que, mucho más tarde, intentarán dejar de comer algunas personas: un hidrato de carbono.

Nuestro átomo es ahora parte de una química increíblemente rica. En lugar de transformaciones microscópicamente lentas desde el dióxido de carbono hasta los carbonatos, para pasar luego al agua y, otra vez, al dióxido de carbono a lo largo de centenares de millones de años, nuestro átomo pasa a formar parte de materiales que cambian su composición en cuestión de años, días u horas.

Incluso estos antepasados bacterianos microcópicos son ya máquinas complejas. Como mínimo, han formado ARN para su reproducción y catálisis y ATP para el almacenamiento de energía. Más aún, deben transportar la energía, inicialmente electrones de alta energía, a lo largo de una cadena que termina por dejar electrones de baja energía excretados como residuos. La energía liberada se utiliza, a su vez, para crear ATP y otros compuestos orgánicos, que en este caso comienzan todos con dióxido de carbono y agua.

En tanto se forman los materiales orgánicos, y, en realidad, tal vez antes de que se establecieran esos procesos hipertermófilos y quimiolitoautotróficos (¡siempre quise poder decir esta palabra!), hay otro proceso capaz de impulsar la vida. Los restos orgánicos que se acumulan por la mera existencia de un microbio pueden usarse para hacer vivir a otro. Cuando su anfitrión muere y cae al fondo oceánico, por ejemplo, nuestro átomo de oxígeno, encerrado en su hidrato de carbono, puede ser asimilado como alimento por otra bacteria que se nutre, nuevamente en ausencia de luz y de oxígeno, por fermentación.

La fermentación, conocida en la producción del vino y el pan por medio de levaduras microbianas vivas, consiste sencillamente en la ruptura de materiales orgánicos complejos como el azúcar (glucosa) en etanol y dióxido de carbono liberando energía en el proceso, materiales que a su vez puede utilizarse para formar otra materia orgánica, por ejemplo ATP. De este modo, nuestro átomo puede resultar enlazado en el grupo fosfórico de una molécula de ATP, convirtiéndose en la máquina energética que impulsa la vida.

Sin embargo, la fermentación es una manera relativamente ineficaz de producir energía. Por ejemplo, de los seis átomos de carbono de la glucosa, sólo dos terminan por liberar sus electrones energéticos y oxidarse por completo convirtiéndose en dióxido de carbono, mientras que los demás siguen almacenando energía en el etanol. Pero con alimento suficiente, y a falta de otras materias primas, la fermentación puede desempeñar un cometido. Por ejemplo, las bacterias de las capas intermedias de los estromatolitos vivos llevan a cabo este proceso.

La vida pronto aprendió que satisfacía sus necesidades más eficazmente combinando ambos procesos independientes de fermentación y oxidación inorgánica. Por ejemplo, una rama de las bacterias comedoras de azufre producirá una fermentación, pero si se halla en presencia de sulfatos (compuestos de oxígeno y azufre), en vez de limitarse a no utilizar algunos de los electrones de alta energía, los tranferirá a un lugar donde puedan liberarla. Esto ayuda a crear más ATP, y los electrones restantes se transferirán, reduciendo los sulfatos y excretando gas sulfuroso. Como veremos, puede decirse que en cierto sentido estas bacterias respiran sulfatos como nosotros respiramos oxígeno.

Para poder obtener más energía útil a partir de su alimento, estas bacterias deben desarrollar un mecanismo transportador de electrones, cuyos componentes se transfieren de unos a otros los electrones aceptados. El hecho de que determinadas bacterias anaerobias fermentadoras no tengan ni utilicen este tipo de encadenamiento parece indicar que se encuentran entre las especies vivas más antiguas. Sin embargo, los microbios terminan por producir una molécula en anillo llamada *porfirina*. En el centro de un anillo de átomos de carbono puede localizarse un único átomo de hierro, en cuyo caso el grupo se denomina *hemo*. La peculiar estructura de este grupo permite que los electrones fluyan fácilmente por su interior. De ese modo, pueden ser aceptados desde fuera, moverse hacia la zona media durante el transporte y luego ser depositados en cualquier otro sitio.

El desarrollo de estas estructuras, de la consiguiente transferencia de energía y de los procesos de producción en que intervienen es de crucial importancia para el futuro de nuestro átomo de oxígeno en la Tierra pues abre el camino a dos de los más profundos avances en la historia de la vida: la fotosíntesis, y más tarde, la respiración. Mediante estos dos procesos cambió para siempre no sólo la vida sino también la Tierra.

14
Aquellos maravillosos años

Sí, salieron cosas fangosas del mar fangoso caminando sobre piernas.
Samuel Taylor Coleridge

Si pudiéramos construir una máquina del tiempo y volver 3.500 millones de años atrás, cuando ya había suficiente corteza continental como para encontrar tierra firme donde pisar, la Tierra podría resultar no muy distinta de la que vemos hoy. Las olas del océano con su espuma lipídica rompían contra las rocas, que seguramente estaban cubiertas por una espumilla fangosa. Pero las apariencias engañan. Si nos colocaran en ese paisaje arcaico, con temperaturas posiblemente superiores a las del Valle de la Muerte en el mes de julio, estaríamos muertos en un par de minutos. El peligro es invisible. No hay rastro de oxígeno por ninguna parte. Justamente por eso pueden existir gases como el sulfuro de hidrógeno, que de otro modo se oxidarían rápidamente. Está por ver si la muerte cerebral nos sobrevendría debido al envenamiento por dióxido de carbono o por los efectos aún más letales del sulfuro de hidrógeno.

Sin embargo, la vida ya había empezado a arraigar firmemente en el planeta, y desde entonces ha vivido en él ininterrumpidamente. Pero se hallaba ante una encrucijada. Existían dos fuentes de energía utilizables: 1) el calor de la Tierra, que producía una sopa de compuestos energéticos reducidos, que surgían hirviendo de los volcanes y los respiraderos hidrotermales; y 2) la materia orgánica preexistente, que se podía reutilizar. Con todo, ambas fuentes de energía eran poco sólidas. Conforme la Tierra se enfriaba, las corrientes de convección debieron disminuir y las cortezas se hicieron más gruesas, por lo que la abundancia de fuentes de energía que ascendían hidrotérmicamente se redujo con el paso del tiempo. Y así como la primitiva espuma pudo haber sido rica en compuestos orgánicos, tanto si fueron traídos del espacio como creados en la atmósfera primitiva, este recurso también debía tener sus límites. Además, en un mundo así la mayor parte del planeta habría sido inaccesible para la vida. Sólo habría podido prosperar en pequeñas zonas aisladas. Para colonizar el planeta entero había que encontrar una nueva fuente de energía.

Nuestro átomo de oxígeno ya ha experimentado tanto la vida como la muerte. Se incorporó a hidratos de carbono complejos según se formaron las bacterias, y cuando murieron fue reutilizado por otras que se nutrían de esa materia y producían energía por fermentación, generando dióxido de carbono a partir de los compuestos que contenían nuestro átomo. Esto le permitió llevar una agitada existencia dentro del agua cálida del océano. Con todo, hasta este momento no ha sido más que un peón en el juego de la vida. Todo cambiará muy pronto.

El primer cambio se produce con bastante naturalidad. En la atmósfera, la abundante luz ultravioleta que proviene del Sol no encuentra obstáculos a su paso. Mediante un proceso llamado *fotólisis* esta luz puede separar los componentes, átomos de hidrógeno y oxígeno, de las moléculas de agua que se encuentran en la parte alta de la atmósfera. Esta reacción exige bastante energía, pero del Sol llega la suficiente. Pronto se desarrollan formas de vida que pueden aprovechar esa energía solar. Y así lo hacen. Ya se han sentado los cimientos, pues los sistemas vivos han desarrollado mecanismos para transportar electrones en cadena desde el lugar en que son obtenidos a elevada energía hasta donde deben liberarla.

Los cambios que se dan en la superficie del planeta son ya bastante visibles. Bacterias multicolores, púrpuras, verdes y amarillas empiezan a colonizar todos los lugares disponibles en las costas de todo el mundo, cada vez más extensas. Los colores no son un adorno, ni señales para atraer a posibles compañeros o animales. Todavía no se han inventado el sexo ni los animales. El proceso de fotosíntesis (la captación de la energía de la luz del Sol para utilizarla en la producción de materia orgánica) supone en todos los casos la participación de alguna forma de clorofila, la molécula que proporciona el color verde que vemos en las plantas. A su vez, la clorofila contiene anillos de porfirina, parecidos a los que hemos visto anteriormente, salvo que en su centro llevan un átomo de magnesio en lugar de uno de hierro. Ésta es una razón por la que es lógico sospechar que la fotosíntesis no fue parte del primer metabolismo sobre la Tierra. Las bacterias reductoras de sulfatos que, a su vez, evolucionaron a partir de bacterias fermentadoras más sencillas, tenían que desarrollar los mecanismos para crear porfirina y demás componentes básicos utilizados más tarde para domeñar la energía solar.

El proceso de absorción de luz por cualquier átomo o molécula es el mismo. Los electrones que orbitan en los átomos absorben la luz y entonces se eleva la energía del electrón, creándose así un átomo "excitado". Normalmente, al cabo de cierto tiempo, los electrones liberan esa energía nuevamente en forma de luz. Los colores de la luz que emiten no tienen por qué ser los mismos que los que absorben, lo cual depende precisamente de cómo vuelva el átomo a su estado de reposo. Más aún, algunos átomos permanecen en su estado excitado durante un tiempo, de modo que emiten luz mucho después de haberla absorbido. Algunas de estas moléculas fosforescentes se usan, por ejemplo, en los relojes de pulsera que brillan en la oscuridad.

Normalmente, una única molécula de clorofila absorberá luz y la volverá a emitir enseguida. Pero una cadena de moléculas de clorofila en un organismo vivo fotosintetizador puede, en cambio, dominar la energía de los electrones excitados y transmitirlos a las cadenas transportadoras de electrones en las que son utilizados para producir ATP, que almacena la energía para su posterior utilización por el organismo. Además, se reduce otra molécula llamada NADP (por adición de hidrógeno) para formar NADPH, que también almacena energía para el organismo.

Todas estas reacciones se producen a raíz de la absorción de luz por la clorofila y por ello se la llama *fase luminosa*. A continuación se da una segunda etapa de la fotosíntesis, la llamada *fase oscura*. Estas reacciones utilizan la energía previamente almacenada, captada primeramente por la clorofila y otros pigmentos. Aquí el dióxido de carbono —como la molécula de dióxido de carbono que alberga a nuestro átomo de oxígeno— se reduce por adición de átomos de hidrógeno para formar materia orgánica, como la glucosa, dando agua como producto residual adicional.

Observemos que a lo largo de estos procesos se necesita una fuente de átomos de hidrógeno. La bacteria fotosintetizadora más antigua obtuvo su hidrógeno de la misma fuente en la que sus predecesoras obtenían su energía, los productos de los respiraderos hidrotermales. Las bacterias sulfurosas verdes y púrpuras, todavía existentes, consiguen su hidrógeno del sulfuro de hidrógeno producido volcánicamente (o por otros sistemas biológicos), mientras que las bacterias púrpuras lo obtienen a partir de los residuos orgánicos de sus antecesores muertos.

Una vez que fue posible la fotosíntesis, la vida tuvo libertad para salir a la superficie y extenderse por todo el planeta. La ausencia de oxígeno significaba que las sustancias reducidas, es decir, las que contenían hidrógeno disponible, vivían más y, por añadidura, la materia orgánica producida por la fotosíntesis podía usarse para alimentar a otras bacterias fermentadoras. Las colonias simbióticas, ancestros primitivos de las habitadas por los modernos estromatolitos, comenzaron a poblar las costas. En esas colonias las bacterias fotosintéticas formaron grandes alfombras (a modo de placas solares primitivas) que captaban la radiación y la convertían en materia orgánica. Al morir, sus cuerpos se acumulaban en capas que podían alimentar a las bacterias fermentadoras situadas debajo.

Estos procesos de vida y muerte empezaron a darse a pleno rendimiento. La acumulación de materia orgánica debió servir para eliminar el dióxido de carbono de la atmósfera. Si luego fermentaba, una parte de éste regresaba a la atmósfera. Sin embargo, algunos de los organismos muertos debieron fundirse, sencillamente, con los sedimentos rocosos que se acumulaban a su alrededor. Este carbono orgánico quedó entonces atrapado en las cortezas continentales u oceánicas y experimentó un reciclaje a escalas de tiempo geológicas. En determinados lugares donde hoy día se encuentran restos de corteza de aquella época existen depósitos ricos en carbono en vetas que son comparables a las vetas de carbono posteriores formadas por los bosques tropicales miles de millones de años después.

Así, incluso en sus estadios más primitivos, la vida comenzó a cambiar el medio de la Tierra tanto por encima como por debajo. A lo largo de miles de millones de años los procesos naturales de la vida y la muerte han contribuido a la eliminación generalizada del carbono de la atmósfera de la Tierra. Se calcula que el 20% de la reserva terrestre disponible de carbono, incluyendo la que contiene la corteza, ha pasado a través de seres vivos a lo largo de los últimos 3.500 millones de años.

Los mismos procesos que impulsaron la vida produjeron también algunas muertes prematuras. La radiación energética del Sol que incide sobre la Tierra puede romper moléculas con la misma facilidad con que proporciona energía. Indudablemente, algunas de las bacterias primitivas murieron expuestas a esta luz. Es bastante probable, por ejemplo, que las capas altas de algunos de los primitivos estromatolitos murieran con relativa rapidez. Bajo ellas existían otras capas de bacterias fotosintetizadoras que utilizaban las capas superiores como pantalla para filtrar los peligrosos rayos ultravioleta y permitía hacer maravillas a la luz visible, menos energética. Durante esta época la vida adaptó también mecanismos para reparar los daños causados por la radiación en las células primitivas. Estos mismos mecanismos pudieron utilizarse más tarde en las células para permitir un nuevo modo de reproducción: el comienzo del sexo. Pero, por el momento, la Tierra y esta historia son aptas para todos los públicos.

Todavía estaba por llegar el mayor impacto de la vida sobre el planeta Tierra, pero hasta entonces nuestro átomo de oxígeno se mantuvo al margen. Una vez más, quedó atrapado en las entrañas de la Tierra. Enlazado en un hidrato de carbono complejo, muerto su anfitrión, se vio en una maraña de minerales transportados por el agua circundante. Pasado el tiempo, fue enterrado de nuevo en la corteza de la Tierra. Allí quedó durante otros 200 millones de años, mientras el minicontinente en el que se encontraba se formaba y derivaba lentamente gracias a la actividad de la tectónica de placas, hasta que una colisión de éstas puso la zona entre la espada y la pared. Empujado hacia abajo, hacia el manto, la molécula se vio otra vez rota en sus gases constituyentes debido al gran calor reinante. Volvió a subir la presión y, una vez más, nuestro átomo salió disparado hacia el cielo como dióxido de carbono.

Sin embargo, durante su viaje de 200 millones de años la vida afrontó su mayor riesgo con consecuencias para todo el planeta. Para poder completar el proceso fotosintético, los átomos de hidrógeno eran recolectados para a fin de formar materia orgánica y como fuente de electrones para la transferencia de energía. El sulfuro de hidrógeno y el gas hidrógeno libre ocasional cerca de los respiraderos hidrotermales o los volcanes no tienen sino un pequeño papel en la acumulación de hidrógeno en el planeta. La mayor fuente de hidrógeno, con mucho, existente en la Tierra se halla a nuestro alrededor cubriendo tres cuartas partes de su superficie, en los océanos del planeta. Era cuestión de tiempo que la vida, siempre oportunista, descubriera esa gran fuente de energía.

La historia se repite. La exigencia de existir llevó a la vida, por medio de la selección natural, a buscar el hidrógeno en los océanos de la Tierra. Estas mismas necesidades básicas de energía, aunque ahora para las máquinas que ayudan a nuestra civilización, terminarán por forzar a los inteligentes humanos a acudir también a los océanos. El hidrógeno no es sólo una fuente para la conversión fotosintética de energía de luz en materia. Es la fuente de energía definitiva, por el mismo proceso de fusión que alimenta al Sol y a las estrellas. Además, los principales productos de la fusión, sobre todo el helio, son estables y no aportan al entorno gases de efecto invernadero. Una vez que logremos controlar la fusión sobre la Tierra, la gente se preguntará en el futuro por qué nos complicamos con los combustibles fósiles, formados mediante la energía almacenada por los mismos ancestros que descubrieron mucho antes cómo romper la molécula de agua en hidrógeno y oxígeno.

La fotosíntesis, tal como hoy se realiza, tiene lugar realmente en tres etapas, más allá de las simples reacciones luminosas y oscuras de las bacterias sulfurosas anaerobias. Estos dos conjuntos de reacciones se combinan como parte de lo que ahora se llama reacciones del *fotosistema I* (F I). En estas reacciones se utiliza la energía de la luz no sólo para excitar electrones sino para dividir moléculas que son fuente de hidrógeno, por ejemplo el sulfuro de hidrógeno, con el fin de obtener átomos de hidrógeno para uso orgánico. El problema de utilizar este mecanismo para obtener hidrógeno del agua es que el hidrógeno y el oxígeno están muy fuertemente enlazados en ella y, sencillamente, hace falta más energía para separarlos.

Para conseguirlo se explota una nueva molécula de clorofila, que proporciona un nuevo lugar a la producción de energía, llamada *fotosistema II* (F II), que se añade a la vía normal F I. En estos nuevos lugares puede absorberse la luz de una longitud de onda ligeramente diferente, la portadora de más energía, lo que contribuye a dividir las moléculas de agua y obtener también electrones energéticos que pasan a formar parte de la red de reacciones del F I. Este electrón y esta energía añadidos significan que los sistemas utilizados por ambas redes pueden producir más ATP que los organismos que sólo usan el F I.

Es probable que esta segunda vía evolucionara después de que los sistemas hubieran perfeccionado la primera y más antigua forma de fotosíntesis. Es dudoso que el sistema bioquímicamente más complejo evolucionara primero, sobre todo cuando el entorno primitivo llevaba muy directamente hacia las reacciones del F I.

Las primeras bacterias que utilizaron esta nueva capacidad fueron probablemente antecesoras de las modernas cianobacterias verdiazules que viven en la parte superior de los actuales estromatolitos. De hecho, hay un tipo de cianobacteria existente hoy que tiene la capacidad de usar sólo F I cuando vive en medio de altas concentraciones de sulfuro de hidrógeno, y, en cambio, vuelve al uso más eficaz de ambos mecanismos y de agua como fuente de hidrógeno cuando se encuentra en un medio apropiado. Lo cual parece indicar que esas cianobacterias evolucionaron a partir de bacterias sulfurosas más antiguas, con la ventaja evolutiva de ser capaces de salir al océano abierto para usarlo como fuente de hidrógeno.

Una vez que el agua se convirtió en la fuente de la vida, el mundo entero quedó disponible para la colonización por bacterias... pero a cierto precio. Dividir el agua producía los necesitadísimos átomos de hidrógeno que podían proporcionar electrones para obtener energía, así como hidrógeno como base constructiva. Pero al mismo tiempo generó la amenaza seguramente más grave para la vida en la Tierra en aquella época: el gas oxígeno puro.

El oxígeno, como ya he señalado más atrás, pone en jaque el metabolismo orgánico. La raíz del problema es sencilla: el oxígeno se apodera ávidamente de los electrones. Y lo que es más importante, lo hace antes de que puedan usarse para proporcionar energía a los sistemas vivos, oxidando asimismo sustancias, como el hidrógeno, antes de que puedan ser incorporadas a moléculas complejas. De haber existido el oxígeno libre desde el inicio de los tiempos en la Tierra es probable que ningún tipo de vida se hubiese dado el lujo de evolucionar. Casi todas las especies que fueron vitales para el primer desarrollo de la vida sobre la Tierra mueren rápidamente en presencia de oxígeno. Las bacterias fermentadoras y sus descendientes, que se nutren de azufre, evitan su presencia como si fuera la peste, incluso hoy. Sólo las encontramos en entornos donde escasea el oxígeno.

Además, el oxígeno destruye rápidamente los hábitats de esas bacterias. Por ejemplo, el sulfuro de hidrógeno sólo es estable en ausencia de oxígeno. Hoy día el sulfuro de hidrógeno producido en las profundidades marinas se combina con el oxígeno del agua antes de alcanzar la superficie. Razón por la cual las bacterias sulfurosas, incluso siendo capaces de tolerar al oxígeno en su metabolismo interno, se ven generalmente relegadas a las zonas próximas a los respiraderos hidrotermales, a los manantiales calientes o a zonas muy profundas bajo tierra donde existe hidrógeno reducido. Estos microbios se han secuestrado a sí mismos en lugares que recuerdan las condiciones de la Tierra primitiva. Metafórica, y a veces literalmente, han dejado que los entierren las arenas del tiempo.

Al rechazar adaptarse a las circunstancias cambiantes, las bacterias anaerobias hipertermófilas renunciaron dominar la Tierra, pero proporcionaron a sus modernos descendientes (o, por lo menos, a algunos de ellos) dos servicios impagables. El primero es que ofrecieron a los científicos indicadores vivientes del pasado. Se han retirado a aquellos lugares que todavía se parecen a los de sus comienzos (de hecho, las bacterias que extraen nitrógeno de la atmósfera para usarlo en moléculas orgánicas están limitadas, incluso hoy, a medios fundamentalmente anaerobios). El segundo servicio —más importante para el resto de la humanidad y, desde luego, para el resto de la vida sobre la Tierra— es que, al aferrarse a lugares inaccesibles, se aislaron de las catástrofes inevitables ocurridas después. Protegidas del bombardeo de los meteoritos, de las fluctuaciones del clima y demás desastres, sirvieron muy probablemente para mantener vivo al planeta durante los tiempos difíciles, de modo que algún día pudiéramos aparecer nosotros para preguntarnos cómo ocurrió.

Incluso cuando los microbios primitivos comenzaron a expandirse por lugares más expuestos en todos los océanos, establecieron mecanismos protectores que les ayudaron a asegurar su supervivencia. Algunas especies de bacterias sulfurosas y cianobacterias que siguen viviendo actualmente en el agua poseen vacuolas de gas, a modo de tanques submarinos de lastre, que pueden rellenar o vaciar de gas para mantenerse adecuadamente por debajo de la superficie del agua, donde en otros tiempos existieron peligros como la radiación ultravioleta o el oxígeno.

Sin embargo, fuera cual fuese la protección de esos sistemas vivos, en la época en que nuestro átomo quedó nuevamente aprisionado en la corteza, la producción fotosintética de oxígeno por las cianobacterias fue una catástrofe comparable a la del impacto de un gran meteorito. El peligro fue quizás máximo para las propias cianobacterias primitivas, envenenadas por sus propios productos de desecho. Incluso en la actualidad existen especies de cianobacterias que no toleran el oxígeno producido por ellas mismas y que deben vivir en estrecha proximidad con microbios que se apoderan del oxígeno en cuanto lo producen.

Pero hace 3.500 millones de años no había semejantes microbios. De haberse acumulado rápidamente el oxígeno en la atmósfera, habría supuesto el fin para la mayor parte de la vida sobre la Tierra. Puede parecer inexplicable que pequeñas criaturas de una sola célula, de unas pocas milésimas de centímetro de longitud, ejercieran sobre el medio terrestre un efecto tan poderoso. Pero, como hizo notar H. G. Wells en *La guerra de los mundos*, hasta los microbios microscópicos pueden dar un buen golpe si uno está con la guardia baja. Trabajando al unísono, billones y billones de cianobacterias terminaron por dar otra forma a la atmósfera de la Tierra. Afortunadamente el planeta nos echó una mano, de modo que a las pacientes cianobacterias les costó más de 1.000 millones de años hacer una mella significativa en la biosfera. Fue tiempo suficiente para que la vida no sólo desarrollara mecanismos nuevos de protección eficaces, sino para convertir esta nueva capacidad en una ventaja que más adelante hizo posible la vida tal como la conocemos.

La razón de que esta acumulación fuera lenta es muy simple. El oxígeno es tan reactivo que reacciona rápidamente con cualquier cosa que encuentre en su entorno. Hace 3.500 millones de años había tantos sumideros de oxígeno en la Tierra que incluso billones de cianobacterias desprendiendo oxígeno a todo gas durante 1.000 millones de años en la superficie de nuestro planeta fueron tan efectivas como el lobo que soplaba y resoplaba contra la casa de ladrillo del tercer cerdito.

Después de todo, la Tierra se hallaba en un estado fundamentalmente reducido. El planeta entero pedía a gritos ser oxidado. El sulfuro de hidrógeno, el carbono reducido en la materia orgánica y el propio gas hidrógeno estaban a la espera de chupar oxígeno. Hasta las rocas se morían de hambre de oxígeno, absorbiéndolo como carbonato cálcico en la caliza o por medio de azufre, uranio o hierro ávidos de oxígeno.

El hierro había servido durante largo tiempo y de diferentes maneras como protector de la vida frente al oxígeno. La radiación ultravioleta de la atmósfera primitiva dividía regularmente las moléculas de agua en hidrógeno y oxígeno. Los iones de hierro en estado reducido pueden disolverse en agua, y los océanos primitivos debieron de contener notables cantidades de hierro disuelto procedente de la erosión de los primeros continentes y del flujo ascendente de materiales del manto por los respiraderos hidrotermales. El oxígeno de la atmósfera puede disolverse en agua y oxidar el hierro. Sin embargo, una vez oxidado, el hierro ya no es soluble en agua y precipita en forma de sólido rojizo que cae al fondo del mar. La cantidad de tales compuestos férricos, según se denominan, descubiertos en rocas antiguas de unos 2.500 a 3.500 millones de años, cuando había pocas grandes cuencas sedimentarias, tuvo que requerir sencillamente la cantidad de oxígeno formado por radiación en la atmósfera. Sin embargo, desde 2.500 hasta 1.800 millones de años se produjeron inmensos depósitos de lo que se ha dado en llamar *formaciones estriadas de hierro*. Extendidas a lo largo de hasta 1.000 kilómetros de longitud y un kilómetro de espesor, no pudieron formarse por la incorporación de oxígeno producido sólo por la radiación. El hecho de que sean estriadas, con capas rojas alternando con otras capas, indica probablemente que la abundancia de oxígeno en esa época era todavía variable.

El hecho de que estos depósitos disminuyeran desde hace 1.800 millones de años nos dice que se había agotado casi todo el hierro disponible no oxidado de los océanos. La probabilidad de esta acumulación de oxígeno en torno a esa época está apoyada por otras pruebas, una de ellas basada en la pirita, compuesto de hierro que pudo haber sido tan importante para la formación de la vida más primitiva. La pirita se oxida fácilmente. Sin embargo, los depósitos de pirita que se remontan de 2.000 a 3.000 millones de años se encuentran en regiones donde en otras épocas fluyeron corrientes. De haber habido oxígeno disponible allí y entonces, la pirita no habría sobrevivido.

Los suelos fósiles primitivos que contenían hierro ayudan también a proporcionar una línea temporal de la acumulación de oxígeno en la atmósfera. En los suelos modernos, cualquier hierro lavado de las rocas se oxida rápidamente, de modo que el hierro se acumula cerca de la superficie del suelo. Sin embargo, en los suelos antiguos, con poco oxígeno y gran cantidad de dióxido de carbono en la atmósfera, el hierro permaneció soluble en agua y percoló a través del suelo acumulándose así cerca de la parte baja del suelo.

Finalmente, la uraninita, un compuesto de uranio, proporciona una datación para la aparición del oxígeno en la atmósfera en cantidades sustanciales que es coherente con la obtenida del hierro y de los depósitos de azufre, usando una especie de proceso inverso al del hierro. En el caso del uranio, su forma insoluble es la no oxidada, la uraninita, mientras que la forma oxidada puede combinarse con dióxido de carbono para disolverse en agua. Las medidas de la supervivencia de la uraninita parecen indicar que hace unos 2.500 millones de años el oxígeno de la atmósfera era, como máximo, un 0,3% de su nivel actual (lo bastante elevado como para que el ozono formado en la parte superior de la atmósfera fuera suficiente para absorber la radiación ultravioleta y proteger así la vida). Al mismo tiempo, el nivel de dióxido de carbono se había reducido sustancialmente, aunque todavía no hasta su nivel actual, llegando a un máximo de unos cientos de veces esa cifra (hay un estudio que señala la cantidad de 30). Es interesante observar que, en torno a este período, la formación de la corteza continental se incremente drásticamente, lo mismo que la tectónica global de placas, y que ya había empezado a pleno rendimiento la consiguiente extracción del dióxido de carbono de la atmósfera.

Impávidas, las cianobacterias microscópicas fueron liberando oxígeno, un día sí y otro también, durante años, siglos, milenios, eras. Libres para utilizar el agua, comenzaron a ocupar los océanos. Sin embargo, hasta hace unos 2.500 millones de años, los sumideros de cualquier oxígeno producido fotosintéticamente mantuvieron a raya de forma efectiva la amenaza del oxígeno. En algún momento de esa época, y durante unos 500 millones de años, la abundancia de oxígeno en la atmósfera creció hasta un 10%, aproximadamente, de su actual valor. Las pequeñas criaturas microscópicas se habían apañado para, pese a su pequeñez, ser numerosas y muy persistentes, y fue entonces cuando comenzaron a colonizar el mundo que, luego, cambiaron. En los 1.000 millones de años transcurridos entretanto se desarrollaron otras formas de vida que prosperaron en este nuevo mundo oxigenado.

Cuando nuestro átomo de oxígeno volvió a entrar en la biosfera, hace unos 3.000 millones de años, las diferencias en el nuevo mundo de la superficie eran tan manifiestas que tuvieron que afectar a su ciclo vital. La Tierra se volvía poco a poco verde gracias a la clorofila. La fotosíntesis ya había empezado, tal vez incluso la fotosíntesis productora de oxígeno. Así, salvo períodos breves, nuestro átomo de oxígeno, al entrar en el metabolismo de la vida en forma de agua pudo ser liberado por la fotosíntesis. Debió de existir como puro gas oxígeno, quizás por primera vez desde los viajes interestelares que siguieron a su creación en su supernova madre. Estos períodos de libertad tuvieron que ser probablemente breves, pues —qué casualidad— por todas partes había rocas y materia orgánica esperando ser oxidadas. A veces nuestro átomo pudo volver a ser dióxido de carbono o agua, en los que sobrevivió decenas o centenares de millones de años. Pero lo más probable es que, una vez precipitado de nuevo al fondo oceánico, bien formando parte de una roca carbónica, de una molécula orgánica o quizás de una célula muerta, fuera subducido y regurgitado por la Tierra mucho después.

Puede resultar algo romántico darse cuenta de que el oxígeno que respiramos ahora fue inicialmente respirado (si puede decirse así) en su forma primitiva por un organismo unicelular aferrado a una roca en aquel mundo primordial. Pero una vez pasada la emoción, las cosas siguen siendo bastante prosaicas en lo que respecta al oxígeno. Todavía está por producirse el definitivo ciclo del oxígeno. En este punto el oxígeno permanece básicamente marginado de todo el proceso de la vida, aparte de existir como una velada amenaza que debía evitarse. Cuando forma parte del ciclo vital es sencillamente como un compañero de viaje. Antes de la invención del F II el oxígeno entraba en el metabolismo vital como parte del dióxido de carbono que se dividía sobre todo para obtener carbono. Nuestro átomo de oxígeno era incorporado como parte de una molécula orgánica, tal vez acompañando a un fosfato en una cadena de ATP o bien excretado como agua.

Incluso en el nuevo proceso fotosintético F II se produce oxígeno sobre todo como subproducto sin importancia en una reacción química que es al tiempo violenta y despreocupada. El oxígeno entra como parte de una molécula de agua bruscamente rota en busca del valioso hidrógeno. Los dos iones hidrógeno (es decir, los dos protones) y sus electrones acompañantes son arrastrados lejos de la molécula de agua como niños a quienes se separa de su madre. Son esclavizados temporalmente en campos de trabajo, mientras los electrones, impulsados por la energía absorbida de la luz, se mueven en una cuerda de presos para atender a las necesidades de energía del organismo. Bombean y aguijonean a sus parientes protónicos que, a su vez, ayudan a crear ATP quizás antes de que se les permita abandonar el sistema junto con otros parientes OH, formando parte del agua, o ser permanentemente asimilados en complejos orgánicos cada vez mayores.

El oxígeno original se excreta sencillamente como residuo en forma de oxígeno gaseoso o, si se empareja con algunos protones sobrantes, vuelve a salir en forma de agua. Seguramente el oxígeno gaseoso alterará el medio, pero el propio oxígeno no ha entrado todavía en el ciclo de la vida de modo directo o bullente a pesar del gran potencial que ofrece. Tal vez tuviera suerte. Hasta este momento no era un trabajador explotado. Supongo que depende del punto de vista. ¿Explotación o trabajo útil? En cualquier caso, a semejanza de muchos inmigrantes, el oxígeno era evitado todavía por la vida en esta primera era de las arqueas. Pero como la cantidad de oxígeno residual aumentó durante dichas eras, la vida se adaptó pronto a tratar, y finalmente a explotar, este exótico, peligroso y reactivo socio. En adelante, el oxígeno nunca volverá a ser un simple acompañante.

Contenga la respiración mientras lee esta página. Tras el primer párrafo, más o menos, dependiendo de su velocidad de lectura y la capacidad de sus pulmones, por supuesto, aparece cierta ansiedad, ¿no es así? Cuando haya terminado la página completa, y en función de su capacidad pulmonar, se sentirá como mínimo algo incómodo. Lo que comienza como un ligero esfuerzo se vuelve una necesidad imperiosa de respirar y quizás note un dolor en el pecho. Hasta su cabeza puede empezar a sentir punzadas. Si tiene usted la disciplina y el deseo de seguir leyendo empezará a sentirse aturdido. Si su cuerpo le permitiera seguir conteniendo la respiración, terminaría por desmayarse. Pero respire otra vez. El resto de la historia es demasiado bueno para perdérselo.

Podemos pasar sin comida días, incluso semanas. La necesidad de agua es más imperiosa y la deshidratación mata normalmente antes que la inanición. Pero la necesidad de oxígeno es la más poderosa de todas. Sin él, todos estamos muertos no en cuestión de días y horas sino de minutos.

El hecho es todavía más sorprendente cuando nos damos cuenta de que la función última del oxígeno en nuestros cuerpos, una función que magnificó la habilidad de la vida para producir energía quizás en un orden de magnitud más, sencillamente consiste en recoger los electrones de desecho al final de su turbulento viaje por nuestro metabolismo. Pero sin esta reiterada recogida, ¿dónde estaríamos? La vida requiere energía y la vida compleja requiere una energía superior a cualquier expectativa. Cada vez que se hace un trabajo útil debe producirse también calor residual. Es una ley inexorable de la física. Todo trabajo requiere energía, mucha energía.

He aquí un dato que me parece sorprendente. *El ser humano medio utiliza unos 190 kilos de ATP cada día de su vida para impulsar sus actividades*. Teniendo en cuenta que cualquiera de nosotros alberga menos de 50 gramos de ATP en nuestro cuerpo a cualquier hora, eso supone un reciclaje enorme. Concretamente, cada molécula de ATP debe volverse a cargar energéticamente como mínimo 4.000 veces al día.

La respiración de oxígeno, aunque está vinculada al último estadio de producción de energía de nuestro cuerpo, aumenta la emisión de energía obtenida a partir de una molécula de azúcar: desde las dos moléculas de ATP obtenidas exclusivamente por fermentación hasta las 38 moléculas de ATP cuando se añade la respiración. Sin ella sencillamente quedamos sin fuerza y, a semejanza de los rivales del conejito de la tele, pronto dejamos de funcionar.

El proceso de respiración comienza de forma muy parecida a la fermentación. Primero se divide la glucosa y se obtienen ácidos como el cítrico. Sin embargo, en este punto pasa a dominar un nuevo ciclo en el que los electrones de alta energía se depositan en moléculas mensajeras que los llevan a una cadena de transporte de electrones que produce hasta 32 moléculas adicionales de ATP. Finalmente, al final de esta cadena, los electrones cansados y casi completamente desprovistos de energía, y sus protones acompañantes, quedan atrapados sin más por el oxígeno, que pasa entonces a reducirse para formar agua.

Ésta es toda la historia de la central energética que hay detrás de la vida moderna, y el oxígeno sólo aparece en ella muy al final. Parece tan sencilla que no mereciera la pena unos pocos cientos de millones de años de evolución.

Si las cosas son tan sencillas, ¿cuál es el gran adelanto? ¿Por qué la vida primitiva evitó el oxígeno a toda costa? La cuestión estriba en que conseguir oxígeno para chupar electrones no supone ningún problema. El problema radica en que los chupe demasiado pronto. Abandonado a su propia suerte, el oxígeno tomaría los electrones antes de que pudiera producirse ATP alguno, interrumpiendo toda la senda metabólica de la vida.

Recordemos que la respiración es una combustión *controlada*. El fuego es una combustión incontrolada. La diferencia está clara incluso para un observador carente de formación. Conseguir que el oxígeno retrase su gratificación exigió el desarrollo de un ejército de maquinaria biológica, que incluía enzimas y proteínas junto con el ARN y el ADN que codificarían las recetas para su formación. Por ello la respiración es sólo para expertos.

Podemos ver un atisbo de la complejidad requerida para manejar oxígeno si tenemos en cuenta la historia de la molécula de hemoglobina, sobre la cual incluso ahora se siguen haciendo descubrimientos sorprendentes. La hemoglobina es la molécula que transporta el oxígeno por la sangre hasta los distintos tejidos. Sin ella la sangre sólo puede disolver aproximadamente 1/70 parte de la cantidad de oxígeno que es capaz de transportar cuando está presente la molécula. El motor de la hemoglobina comprende cuatro anillos de porfirina, parecidos al utilizado en las cadenas primitivas para el transporte de electrones. En el centro de cada anillo hay un átomo de hierro, formando un grupo hemo, que puede unirse a un oxígeno liberándolo después, al igual que el grupo hemo de la porfirina permite a la molécula que tome y suelte electrones cuando los necesite. Pero aún podría ser más importante el hecho de que el oxígeno no quede suelto en lugares donde podría causar daños.

La hemoglobina es esencial para el intercambio de gases en el interior de nuestro cuerpo. Hasta los cambios más minúsculos en su carga interna pueden afectar drásticamente a su capacidad para transportar oxígeno, como descubrió Linus Pauling cuando investigó la hemoglobina de los humanos en relación con la anemia falciforme. Sin embargo, esta característica de transporte y liberación de oxígeno de la hemoglobina humana pudo ser una solución evolutiva mucho más importante al fastidioso problema primitivo del oxígeno. Por ejemplo, en una lombriz parásita anaerobia común en los humanos y otros mamíferos se halla una forma de hemoglobina que se une muy fuertemente al oxígeno. La hemoglobina se une al oxígeno para poder proteger a la lombriz de cualquier oxígeno libre que pudiera haber en su entorno. ¿Sería posible que los precursores de las modernas moléculas de hemoglobina hubiesen evolucionado originariamente no para transportar oxígeno al cuerpo sino más bien para aislar átomos errantes de oxígeno que pudieran acercarse demasiado a los centros orgánicos de reacción? De este modo, habrían protegido a las primeras especies del apetito de oxígeno por los electrones potencialmente letal.

Una prueba, sin relación alguna con ésta, del posible papel protector de la hemoglobina procede de otra clase de lombriz tan alejada de los mamíferos como pueda encontrarse sobre la Tierra. Esta lombriz es una de las extrañas formas de vida, y sin embargo relativamente avanzadas, que prosperan cerca de los respiraderos hidrotermales del fondo oceánico, donde sin duda prosperó la vida de las arqueas. Al poco de descubrirse esas chimeneas negras, se descubrieron cerca inmensas y florecientes colonias de criaturas vermiformes y rojas, conocidas hoy como lombrices tubulares gigantes. Estas lombrices tienen hasta metro y medio de longitud y 40 centímetros de diámetro.

Cuando se descubrieron esas lombrices en aquellos medios calientes, ácidos y sulfurosos, los biólogos estaban lógicamente impacientes por determinar cómo podían crecer hasta esos tamaños tan grandes en semejantes agujeros infernales. Resulta que estos animales tienen en su interior bacterias que pueden combinar el oxígeno con el sulfuro de hidrógeno y utilizar la energía liberada para elaborar compuestos orgánicos de carbono a partir del dióxido de carbono: una moderna versión de la oxidación anaeróbica del sulfuro en pirita que pudo estar relacionada con la primera chispa de vida en la Tierra. Con todo, hay un problema. El sulfuro de hidrógeno es generalmente tóxico para animales aerobios como las lombrices tubulares. Y ahí es donde entra en juego la hemoglobina de la sangre de la lombriz tubular. Tiene una enorme afición por los sulfuros y probablemente puede transportarlos, así como oxígeno y dióxido de carbono, hasta las bacterias que se encuentran en su interior, al tiempo que protege al resto del animal del envenenamiento por sulfuro. Al mismo tiempo, el fuerte enlace del oxígeno de la hemoglobina protege la bacteria de una exposición excesiva al oxígeno y posiblemente asegura que los sulfuros de la sangre no se oxiden antes de llegar a su lugar de utilización. El largo tubo de la lombriz permite rastrear las aguas en busca de estos gases en la zona donde el agua del fondo del respiradero se mezcla con el agua marina ambiente. Recoge dióxido de carbono y sulfuros de aquélla y oxígeno de ésta. La hemoglobina y las demás proteínas permiten que estos gases potencialmente tóxicos se mantengan a raya para un uso posterior por las bacterias simbióticas en las regiones inferiores de la lombriz.

A causa de la larga historia de la vida hipertermófila cerca de los respiraderos hidrotermales, es natural que nos preguntemos si el papel protector de la hemoglobina y de las proteínas de las lombrices tubulares podría remontarse a una forma primitiva de protección de sus ancestros anaerobios de la época en que comenzó la primera escabechina del oxígeno, hace entre 2.500 y 3.500 millones de años.

En cualquier caso, la vida desarrolló lentamente la capacidad de regular y usar el oxígeno y eso lo cambió todo. De pronto el uso de la energía, que hasta ese momento había sido impensable, se hizo posible y el mundo de la vida pudo diversificarse y crecer de maneras que hasta entonces habían sido físicamente imposibles. Todo nuevo proceso de vida genera calor residual junto con la energía utilizable. Los sistemas mayores, con más procesos, generan más calor. Por ejemplo, los seres humanos, incluso en reposo, generamos continuamente casi 100 watios de calor. Por eso termina por hacer calor en un auditorio lleno de gente. Una habitación con 100 personas tiene ¡el equivalente de un calentador de 10.000 watios! Sólo la respiración de oxígeno permite generar este tipo de energía como calor residual de los sistemas biológicos. Y sólo entonces puede estar lista la vida para el gran momento.

Hicieron falta, por supuesto, unos 1.000 millones de años para que los niveles de oxígeno se elevaran hasta acercarse al actual nivel y, como veremos, incluso mucho más para que la vida explotara ese potencial completamente. Durante 1.000 millones de años las cianobacterias y los estromatolitos gobernaron el mundo, creciendo en grupos cada vez mayores, a veces de 100 metros de altura, porque prácticamente no había a su alrededor nada que los amenazara. Se diversificaron adueñándose de todos los lugares imaginables, de los océanos a los lagos, de los desiertos al interior de las rocas. Conforme fue abundando el oxígeno, hubo más bacterias que aprendieron a enfrentarse a este peligro y, después, a explotarlo. Comenzaron a desarrollarse muchas especies diferentes de procariotas que respiraban oxígeno.

Por lo que respecta a nuestro átomo de oxígeno, sin embargo, el nuevo fenómeno de la respiración aportó un cambio inmediato y drástico a su ciclo vital. A medida que aumentaba el contenido de oxígeno en la atmósfera, una vez que los sumideros de oxígeno como el hierro se hubieron oxidado, había menos probabilidades de que nuestro átomo de oxígeno fuera retirado de la atmósfera. Ahora podía reciclarse al tiempo que participaba activamente en el proceso que rige la vida. Al aceptar simplemente los cansados electrones al final de un largo ciclo de trabajo, el oxígeno gaseoso podía convertirse en agua mediante una combustión a cámara lenta. Como parte del agua, el oxígeno podía verse liberado nuevamente por las plantas fotosintéticas que controlaban la luz del Sol. O, como parte del dióxido de carbono, estos mismos procesos podían convertirlo en agua. Ahora el oxígeno podía ser transformado rápidamente de dióxido de carbono en agua y otra vez en oxígeno para empezar de nuevo, en una escala de horas o días y no de millones de años.

Las primeras bacterias productoras de oxígeno fueron también seguramente las primeras en desarrollar la capacidad de utilizarlo. Las cianobacterias fotosintetizan durante el día y respiran de noche. Su maquinaria es lo bastante compleja como para manejar ambos procesos, pero no al mismo tiempo.

Más tarde, otras algas y plantas desarrollaron componentes especializados que manejaban los diferentes procesos simultáneamente, pero las células indiferenciadas y sencillas de las cianobacterias no podían todavía con la tarea. Sin embargo, la estrategia de las cianobacterias tiene cierta lógica y eficacia. Durante el día, se explota la energía de la luz; y por la noche, la energía oscura. De aquellos promontorios de tierra alfombrados de bacterias surgían oleadas de oxígeno cuando el Sol brillaba, y por la noche el dióxido de carbono subía hacia la Luna.

Este reciclado significa también que nuestro átomo de oxígeno tiene una historia mucho más rica, incluso en esa época primitiva, de la que hubiera tenido en otras circunstancias. Fue liberado a la atmósfera por una cianobacteria hace más de 3.000 millones de años y a lo largo de las eras que siguieron fue exhalado y reabsorbido bajo una u otra forma por una auténtica multitud de criaturas fangosas. Formó parte del limo, de una estera verde, fue libre en el aire cambiante, formó parte de las rocas y del agua. A lo largo de 1.000

millones de años exploró todos los rincones de nuestro planeta desde muy por encima de la superficie hasta el fondo del mar y, de vez en cuando, hasta las entrañas de la Tierra.

Esta energía recién descubierta permitió que la vida comenzara realmente a cambiar la faz de la Tierra. La bioquímica, combinada con imperiosas fuerzas geológicas, tuvo un impacto devastadoramente poderoso. Se formaban y crecían los continentes, se extraía dióxido de carbono de la atmósfera y se fijaba en el suelo, y la vida añadía oxígeno a la mezcla de forma paulatina y constante. La rocosa superficie de nuestro planeta azul se cubría de verde. También se colonizaban los océanos, que cubrían tres cuartas partes de la superficie recolectora de luz disponible sobre la Tierra. Hordas de plancton, localizadas a unos 80 metros por debajo de la superficie del agua para protegerse de la radiación ultravioleta, producían y emitían oxígeno, y todavía hoy siguen dominando la producción de oxígeno y materia orgánica en las aguas tropicales. Incluso los cielos eran más seguros. Conforme aumentaban los niveles de oxígeno se producía ozono por interacción con la radiación solar y su acumulación formó sobre el planeta una pantalla protectora, que absorbía la radiación ultravioleta antes de que pudiera dañar a la vida que bullía debajo.

El nivel de oxígeno en la Tierra nunca fue muy superior al actual, aproximadamente un 20% de la composición de la atmósfera, lo que no está mal. El oxígeno es tan reactivo que si la fracción atmosférica se elevara más de lo debido produciría una combustión espontánea descontrolada. La chispa de la vida podría desencadenar una explosión, en este caso literalmente. Incluso las húmedas plantas son muy inflamables en concentraciones elevadas de oxígeno. De hecho, algunos tipos de carbón del período de los insectos gigantes, el Carbonífero, cuando los niveles de oxígeno eran mayores, proporcionan pruebas de incendios forestales localizados de gran intensidad. Volvemos a sentir que debe existir algún mecanismo de retroalimentación que eleva el contenido de oxígeno para que la vida pueda explotarlo, pero que afortunadamente lo limita por debajo del punto de riesgo.

Durante este período dichoso la vida pudo disfrutar verdaderamente de los frutos de su trabajo y el planeta alcanzó un nuevo equilibrio. Con todo, los sacos que componían las células procariotas eran excesivamente primitivos para permitir que evolucionaran organismos complejos. Para dar el paso siguiente, los propios pilares básicos de la vida tenían que evolucionar.

En 1967 Lynn Margulis lanzó una idea pionera y sensata. Hemos visto que los microbios de función única pueden tener relaciones simbióticas unos con otros, como en los estromatolitos, y con formas de vida más complejas, como en las lombrices tubulares. Margulis exploró una posibilidad que ya llevaba tiempo en el aire, a saber, que las células complejas de animales y plantas superiores, las que tienen un núcleo y muchos orgánulos distintos en su interior, cada uno con una función, podrían haberse formado por células bacterianas que sencillamente asimilaron en su interior a otras bacterias con funciones especiales. Así utilizaban para sus propios propósitos las capacidades especiales del nuevo inquilino, como hacen los *borg* en *Star Trek*. De este modo nacieron los eucariotas, organismos cuya(s) célula(s) tenía(n) un núcleo y otros componentes diversos, cada cual con una tarea específica.

Semejante posibilidad es, desde luego, razonable. Las células podían albergar bacterias fotosintetizadoras que contenían clorofila u otras bacterias que respiraban oxígeno eficazmente. Centrémonos de momento en este último caso. Estas bacterias podían formar una relación simbiótica con una célula anaerobia, tal vez invadiéndola para alimentarse de los residuos orgánicos de su anfitriona. A medida que el oxígeno aumentaba en la atmósfera, estas células terminaron por adquirir una ventaja evolutiva, ya que los parásitos de su interior podían procesar el oxígeno para producir compuestos energéticos. Con sus recintos nucleares protectores, y sus habilidades simbióticas, estas células no estaban restringidas a los entornos anaeróbicos de la Tierra, cada vez menos frecuentes. La vida en su interior terminó por ser tan fácil que las bacterias simbiontes ya no necesitaban una vida externa y comenzaron a desprenderse del material genético innecesario.

La prueba del nueve sería que pudiéramos demostrar que los componentes individuales de las células modernas, como los cloroplastos y las mitocondrias, que tienen respesctivamente las funciones señaladas anteriormente, poseen más parecido genético con determinadas células procariotas individuales que entre sí. Por ejemplo, estudios sobre la composición y la sensibilidad antibiótica del ARN ribosómico de las mitocondrias y de diversas bacterias parecen indicar que así es.

Este nuevo nivel de complejidad fue seguramente necesario antes de que se pudieran formar sobre la Tierra animales y plantas complejos. En cualquier caso, fue un proceso vital en el camino hacia los tiempos modernos. Pero así como esa simbiosis celular es muy importante biológicamente desde nuestro punto de vista, que es el de nuestro átomo de oxígeno, simplemente es más de lo mismo. No hay mucha diferencia en si el oxígeno se incorpora a una simple bacteria o a un orgánulo de una célula compleja o si es transportado entre esas células. El resultado final es el mismo. La vida se iba haciendo más diversa, pero su ciclo, por lo que respecta al oxígeno, permanecía sin cambios notables.

Sin embargo, otras nuevas criaturas pudieron aprovechar mejor la nueva energía disponible por la combustión del oxígeno, y las plantas y los animales complejos y multicelulares terminaron por surgir a renglón seguido del incremento de oxígeno en la atmósfera hace de 1500 a 2000 millones de años. Los animales que vivieron durante esa era fueron como los de la visión del *Viejo marinero*: criaturas fangosas con y sin extremidades. Comenzó a desarrollarse la diversidad y, en superficie, el planeta empezó a parecerse cada vez más al que conocemos hoy. Los niveles de oxígeno fueron acercándose al valor actual, las plantas vivían en tierra y en el agua y los animales nadaban en los océanos. Pero algo se echaba en falta. Con todo ese enorme nuevo potencial, la vida parecía haberse estancado. Hasta tal punto, en realidad, que durante cientos de años los paleontólogos más dedicados al tema no pudieron descubrir pruebas de que hubiese evolucionado en absoluto durante ese período de 1.000 millones de años.

Quizás se apoderó de ella cierta complacencia. ¿Acaso la vida era demasiado sencilla? ¿Necesitaba un nuevo nicho para desarrollarse? De ser así, la naturaleza proporcionaría uno enseguida. Porque el futuro de la vida no estuvo ni está únicamente en sus propias manos. Los increíbles cambios que se produjeron a continuación —quizás la máxima revolución ocurrida en la historia de la Tierra desde el propio origen de la vida— estuvieron regidos por unas circunstancias fuera de su control y nuestro átomo de oxígeno, como todos los demás átomos en la superficie de la Tierra, se vio arrastrado por ellos.

Unos procesos físicos drásticos y poderosos decidieron la naturaleza del planeta que nosotros y nuestro átomo de oxígeno habitamos y dieron forma precisa al aprovechamiento de la revolución bioquímica, que había hecho traspasar a la vida el umbral de lo antiguo a lo moderno.

Tercera parte
Retorno

El futuro ya no es lo que era.
Yogi Berra

15
Una bola de nieve en el infierno, humanos y otras catástrofes

También esto pasará.
Manuscrito sufí

"¡Qué me parta un rayo! ¿De qué vas? ¿Cómo lo llevas, colega?"

Por lo que yo sé, sólo hay un lugar en el mundo donde le reciben a uno con semejante saludo. Es la isla de Terranova [Newfoundland en inglés]. No hay otro lugar semejante, y está bien que sea así. Generaciones de vidas pasadas en el mar, o en aislados villorrios de la costa a la espera de hacerse a la mar, han terminado por crear un lenguaje especial y un sentido muy particular de la cordialidad y el humor.

Yo me crié en el Canadá superior, tal como gustan llamarlo los nativos de esas provincias orientales, en donde aprendí bromitas *newfies* [de Newfoundland] que podían gastarse porque lo cierto es que ninguno de nosotros conocía a nadie de Terranova. Pero gracias a mi mujer, que es natural de Nueva Escocia, vecina de Terranova, he aprendido a apreciar desde entonces su profunda humanidad, que parece superar la pobreza y la soledad que suelen acompañar a las economías basadas en el mar. Los nativos de Nueva Escocia y New Brunswick, a semejanza de sus antepasados escoceses e irlandeses, son narradores profesionales. Los auténticos maestros de entre todos ellos provienen de Cape Breton Island, la esquina nororiental de Nueva Escocia, separada del resto de la provincia por un estrecho muy angosto. Allí las raíces célticas se combinan con las huellas dejadas por los acadios, los pobladores franceses a los que los británicos expulsaron de la región. Algunos de los acadios expulsados se asentaron más tarde en Luisiana, en donde la palabra *acadio* evolucionó hasta convertirse en *cajun.*

Pero los bretones de la Isla del Cabo son moderados en comparación con sus vecinos de Terranova, por lo menos en lo que respecta al uso colorista del lenguaje y a la capacidad de celebrar festejos nocturnos. Cualquier nativo de Terranova estará feliz de contarle a usted la historia que explica por qué su isla es única, pero en 1990 los paleontólogos descubrieron una razón inequívoca que hace de Terranova un lugar especial. Porque allí fue donde comenzó el mundo moderno, tal como ahora se define.

Durante 1.000 millones de años después de la primera aparición de eucariotas pluricelulares, la vida en la Tierra continuó diversificándose, aparentemente sin grandes obstáculos. Al mismo tiempo, las alfombras bacterianas primitivas siguieron floreciendo, pues los nuevos organismos que surgían a la vida no parecían tener la necesidad de pastar en ellas. Durante este período el oxígeno siguió aumentando sin parar en la atmósfera y se fueron desarrollando formas de vida nuevas y mayores que se aprovechaban de él. Los núcleos de las células, característicos de los eucariotas, guardan la información genética requerida para la propagación, pero el panorama ofrecido en el capítulo anterior, con células complejas que surgían mediante el acrecimiento de bacterias con funciones especiales, parece indicar que el oxígeno también tuvo un papel evolutivo en este desarrollo. La segregación de material en el interior de la zona del núcleo significa que éste estaba protegido de los dañinos efectos del oxígeno que, sin embargo, era necesario para proporcionar fuerza a esas células.

Esto significa que nuestro átomo de oxígeno era guiado durante el tiempo que pasaba en estos sistemas vivos y sólo visitaba ciertos lugares concretos. Recordemos que las mitocondrias, por ejemplo, son estructuras de estos nuevos complejos celulares que rigen la función respiratoria, y ahí es donde el oxígeno contribuye a impulsar la producción de ATP al retirar los electrones usados. Antes de que existieran las células nucleadas, nuestro átomo de oxígeno era libre de andar a su antojo por toda la célula. Después se le impidió el paso al *sanctasanctórum* a menos que formara parte de una molécula orgánica mayor y más compleja. Las mitocondrias terminaron por ser el único lugar en el que el oxígeno era bienvenido. Y de manera parecida, a medida que las células eucariotas iban agregando más componentes, las vías específicas seguidas por el oxígeno en el interior de las especies vivas fue diversificándose, al igual que la creciente diversidad de la propia vida.

El acrecimiento y la asimilación de formas de vida en el interior de las células para recibir ayuda en sus funciones estuvo seguida por el desarrollo de los primeros animales. Estas criaturas viven utilizando el trabajo fotosintético realizado por otras especies. Pero no lo utilizan introduciendo esas especies dentro de sus células, sino digiriéndolas y dividiéndolas en sus componentes ricos en energía. Y necesitan oxígeno para quemar eficientemente esos componentes. Los animales sólo pueden existir gracias al duro trabajo de los fotosintetizadores a lo largo de los tiempos, primero produciendo materia orgánica que comer, y después produciendo suficiente oxígeno como para llenar la atmósfera de modo que pueda usarse en la respiración. Los humanos no son más que una etapa de la larga línea de animales que explotan los frutos de la labor realizada por las plantas y las bacterias a lo largo de eras.

Hace unos 600 millones de año la superficie del planeta hubiera parecido familiar a primera vista y hasta acogedora a un viajero del tiempo que llegara desde nuestra época. Del suelo brotaban plantas verdes y en el mar se veían ondulante animales. Desde luego, y salvo tal vez por algunos hongos o plantas venenosos, a los exploradores no les habrían acechado grandes peligros. Nada de *jabberwocks,* con mandíbulas que muerden y garras que atrapan, escondidos detrás de alguna roca.

Y justamente esa ausencia es lo llamativo. Hasta hace casi 600 millones de años la diversificación de la vida en el planeta no había llegado a nada en concreto. Estaban empezando a aparecer en escena los animales pluricelulares y todavía tenían que aparecer los esqueletos que hicieron posible la existencia de grandes animales, de los dinosaurios a las ballenas, de las aves a los humanos.

Más tarde, de repente y muy rápidamente, cambió todo y en toda la Tierra. Había comenzado la revolución cámbrica.

Los cambios son observables en los farallones de los acantilados del sur de Terranova, cerca de un lugar con un nombre *newfie* típico: Mistaken Point [Punta equivocada]. También son visibles en los depósitos sedimentarios de diversos lugares del mundo, desde las colinas

Ediacara de Australia meridional, donde se descubrieron fósiles animales del Precámbrico en 1946, hasta China, el Ártico siberiano, Inglaterra y Gales. De forma misteriosa, y en sólo unos pocos millones de años, la vida dio un vuelco en todas partes del planeta.

Por vez primera dio la sensación de que muchas especies desaparecían. En lugar de aumentar la diversidad y abarcar la que había habido antes, la vida pareció cambiar cualitativamente. Empezaron a aparecer pequeños animales con concha. Estas conchas han perdurado como fósiles, lo cual despistó a los científicos modernos haciéndoles creer que la vida misma había comenzado en ese período. Hoy sabemos, en cambio, que la vida se había limitado a cruzar el gran umbral que conducía al futuro. A base de conchas y esqueletos se habían puesto las bases para crear animales mayores. Así como los grandes puentes y edificios exigen una infraestructura rígida, las leyes de la física exigen que los animales terrestres grandes tengan algo que los mantenga de una pieza.

¿Se notó este umbral en la vida de nuestro átomo de oxígeno? Desde luego que sí, si el oxígeno pasó a formar parte de una de esas conchas o esos esqueletos y se conservó en una roca a través del tiempo. Pero lo que importa aquí verdaderamente es si un átomo de oxígeno "en abstracto" notaría el inicio del período Cámbrico. Sólo sería así si el cambio del Precámbrico al Cámbrico hubiera ido asociado con algún otro cambio físico o químico en la Tierra a gran escala. La extinción de algunas especies en la frontera entre Precámbrico y Cámbrico es sugerente, pero durante algún tiempo se creyó que la explosión biológica asociada al Cámbrico había tenido fundamentalmente un origen puramente biológico. Se sabía que, poco antes de ese período, la corteza continental existente formaba un supercontinente alargado en torno al ecuador y que esa masa de tierra acababa de empezar a romperse. Según se ha observado, esto debió de aumentar drásticamente la cantidad total de costas ya que muchos continentes pequeños, cada cual rodeado de agua, tendrían más costa que un gran continente único. Con más costas cerca del ecuador hubo más áreas inundadas por la marea y más cálidas. Como se pensaba que las aguas que deja la marea eran buenos criaderos de vida nueva, se razonó que su aparición podría explicar la súbita explosión del Cámbrico. Pero los descubrimientos más recientes realizados a lo largo de la pasada década parecen indicar un estado de cosas completamente diferente. En la época en que la diversidad de la vida estaba a punto de explotar, parece ser que la Tierra se congeló como una gigantesca bola de nieve.

Desde el punto de vista de un físico, que no es, según creo, demasiado distinto del punto de vista de nuestro átomo de oxígeno, este tipo de catástrofes interrumpe lo que de otro modo habría sido una progresión monótona. La notable diversidad de la vida y de los mecanismos de supervivencia, procreación, pautas sociales, origen de la consciencia y demás, son indudablemente fascinantes por derecho propio. Sin embargo, una vez que se establecieron los mecanismos básicos de la fotosíntesis y la respiración, y se originaron las células nucleadas con sus diversos orgánulos, el futuro ciclo de la vida para nuestro átomo de oxígeno fue en general más de lo mismo. La evolución biológica puede progresar explotando todas las combinaciones diferentes de las unidades bioquímicas básicas, y las que se ven favorecidas evolutivamente sobreviven y procrean. Sin embargo, por lo que al oxígeno se refiere, la costumbre es más o menos la misma: el oxígeno libre oxida la materia orgánica quemándola para dar dióxido de carbono y agua. En forma de dióxido de carbono, el oxígeno puede combinarse en moléculas orgánicas, sedimentarse en rocas carbónicas o reconvertirse por fotosíntesis en agua, y luego ser enviado nuevamente a la atmósfera como oxígeno... y así sucesivamente. Que el proceso se dé en el interior de un estromatolito o de un tiburón es una cuestión de menor importancia. Más de lo mismo... ¡menos cuando no es así! Cuando algo drástico cambia las reglas del juego, entonces la cosa merece escribir una carta a casa.

Este nuevo episodio de las vidas de nuestro átomo, propuesto en 1998 por el geólogo Paul Hoffman y su colaborador oceanógrafo y geoquímico Daniel Schrag, comienza cuando el supercontinente de Rodinia empezó a trocearse, hace unos 750 millones de años. Conforme los subcontinentes de menor tamaño se separaban unos de otros hubo mucho más terreno disponible en primera línea de playa. Además, estos terrenos eran sobre todo tropicales, ya que en aquella época los continentes estaban arracimados en torno al ecuador. El mayor número de fuentes de humedad en esas regiones tropicales trajeron más lluvias. Y con más lluvias, hubo más dióxido de carbono barrido de la atmósfera y las temperaturas globales empezaron a descender.

En esa época el Sol era algo menos luminoso que en la actualidad, pero el efecto invernadero había bastado para impedir que la Tierra se congelara, incluso en épocas anteriores en las que el Sol era todavía menos luminoso. Normalmente, cuando la Tierra se enfría se forma hielo sobre los continentes (cuando existen continentes). El hielo obstaculiza la formación de rocas carbonatadas a partir del dióxido de carbono de la atmósfera, lo que permite que las fuentes volcánicas de dióxido de carbono vuelvan a acumularlo en la atmósfera una vez más. Esto mantiene el efecto invernadero y conserva caliente la Tierra.

Sin embargo, al estar localizados los continentes en torno al ecuador, el hielo no se acumuló en las rocas al bajar la temperatura global, permitiendo que el dióxido de carbono siguiera siendo barrido de la atmósfera. Al mismo tiempo, el hielo se acumulaba sobre el resto de la Tierra. Al ser blanco, reflejaba mucha más radiación solar que el agua líquida. A más luz reflejada, menos luz absorbida, por lo que la Tierra se enfrió aún más. La combinación de tasas de dióxido de carbono decrecientes y una mayor reflexión de la Tierra fue crucial en cuanto el hielo llegó a los 30 grados al norte y al sur del ecuador (la primera latitud es más o menos la de Orlando, en Florida) y así empezó a darse una helada continua. Al cabo de 1.000 años de esta primera acumulación de hielo a gran escala, la Tierra entera se congeló.

Al oír esto, uno duda. Primero, si la Tierra se congeló por entero, ¿qué ocurrió con la vida? Segundo, una vez congelada, ¿qué causó el deshielo? Estas mismas sospechas hicieron que los científicos dudaran durante mucho tiempo de que hubiera podido darse semejante congelación global y profunda, después de que la vida hubiera empezado a evolucionar hacia formas que dejaron el registro fósil más o menos continuo de los últimos 3.500 millones de años.

Al comprender que la vida podía existir, y desde luego prosperar, en entornos muy extremos, la primera preocupación comenzó a disiparse. El calor que escapa por los respiraderos hidrotermales impediría que los océanos se congelaran hasta el fondo. Los organismos tales como las bacterias sulfurosas pudieron sobrevivir fácilmente bajo la capa de hielo del globo. Más aún, algunas cianobacterias sobreviven hoy en hábitats helados, lo mismo que otras especies. Y desde luego las hipertermófilas pudieron prosperar bajo el agua en esos tiempos difíciles.

La segunda duda es incluso más fácil de vencer. Como ya he indicado anteriormente, los volcanes pueden volver a llenar la atmósfera de dióxido de carbono hasta el actual nivel en menos de un millón de años. Con todos los continentes cubiertos de hielo, no había sumidero de dióxido de carbono de modo que la actividad volcánica siguió aumentando el nivel de ese gas 1.000 veces a lo largo quizás de diez millones de años, volviendo a causar un efecto invernadero generalizado. Una vez que el dióxido de carbono se acumuló a una concentración 350 veces mayor que la actual, se originó una descongelación generalizada del hielo, sobre todo a lo largo del ecuador. Conforme se evaporaba el agua del mar, el vapor de agua combinado con el dióxido de carbono acentuó aún más el efecto invernadero. Las temperaturas del globo pasaron de golpe de la congelación a unos 50° en pocos siglos. La Tierra dejó de ser un cubito de hielo para convertirse en un infierno tórrido. Durante siglos hubo chubascos torrenciales que, una vez más, barrieron rápidamente de la atmósfera la alta concentración de dióxido de carbono, produciendo inmensas acumulaciones de carbonatos en los fondos oceánicos. El proceso completo de congelación y descongelación podía iniciarse de nuevo. Se afirma que debió producirse hasta cuatro veces distintas en el período comprendido entre hace 750 y 580 millones de años.

Este panorama no está universalmente aceptado pero presenta rasgos atractivos y, lo que es más, explica algunos detalles que de otro modo serían inexplicables. Al mismo tiempo, la naturaleza global de la subsiguiente revolución cámbrica y su rapidez sugieren que pudo haber estado precedida por alguna catástrofe global. Una de las posibles es, desde luego, haberse convertido en un polo gigante. Sin embargo, es importante darse cuenta de que la última glaciación de la Tierra Bola de Nieve y la explosión biológica del Cámbrico estuvieron separadas por 40 millones de años, de modo que cualquier conexión entre ellas tuvo que ser más sutil. En todo caso, la prueba que llevó a los investigadores por primera vez a la hipótesis de la Bola de Nieve tiene poco que ver con la biología.

A lo largo de muchos años, los geólogos descubrieron en diversos continentes pruebas de un período primitivo de glaciación ampliamente extendido. El hielo glacial deja unas marcas peculiares al moverse por la roca, y estas rocas marcadas se habían desenterrado en numerosos lugares, todas en torno a la misma época. Además, cuando la roca se forma por primera vez en el campo magnético de la Tierra, algunos de sus materiales magnéticos quedan inmovilizados en la dirección del campo magnético de la Tierra. El hecho de que la magnetización de las rocas que muestran pruebas de glaciación apunten en paralelo a la superficie de la Tierra nos dice que estas rocas se endurecieron cerca del ecuador. Siguió siendo un gran misterio cómo había podido producirse una glaciación tan generalizada en las regiones más tropicales de la Tierra.

Además de éste había otro misterio relacionado mucho más directamente con nuestro átomo de oxígeno. Mezclado con los detritos glaciales de esa era aparecen depósitos rocosos ricos en hierro. Se hace difícil imaginar cómo pudo acumularse en los sedimentos esa cantidad de hierro, una vez que el oxígeno se acumuló en la atmósfera de la Tierra. Recordemos que, cuando abunda el oxígeno, el hierro se oxida rápidamente y precipita fuera del agua formando sedimentos. Las formaciones estriadas de 1.000 millones de años antes representaban el tiempo en que el hierro disponible del agua se oxidaba en presencia del oxígeno cada vez más abundante, saliendo así de escena. ¿Cómo pudo tener lugar otra acumulación de hierro en un mundo lleno de oxígeno?

En 1992 el geobiólogo Joseph Kirschvink propuso una solución. Si los océanos se cubrieran de hielo durante millones de años, separarían efectivamente el agua por abajo y el oxígeno por arriba. Así fue como el hierro pudo acumularse en los océanos privados de oxígeno. Una vez fundido el hielo, y pudiéndose mezclar otra vez el oxígeno atmosférico con el agua del mar, el hierro precipitaría rápidamente y se mezclaría con los detritos glaciales.

Había que esperar otro efecto relacionado que seguiría a una descongelación muy rápida. Teniendo en la atmósfera cantidades enormes de dióxido de carbono, y al mismo tiempo lluvias torrenciales, debieron de formarse cantidades ingentes de roca carbonatada muy rápidamente, conforme la lluvia barría el exceso de dióxido de carbono de la atmósfera, lo cual resuelve otro prolongado misterio. La parte alta de los depósitos glaciales que se encuentran en esta era son grandes estratos de rocas carbonatadas que suelen formarse en aguas cálidas en las que la lluvia mezclada con el ácido carbónico lixivia las rocas. Hasta ese momento resultaba desconcertante por qué se crearon esas formaciones de aguas cálidas inmediatamente después de la glaciación. Por añadidura, algunas de las formaciones de cristales carbonatados (llamados *casquetes carbonatados*) descubiertos en Namibia indican que se produjeron muy rápidamente a partir de agua altamente concentrada en carbonato de calcio. Una vez más, todo esto se explica muy bien si se hubiera producido una rápida descongelación después de una profunda congelación. Los cálculos sobre la cantidad de material carbonatado que se pudo formar mientras el dióxido de carbono, que hacía el efecto invernadero, era barrido de la atmósfera indican que bastaría para cubrir la actual corteza continental con un espesor ¡de cinco metros!

La prueba definitiva nos es también familiar y tiene que ver con la proporción de carbono 13 y carbono 12 en estas formaciones carbónicas. Recordemos que la vida prefiere funcionar con carbono 12 en lugar de con carbono 13. Así, el carbono que resta para formar rocas carbónicas cuando los océanos están llenos de vida tiene un exceso de carbono 13, comparado con la proporción normal de estos elementos emitidos por los volcanes. Los casquetes carbónicos de Namibia muestran un rápido descenso de la proporción entre carbono 13 y carbono 12 que se acerca a la de los volcanes justamente antes de los depósitos glaciales, con la consiguiente recuperación posterior. Esto se explica si la abundancia de vida se redujo mientras los océanos se congelaban, y volvió a aumentar una vez más después del deshielo.

Ninguna de estas pruebas es definitiva por sí misma pero la combinación de todas ellas resulta, cuando menos, sugerente y, en el mejor de los casos, irresistible. Según el viejo dicho, si algo camina como un pato, grazna como un pato y nada como un pato, lo más probable es que sea un pato. Sin mirar a los patos sino a sus predecesores, el registro biológico también es seductoramente coherente con este panorama. La congelación profunda debió de matar a muchas especies. Al menos los hipertermófilos disponían de la ventaja de sobrevivir en el infernal verano tórrido que siguió a aquel invierno de varios millones de años de duración. Pero aunque sea tentador imaginar que la Tierra Bola de Nieve pueda haber acabado con todo menos con los extremófilos, la idea no se ve del todo apoyada por el registro fósil. Y el hecho de que la Tierra Bola de Nieve y la explosión del Cámbrico no sean precisamente coincidentes deja en claro que cualquier conexión de la primera con las extinciones y la explosión de diversidad del último no es tan directa.

Sin embargo, es verdad que las presiones ambientales rápidas y variadas están a menudo asociadas a cambios genéticos generalizados. La Tierra Bola de Nieve lo estuvo en un período en que las presiones fueron tan extremas como rápidas. Los cambios genéticos siguientes, desde la fauna de Ediacara a los animales del Cámbrico, son desde luego extremos y parecen inexplicables sin otros acontecimientos drásticos añadidos. Finalmente, la inmensa diversidad tan característica del Cámbrico, y que parece faltar anteriormente, puede ser también comprensible en un período subsiguiente a una congelación global. Durante un período semejante, las poblaciones de cada lugar quedarían aisladas entre sí. Ese aislamiento siempre ha generado nuevas especies sobre la Tierra.

A semejanza de lo que dicen siempre los que hacen dinero en el mercado de valores, siempre hay una oportunidad, incluso en las adversidades. Ése parece ser, sin duda, el caso del progreso de la vida sobre la Tierra. Quizás sin catástrofes generalizadas la vida próspera no conduce al cambio y al desarrollo. La máxima "si no está roto, no lo pegues" explica por qué las cianobacterias han seguido poblando la Tierra con éxito de una manera u otra ¡a lo largo de 3.000 millones de años! En cualquier caso, así como la especulación sobre el posible impacto generativo de la Tierra Bola de Nieve no es, de momento, nada más que eso, es prácticamente cierto que sin catástrofes de uno u otro tipo no estaríamos hoy aquí.

Y son las catástrofes las que marcan las etapas de nuestro átomo de oxígeno desde antes de la explosión cámbrica hasta el momento actual. Una fase de bola de nieve generalizada habría alterado drásticamente la experiencia de nuestro átomo de oxígeno sobre la Tierra, razón por la cual me inclino especialmente hacia esta posibilidad. Si nuestro átomo de oxígeno existiera en su forma libre en la atmósfera anterior a la congelación profunda, cosa que doy por hecha, una vez que la superficie de la Tierra se congelara —tengamos en cuenta que, ya que se supone que el infierno está en las profundidades de la Tierra, el panorama que he descrito *no* la habría congelado por completo— la oportunidad de mezcla y evolución cesaría en su mayor parte. Seguiría habiendo oxígeno en la atmósfera y puede que se acumulara en abundancia, no se sabe cómo, si las criaturas fotosintéticas de la superficie continuaran ganándose la vida a duras penas en esa tierra baldía por lo demás congelada. Pero los grandes ciclos entre oxígeno, agua y dióxido de carbono que rigen la vida, el clima y la geología de la Tierra se alterarían durante un breve período que, está bien que lo recordemos, fue aún más largo que el que lleva existiendo sobre el planeta el *Homo sapiens*.

La perspectiva de que la Tierra entera pueda haberse parecido de lejos a la helada luna Europa de Júpiter, y que ello haya ocurrido no al inicio de la vida sobre la Tierra sino como un lamparón en medio de la historia evolutiva de la vida, realmente me parece desconcertante. Más aún, el hecho de que esta idea y las pruebas que la sustentan hayan aparecido sólo más o menos en la última década indica que nuestro planeta puede todavía guardar muchos secretos fascinantes a la espera de ser "desenterrados".

A continuación de las grandes congelaciones y deshielos la vida se encontró sin duda en un torbellino incesante. Con las líneas de comunicación —es decir, el agua— literalmente congeladas por todo el mundo, la vida que sobrevivió pudo haber empezado a divergir de sus parientes de otros lugares distantes. Donde la simbiosis rigió el planeta en otros tiempos, la competencia por los recursos escasos estuvo, quizás, a la orden del día. Metafóricamente al menos llegamos al fin del jardín del Edén, donde los dones de la Tierra existían para ser compartidos, hasta un tiempo en el que la regla pasó a ser "mata o muere".

Pero todo ello no tiene importancia para nuestro átomo de oxígeno, que tras el último gran deshielo volvió a reanudar su ciclo vital que nos es familiar, pasando de la atmósfera a la vida orgánica y de ahí al agua, a las rocas, al dióxido de carbono y vuelta a empezar. Hace unos 600 millones de años, los niveles de oxígeno de la Tierra estaban próximos a su actual valor y la biosfera del planeta era básicamente idéntica a la que tanto gustará a los humanos mucho tiempo después. Plantas y animales, entre ellos algunos que fueron antecesores directos de los animales que andan (o nadan) sobre la faz de la Tierra en el presente, comenzaron a abundar en los continentes que se iban separando hasta llegar a su actual configuración que, por supuesto, es aún provisional.

Parece que, sin un impulso más serio, el planeta no habría estado listo para alcanzar realmente su nivel actual, en el que la vida claramente aumenta el contenido atmosférico del dióxido de carbono, fase opuesta a la de fijar carbono en el suelo y en la superficie de la Tierra. No tiene sentido discutir si fue bueno o malo para la Tierra que terminara por surgir la vida inteligente y que ahora esté contemplando una de las mayores extinciones de todos los tiempos. La naturaleza no es buena ni mala. Tampoco se preocupa por la vida individual, ni siquiera por civilizaciones enteras. La vida es sencillamente cuestión de estar en el sitio adecuado en el momento adecuado e, igualmente, la muerte tiende a ser cuestión de estar en el lugar equivocado en el momento equivocado. Podemos dedicarnos a preguntarnos si esto es resultado del azar o de la predestinación, pero no le veo mucho sentido.

Aunque cabe pensar que algún día podremos convertir nuestro hogar en un lugar inadecuado para nuestra existencia, desde luego ya ha sido inhabitable antes y lo será en el futuro, aceleremos o no el proceso. Puede que nos importe el futuro inmediato, pero la Tierra ya ha visto devastaciones mayores que las que nosotros podamos infligirle. Me parece que lo único que podemos hacer es aprovechar al máximo lo que terminará por ser una mala situación. En tal sentido, como siempre, la fortuna favorece a quien está preparado.

Al analizar los últimos 3.000 millones de años, hemos prestado escasa atención a los grandes mensajeros del cielo que dominaron la primitiva Tierra, trayendo tanto vida como muerte. Y ello porque la frecuencia de bombardeos de cometas y grandes meteoritos se redujo exponencialmente con el tiempo, afortunadamente. Como ya he descrito, un objeto mayor de 300 kilómetros vaporizaría los océanos por completo y calentaría la corteza a más de 1.000 grados centígrados. Estos bombardeos esterilizantes se dieron con regularidad al principio de la historia de la Tierra, pero no hay pruebas de que haya ocurrido un acontecimiento semejante en los últimos 3.500 millones de años. La vida parece haber sobrevivido durante este período, al menos en parte, porque las probabilidades estaban a su favor.

Pero la tasa vaticinada de bombardeos a gran escala no es en la actualidad cero. En un período de 100 a 300 millones de años, más o menos y por término medio, podemos estar seguros de que un gran objeto se estrellará contra el planeta, haciendo estragos en casi todos los seres vivientes. Ya he mencionado que se estima que hay de 1.000 a 2.000 objetos de más de un kilómetro, procedentes del cinturón de asteroides, situados en órbitas que posiblemente se cruzan con la de la Tierra. Los datos estadísticos parecen indicar que cada 300.000 años, aproximadamente, un objeto de un kilómetro de diámetro colisiona con la Tierra; y que, por término medio, cada 30 millones de años más o menos colisiona un objeto de 10 kilómetros. Se cree que el responsable de la extinción de los dinosaurios hace 65 millones de años fue un objeto ligeramente mayor que éste último, que tenía entre 10 y 20 kilómetros de diámetro.

Por supuesto que no todas las extinciones a gran escala pueden atribuirse a cometas o asteroides. Tal vez sea una coincidencia que haya habido una docena de extinciones en masa en los 540 millones de años trancurridos desde el amanecer del período Cámbrico y que éste sea también el número de grandes objetos que se puede predecir que chocaron con la Tierra en ese mismo intervalo de tiempo. Después de todo, según sabemos, la extinción es una parte esencial de la vida. Las bacterias sulfurosas siguen estando ahí y podemos estar acostumbrados a creer que somos invencibles como especie, pero lo cierto es que la inmensa mayoría de las especies que han caminado sobre la faz de la Tierra o nadado en sus mares ya se han extinguido.

Más adelante abordaré nuestra propia mortalidad como especie, pero no es demasiado pronto para irse acostumbrando a ella. La naturaleza retira las especies, como lo hace con los individuos. Algunas son reemplazadas por versiones evolutivamente más aptas, otras se extinguen debido a los cambios a largo plazo producidos en la biosfera de la Tierra, y otras perfectamente funcionales perecen debido a accidentes. Pero la naturaleza tiene una especie de política de seguros cósmica. Los beneficiarios de la muerte de una especie son otras especies que pueden haber vivido a su sombra y que a partir de ese momento pueden crecer hasta ocupar el nicho desocupado. Los mamíferos fueron una de esas especies. La muerte de los dinosaurios abrió el camino para que los mamíferos crecieran en tamaño y diversidad, y el resto es historia.

La mayor extinción conocida sobre la Tierra se dio hace unos 250 millones de años en lo que se conoce como período Pérmico, mientras empezaba a formarse el supercontinente de Pangea. Nadie conoce la causa precisa, o causas, de esta catástrofe, pero en un corto período se extinguió tal vez el 96% de todas las especies existentes entonces sobre la Tierra. No ha habido nada, ni antes ni después, en el registro de la historia comparable a esta muerte masiva. Es casi seguro que un clima más frío influyó parcialmente. Sin embargo, es interesante que no existan pruebas de que ese cambio generalizado en el reparto de personajes que vivían en el planeta fuera causado por un acontecimiento traumático único, lo que indica una vez más que hay muchas maneras de morir.

La gran extinción del Pérmico pudo haber sido simplemente un caso de mala suerte, en el que se sumaron muchos pequeños factores al mismo tiempo, de la misma forma que la gran congelación que pudo haber iniciado la fase Tierra Bola de Nieve estuvo causada por una peculiar combinación de un Sol más frío y un único supercontinente localizado en torno al ecuador. Si la extinción del Pérmico se debió verdaderamente sólo a mala suerte, estas muertes masivas no fueron más que una nota a pie de página en la historia de nuestro átomo de oxígeno. Lo más seguro es que cambiaran las rutas específicas por las que se absorbía, se transportaba y, en su caso, se excretaba el oxígeno, pero todo ello es circunstancial. El balance definitivo de consumo y producción de oxígeno como parte del ciclo de la vida permaneció más o menos igual durante 2.000 millones de años. El motivo no es que la naturaleza carezca de imaginación. Más bien parece que no se puede hacer más con los materiales disponibles.

250 millones de años después, millón más millón menos, tuvo lugar una muerte evolutiva a mucha menor escala. No habría ni que mencionarla en esta historia a grandes rasgos de no ser porque estuvo asociada a un animal que muchas personas tienen como culmen del árbol evolutivo.

Con el tiempo se han descubierto no menos de 20 especies diferentes de homínidos, que han recibido nombres tan exóticos como *Ardipithecus ramidus*, *Australopithecus africanus*, *Paranthropus robustus* (aunque tampoco era tan robusto) para terminar con *Homo ergaster*, *Homo erectus* y *Homo neanderthalensis*. Muchas de ellas compartieron el planeta durante períodos seguramente 50 veces más prolongados que el tiempo transcurrido desde que surgiera en África la más reciente de ellas, *Homo sapiens*. No se sabe por qué a lo largo de cinco millones de años unas murieron y otras no, salvo tal vez respecto a la última extinción, la del *Homo neanderthalensis* en Europa. Aunque la mayoría de los homínidos anteriores habían compartido el paisaje en una relativa concordia, es probable que *Homo neanderthalensis*, un bruto de gran cerebro y aparentemente pacífico, sucumbiera a un predador sin garras ni colmillos afilados. Su muerte fue probablemente acelerada por un pariente próximo, que compartió con el hombre de Neandertal un don que muchos científicos y religiones creen que sólo ha poseído una especie sobre la Tierra: la autoconsciencia. En principio, los neandertales enterraban a los suyos quizás para evitar a los carroñeros, pero a veces estos enterramientos se hacían con una evidente ternura. En una tumba bien arreglada se dejaba junto al cuerpo un ramillete. Aunque probablemente no tenían un lenguaje explícito, sabían, desde luego, como decírselo con flores.

La consciencia de que otra "alma" ha fallecido exige seguramente una consciencia de ser. Pero por profundo que fuera este sentimiento primitivo parece que *Homo neanderthalensis* no fue más allá. Según sabemos, *Homo sapiens* fue la primera criatura en 4.000 millones de años de vida sobre este planeta que desarrolló una explícita espiritualidad. Objetos funerarios, arte de animales, herramientas exquisitamente elaboradas: todo ello son productos del espíritu de nuestra especie, desarrollados en algún momento de los últimos 40.000 años junto con las nociones de Dios, magia y mal. Pero nuestra espiritualidad ha sido la raíz de la mayor parte de la violencia organizada de la historia humana. *Homo sapiens* tiene una capacidad de destrucción sin parangón en la historia de la vida de este planeta. Allí donde se extendían los antiguos asentamientos humanos, peligraban otras especies. *Homo neanderthalensis* fue probablemente sólo una de una larga lista de víctimas.

Quizás resulte chocante la idea de que la autoconsciencia de *Homo sapiens* no haya sido tal vez la única. Cuando la especie se ve como un continuo de todas las especies de homínidos surgidas en el mundo a lo largo de unos tres millones de años, y no como una especie de paso de gigante, parece más que un simple giro del destino que *Homo sapiens* haya sido el único superviviente. ¿Y si hubieran sido los neandertales? Las pruebas del único lugar del mundo donde sabemos que los neandertales y *Homo sapiens* coexistieron durante algún tiempo, el Levante, demuestra que ambos terminaron por producir herramientas muy similares. ¿Quién puede decir que los neandertales no hubieran podido desarrollar en cierto momento una sociedad, un arte y una cultura? Pero, en este caso, ¿dónde queda la idea de unos humanos hechos a imagen de Dios? Y si semejante Dios había predeterminado que surgieran los humanos, hacerlo a expensas de los neandertales parece un método bastante fortuito. *Homo sapiens* parece sólo una de las muchas ramas de un árbol de homínidos y su distintivo principal consiste sencillamente en que es la única rama que sigue produciendo retoños.

Desde luego, el significado de estos parientes muertos hace tanto tiempo es que nos ponen en nuestro lugar. Estamos lejos de ser el remate de una gran casa construida por la evolución. Es como si existieran muchos pasillos paralelos, algunos de los cuales terminan por llevar hacia adelante mientras otros no van a ninguna parte. Los pasillos son largos y al entrar en ellos es imposible saber adónde conducen. Como todas las demás especies, somos un experimento evolutivo en un proceso que implica acontecimientos aparentemente al azar más que en progresión lógica. Después de 40.000 años, llevamos aquí menos tiempo que cualquiera de las especies antiguas con un lugar en el registro fósil. Es prematuro empezar a sacar conclusiones.

Sin embargo, cuando el primer *Homo sapiens* miró a las estrellas y se preguntó qué estaba mirando, cambió para siempre el futuro de la biosfera donde mora nuestro átomo de oxígeno. Como especie, somos los primeros en tener la capacidad de alterar nuestro entorno, tanto local como globalmente. Por ejemplo, nuestra quema de combustibles fósiles parece estar afectando al nivel de gases de efecto invernadero con unas consecuencias todavía por determinar. El futuro de este planeta puede estar, en definitiva, en nuestras manos, lo mismo que el futuro de nuestra especie. Si tenemos suerte, tal vez estemos llamados a utilizar nuestras increíbles habilidades y nuestra creatividad para rescatar la Tierra. O quizá el futuro se halle completamente fuera de nuestro control. Nuestro futuro puede estar decidido por factores aleatorios, al igual que ese tipo de acontecimientos preparó la escena para nuestra actual existencia.

Ésta es una buena oportunidad para regresar a aquel suceso singular de hace 65 millones de años que hizo cambiar el curso de la evolución a nuestro favor. Sin embargo, su impacto sobre nuestra existencia no es la única razón para semejante excursión. A diferencia del curso subsiguiente de la evolución humana, el suceso que marcó la desaparición de los dinosaurios afectó también al héroe de nuestra historia, nuestro átomo de oxígeno. En comparación con la extinción del Pérmico y otras que la siguieron, el suceso que mató a los dinosaurios abriendo el camino a los mamíferos fue auténticamente cataclísmico. Es más, hay abundancia de pruebas que nos indican que esta extinción tuvo un origen extraterrestre.

El examen de rocas efectuado por los geólogos en todo el mundo lleva tiempo indicando que hace 65 millones de años se dio un cambio drástico en la biosfera de la Tierra. En un lugar palpable de los estratos de las rocas sedimentarias, un cambio brusco de la composición fósil indica una extinción masiva. Sin embargo, en este caso hay pruebas físicas incluso más drásticas de un cambio global. Se conoce como *frontera K/T* a la frontera entre los estratos formados antes de ese momento (el período Cretácico) y las capas que están por encima (formadas en un período llamado Terciario), donde *K* es la inicial del nombre alemán del Cretácico. Junto a esta frontera hay un estrato de arcilla que varía de tamaño de unos lugares a otros, con un grosor de un centímetro o más. A finales de la década de 1970 diversos grupos de investigación decidieron examinar esa capa de arcilla y se encontraron con un resultado completamente inesperado. Recordemos que en el núcleo de la Tierra hay elementos llamados *siderófilos* cuya presencia en la corteza es pequeña, ya que seguramente siguieron al hierro y al níquel hacia el núcleo del planeta durante su etapa primitiva de formación mientras estaba fundido. En los meteoritos, que nunca han pasado por este estado de separación, esos elementos son mucho más abundantes que en la corteza de la Tierra. Cuando se examinó la abundancia de siderófilos en la capa de arcilla K/T, se descubrió una anomalía sorprendente. Se encontró que el elemento iridio era diez veces más abundante en esa zona arcillosa que en las rocas situadas más arriba y abajo. Y aún más, en el estrato de arcilla se descubrieron unos granos de un tipo especial de cuarzo que sólo se pueden formar a temperatura y presión muy altas.

Estas observaciones, tomadas en conjunto, proporcionan pruebas muy sugerentes de que en esa época llegó a la Tierra gran cantidad de materia extraterrestre en unas condiciones que produjeron altas temperaturas y presiones y de un modo que pudo afectar al planeta con la violencia suficiente como para matar muchas de las formas de vida entonces existentes, entre ellas los dinosaurios. La posibilidad más evidente es el impacto de un gran asteroide. Tuvo que ser lo suficientemente grande como para producir una catástrofe en todo el mundo, pero no tanto como para esterilizarlo por completo. Esas condiciones las cumple un objeto de diez kilómetros de diámetro.

Un objeto así produciría un cráter de unos 100 kilómetros de diámetro, cosa que puede parecer difícil pasar por alto, incluso al cabo de 65 millones de años. Ahora bien, como gran parte de la Tierra está bajo el agua, es evidente que si el impacto se hubiera producido en la corteza oceánica, podría haber permanecido fácilmente invisible o incluso desaparecido al haber sido subducido bajo una de las placas continentales en los 65 millones de años trancurridos desde entonces. Además, la erosión del viento y el agua sobre la tierra puede alterar también drásticamente el aspecto de las cosas. No obstante, los científicos que buscaban un cráter para confirmar su hipótesis tuvieron suerte, o tal vez media suerte. Mitad en tierra y mitad en el océano se descubrió finalmente un cráter inmenso de 200 kilómetros de diámetro en la costa de la península de Yucatán, en México. ¿Era la primera prueba directa del gran asesino de dinosaurios? A pesar de que esta prueba es, después de todo, puramente circunstancial, ha seguido creciendo con el tiempo. Además, el guante encaja perfectamente.

Nunca se sabrá con exactitud qué ocurrió aquel día (o noche) aciagos, pero podemos conjeturar lo que pudo ocurrir si nos atenemos a las leyes generales de la física. Esta enorme roca debió salirse de su posición en el cinturón de asteroides 1.000 años antes. Cada órbita posterior en torno al Sol lo acercó más y más a su blanco definitivo. Finalmente se precipitó silenciosamente por el espacio hacia la Tierra a una velocidad de unos 25 kilómetros por segundo. A esa velocidad puede salvarse la distancia que hay entre la Tierra y la Luna en poco más de cuatro horas. No hubo aviso del destino inminente. Incluso con nuestros actuales telescopios hemos detectado sólo aproximadamente la mitad de los objetos de diez kilómetros que se cree deben estar actualmente en órbitas que se cruzan con las de la Tierra. Los dinosaurios no disponían de esa clase de aparatos sensores a distancia. Pastando en lo que, en algún lugar, era seguramente un día sin nubes, no tuvieron ni la más remota idea de lo que estaba a punto de ocurrir.

Cuando el asteroide entró en contacto con la atmósfera de la Tierra empezó a generarse un tremendo calor y una enorme presión por el rozamiento con el aire. La roca se puso al rojo vivo, quizás tembló y empezó a volatilizarse, de modo que no todo el asteroide llegó a la Tierra. Pero sí la mayor parte, y cuando chocó se produjo una explosión como ninguna que se haya visto sobre el planeta desde entonces. Imaginemos un cráter de 200 kilómetros de diámetro (más grande que dos veces la anchura de uno cualquiera de los Grandes Lagos) formado en cuestión de segundos. El calor generado por el impacto tuvo que volatilizar o fundir buena parte de las rocas circundantes.

En una colisión semejante, la energía del impacto es lo bastante grande (provoca un terremoto de magnitud 12,4) como para lanzar materiales del cráter hasta la atmósfera ¡haciendo que caigan nuevamente sobre el planeta por el lado contrario! Una sencilla estimación de cuánto material hay que sacar cuando se excava un cráter de 200 kilómetros de anchura por un kilómetro de profundidad arroja más o menos la cantidad de 50 billones de toneladas de roca y polvo. Material suficiente para cubrir todo el suelo firme de la Tierra con una capa de 30 centímetros de escombros.

Pero quedar enterrado sin más no era lo único que le esperaba al planeta. Cuando las rocas expulsadas del cráter salieron al espacio y regresaron, también calentaron la atmósfera. Por todas partes cayó una lluvia de material al rojo, con un brillo diez veces el del Sol, prendiendo fuego a todo y quemando buena parte de la superficie del planeta. Más aún, aunque la tierra no quedara cubierta de materiales, el mar no pudo evitarlo. Si ese impacto se produjo bajo el agua, incluso parcialmente, la ola enviada a todo el planeta debió de devastar miles de kilómetros de zonas costeras. Se cree que ciertos cascotes descubiertos en Haití, por ejemplo, provienen de la ola provocada por el impacto que causó el cráter de Yucatán.

Sin embargo, buena parte del polvo no volvió inmediatamente a la Tierra. Pudo permanecer en la atmósfera durante uno o dos años. Durante ese tiempo el Sol se oscureció, haciendo del día noche. La combinación de temperaturas heladoras con la falta de luz directa del Sol provocó la desaparición de muchas plantas fotosintetizadoras, destruyendo la parte baja de la cadena alimentaria.

Finalmente, por si todo esto no fuera lo bastante malo, la inmensa cantidad de agua enviada a la atmósfera provocó chubascos torrenciales durante las semanas y los meses que siguieron al impacto. Tuvo que ser más que una mera lluvia. El calor disipado en la atmósfera permitió que se dieran muchas nuevas reacciones químicas, entre ellas con el nitrógeno, lo que produjo ácidos nítrico y nitroso, entre otros compuestos. La lluvia caída fue, por lo tanto, ácida, dañina para muchas formas de vida vegetal y marina.

Por último, el efecto a largo plazo de este impacto sobre la corteza de la Tierra provocó la erupción generalizada de grandes volcanes en todo el planeta, afectando a sus zonas correspondientes y enviando a la atmósfera enormes cantidades de dióxido de carbono y otros gases. Entre otras cosas, esto creó un efecto invernadero a corto plazo que produjo temperaturas abrasadoras en los años siguientes a la profunda congelación que causó la oscuridad. Los pobres dinosaurios no supieron la que se les había venido encima.

Nuestro átomo de oxígeno tuvo que representar muchos papeles distintos durante esta catástrofe. Contribuyó a quemar árboles y otros materiales orgánicos, alimentando las llamas de esos incendios forestales generalizados y convirtiéndose en dióxido de carbono durante el proceso. Se combinó con el nitrógeno de la atmósfera para convertirse en parte de una molécula de la lluvia ácida mundial. De haber estado en el océano en ese momento, pudo haber formado parte de la ola que borró del mapa una isla tropical antes rebosante de vida.

Una vez pasado el acontecimiento, con la fotosíntesis disminuida y probablemente con grandes proporciones de dióxido de carbono en la atmósfera, nuestro átomo de oxígeno pudo vagar sin ser utilizado por la atmósfera durante algún tiempo o disolverse en el agua del océano, tal vez para animar alguna vida marina que hubiera sobrevivido a la catástrofe global. O, como parte de la lluvia ácida, oxidar materiales y ser llevado con ellos por las corrientes hasta el océano, donde pudo permanecer hasta ser subducido millones de años después, reapareciendo otra vez en alguna explosión volcánica. El nuevo mundo que experimentó era muy diferente, en cierto sentido, del mundo anterior al impacto. El clima se había vuelto más acogedor, pero los animales que se aprovechaban del Sol, el agua y el oxígeno debieron de ser en su mayor parte muy diferentes. Los mamíferos habían empezado a dominar el planeta, llenando el nicho dejado por los dinosaurios y abriendo el camino para la llegada de los humanos.

El impacto K/T fue probablemente la última vez en la historia del planeta en que el ciclo vital de nuestro átomo de oxígeno se alteró significativamente. En determinado momento después de este suceso, el oxígeno volvió otra vez a su función tradicional en la biosfera, participando en todos los procesos de la vida, desde las secreciones del más pequeño insecto a la profunda respiración de las mayores ballenas un día sí y otro también, a lo largo de eras.

Para cada átomo de oxígeno sobre la Tierra, los últimos 65 millones de años han sido relativamente monótonos. Veremos a continuación que, incluso desde la perspectiva de un átomo de oxígeno, el futuro parece destinado a ser otra vez animado. Desde luego, a menos que surja algo que altere el probable futuro, la experiencia de nuestro átomo durante la transición K/T fue tranquila, comparativamente hablando.

No obstante, los ciclos vitales del oxígeno a lo largo de los últimos miles de años han sido de especial interés para una especie bípeda que posee el don del lenguaje, la literatura y las matemáticas. A lo largo de esta historia he intentado presentar el panorama desde la perspectiva del propio átomo de oxígeno siempre que me ha sido posible. Sin embargo, como este punto de nuestra narración tiene tanto que ver con nuestra existencia actual, voy a cambiar el punto de vista en el próximo capítulo. Contemplado con los ojos de un participante activo en el actual experimento humano, la historia reciente de nuestros átomos de oxígeno sobre la Tierra adquiere un significado y un sabor completamente nuevos y ofrece algunas sorpresas.

16
El mejor de los tiempos, el peor de los tiempos

Soy un estuario del mar.
Soy una ola del océano.
Soy el sonido del mar.
Soy un buey poderoso.
Soy un halcón en un acantilado.
Soy una gota de rocío al sol.
Soy una hermosa planta.
Soy un jabalí valiente.
Soy un salmón en una poza.
Soy un lago en una llanura.
Soy la fuerza del arte.

Amhairghin, poeta druida,
hacia el año 400

Puede parecer que no viene a cuento, pero siempre que pienso en las vidas de nuestro átomo a lo largo de la historia humana, y por supuesto cuando pienso en la propia historia humana, me viene a la cabeza la ciudad de Venecia. Quien la haya visitado no puede olvidar la experiencia. Para mí es una ciudad de aventura e intriga, que además albergó a Galileo, el primer científico moderno. Los sonidos que se oyen de noche pueden ser el balanceo de los botes en el agua o las pisadas de finos zapatos italianos resonando sobre las piedras de las callejuelas. Y cualquiera que haya pisado esas callejas se preguntará, inevitablemente, en uno u otro momento, y por lo general justamente antes de darse cuenta de que se ha perdido: "¿No he pasado ya antes por aquí?"

Venecia es una ciudad construida en torno al agua en todos los sentidos. El camino más directo de un sitio a otro es por los canales, y no a pie. De sus muchas plazas irradian innumerables pasadizos estrechos, ninguno de los cuales va en línea recta durante mucho tiempo. Como son las únicas separaciones existentes entre los edificios, es imposible ver directamente lo que puede haber a un tiro de piedra. Además, así como cada calleja tiene su propio encanto, a primera vista todas se parecen, de modo que es frustrante y difícil para el visitante neófito saber dónde se encuentra en cada momento. Al mismo tiempo, nunca hay verdaderos motivos para preocuparse, porque siempre termina por suceder —generalmente, antes de que las piernas no respondan— que casi cualquier ruta dé un rodeo por el sitio al que nos dirigíamos.

Venecia puede servir como metáfora de los ciclos de la vida en la Tierra. La historia de cada átomo individual sobre nuestro planeta es única, pero también la historia de cualquiera de ellos es básicamente la historia de todos. Lo que pueden parecer giros y vueltas quijotescas del destino ofrecen finalmente una progresión última inesperada al comienzo o incluso durante el viaje. Alterando ligeramente la metáfora, es como si todos fuéramos hilos de un gran tapiz veneciano. Cada hilo se sitúa, sin más, por delante o por detrás de sus compañeros, lo cual podría parecer arbitrario si se mira con lupa. Cada progresión difiere en casi todos los detalles de la de su vecino más próximo, pero en conjunto son más o menos equivalentes. Y cuando se ven en grupo, los hilos tejen un dibujo muy rico e intrincado.

Este libro surge del reconocimiento de que todos somos hijos de las estrellas. Cada átomo de nuestro cuerpo estuvo en algún momento dentro de una estrella que vivió y murió para que algún día pudiéramos nacer. Pero, al mismo tiempo, podemos perder de vista el hecho de que somos igualmente hijos de la Tierra. Cada átomo de nuestro cuerpo es sólo un visitante temporal durante unos minutos o años, dependiendo de su localización concreta. Hasta este momento en esta historia me he centrado en las vidas de un átomo de oxígeno individual comenzando en la noche de los tiempos. Su historia puede no corresponderse exactamente con la de ningún átomo realmente existente en la Tierra pero, a semejanza de tantos héroes literarios, puede considerarse una combinación de las historias de muchos individuos diferentes. Por otro lado, el número de átomos de la Tierra es inmenso, de modo que cualquier historia que pudiéramos imaginar tiene probabilidades de haberse dado por lo menos en uno de ellos.

El gran escritor y químico italiano Primo Levi cerró su libro semiautobiográfico *El sistema periódico* con un capítulo breve y delicioso que rastrea la historia de un átomo de carbono desde que es extraido de una roca caliza en 1840 hasta el momento en que el autor escribe en 1975. Volví a leer este texto porque quería recordar cómo enfocaba ese breve intervalo de 235 años y porque esperaba que, al mencionarlo, me ahorraría el correo de los lectores que quisieran recordarme la existencia de esa obra clásica. Me sorprendió y agradó descubrir que Levi había hecho casi exactamente la misma afirmación que acabo de hacer, salvo que la suya es más fuerte. Escribe que, dado el número de átomos de la Tierra (en este caso, átomos de carbono), está garantizado que cualquier historia que uno pueda inventarse, por caprichosa que sea, tiene que haberse producido. Como puede ver el lector, soy menos atrevido. Como cosmólogo estoy acostumbrado a cubrir las apuestas con la expresión "es probable".

En todo caso, Levi estaba probablemente tan ansioso por proporcionar un fin encantador a su relato sobre el átomo de carbono, que no divulgaré aquí, que me temo perdió una oportunidad de oro de llevar su demostración hasta su conclusión lógica. Que es lo que yo quiero hacer aquí respecto a nuestro átomo de oxígeno.

En concreto, quiero apartarme de nuestra historia lineal y centrarme no sólo en la historia de un átomo específico sino más bien en la casi infinidad de historias abarcadas por, digámoslo así, los átomos de oxígeno del aire que usted respira mientras está leyendo esta frase. Es un momento único en nuestra narración. Estamos tocando el presente. Estas historias atómicas diferentes adquieren un significado especial cuando nos afectan directamente. Por tanto, éste es el momento adecuado para semejante análisis. Pronto será ya muy tarde para volver atrás.

Un rasgo único de las estadísticas de números muy grandes nos permite a Levi y a mí afirmar que nuestras invenciones deben reflejar en cierto sentido la realidad. Esas mismas estadísticas ofrecen también introspecciones nuevas y notables sobre nuestras conexiones con el pasado.

Pensemos lo siguiente: ¿cuántos átomos de oxígeno hay en cada una de nuestras aspiraciones? Es sencillo de contestar. Digamos que cada aspiración de un ser humano medio tiene aproximadamente medio litro de gas. Un litro son 1.000 centímetros cúbicos y, a la temperatura y presión ambientes, la densidad del aire es tal que un litro de aire tiene 1,5 gramos de materia. Ahora bien, para cualquier gas a temperatura y presión ambientes, un litro corresponde aproximadamente a 1/20 de *mol* de moléculas de gas. Un mol de cualquier sustancia contiene exactamente el mismo número de moléculas, aproximadamente 6×10^{23} (un 6 con 23 ceros detrás). En cada litro de aire hay, por tanto, 1/20 de esa cantidad, es decir unas 3×10^{22} moléculas de gas. Como las moléculas de oxígeno y nitrógeno contienen cada una dos átomos, hay aproximadamente 6×10^{22} átomos en un litro de aire. Como el oxígeno viene a ser 1/5 de todos los átomos, tenemos $1{,}2 \times 10^{22}$ átomos de oxígeno en un litro de aire. De esta manera, en cada aspiración que hacemos de aproximadamente medio litro hay unos 6×10^{21} átomos de oxígeno. Lo cual es un montón de átomos. Tantos, en realidad, y con tan diversas historias, que podemos afirmar que, sin importar lo improbable que sea la historia para cada átomo de una aspiración llena de átomos, *alguno* de los presentes en cada aspiración debe de haberla experimentado.

Podemos darle cierto cariz matemático a este aserto siguiendo un poco más nuestra línea argumental. Primero, debemos calcular con qué frecuencia se recicla un átomo de oxígeno medio al pasar por algún sistema vivo de la Tierra. Hay muchas maneras independientes entre sí de estimarla y, afortunadamente, todas ofrecen un resultado parecido. He aquí un ejemplo.

Un bosque medio utiliza aproximadamente 2,6 kilogramos de materia orgánica nueva por cada metro cuadrado de bosque y año. Aproximadamente un 80% de esta materia se elimina en forma de dióxido de carbono y agua a la atmósfera, y el 20% se almacena. Este valor de producción de materia orgánica nueva es un cálculo de un orden de magnitud razonable para la cantidad de materia orgánica que se produce por metro cuadrado y año en las regiones del mundo no desérticas y no cubiertas por los hielos (incluyendo al océano, en el que el fotoplancton es un activo fotosintetizador). Después, teniendo en cuenta que en la Tierra hay aproximadamente unos 400 millones de kilómetros cuadrados de tierras y aguas como las descritas, podemos calcular que la vida produce cada año un billón de toneladas de materia orgánica.

¿Cuánto oxígeno hay en la atmósfera para usarlo en semejante producción? Podemos citar el simple hecho de que la presión del aire en la superficie es de unas 15 libras por pulgada cuadrada. Así, la masa total de aire por encima de cada pulgada cuadrada es de unas 15 libras. Pasando esto a unidades métricas, se obtiene una masa de aproximadamente un kilogramo por centímetro cuadrado. Si la superficie total de la Tierra tiene cinco trillones de centímetros cuadrados, se obtiene una masa total de cinco trillones de kilogramos. Como el oxígeno constituye aproximadamente una molécula de cada cinco de la atmósfera, nos da aproximadamente un trillón de kilogramos (o, aproximadamente, 1.000 billones de toneladas) de oxígeno en la atmósfera.

Finalmente, revisemos el proceso de la creación de materia orgánica en la fotosíntesis. Por cada átomo de oxígeno obtenido cuando el agua se divide se producen dos protones, cuya energía se usa para generar una molécula de ATP. Hacen falta 18 moléculas de ATP para sintetizar una molécula de glucosa, cuyo peso es equivalente aproximadamente a unos 12 átomos de oxígeno. De modo que al crear un gramo de materia orgánica se producen, de manera aproximada, 1,5 gramos de oxígeno. Basándonos en los cálculos anteriores, los procesos orgánicos pueden generar en unos 650 años todos los átomos de oxígeno existentes en la atmósfera.

Por supuesto que este cálculo está cargado de incertidumbres y posibles errores. Parte del oxígeno producido no irá a la atmósfera sino que permanecerá en sedimentos orgánicos y se disolverá en el agua de los océanos. En esos sistemas hay enormes cantidades de oxígeno almacenado, comparado con el oxígeno de la atmósfera, del mismo modo que hay aproximadamente 100.000 veces más carbono almacenado en sedimentos orgánicos y en rocas que en el dióxido de carbono de la atmósfera. Sin embargo, tenemos razones para creer que un período de siglos es razonable para el reciclaje completo de un átomo de oxígeno del aire.

Por ejemplo, supe por Primo Levi que cada átomo de carbono que no forma parte de una roca se recicla por sistemas vivos cada 200 años. Ahora bien, en la atmósfera hay mucho más oxígeno que carbono, de modo que cabe pensar que costaría más reciclar todo el oxígeno. Pero cuando se tiene en cuenta la cantidad de carbono que hay en la materia orgánica accesible y en la atmósfera, el total de carbono utilizable en la biosfera no es tan diferente de la cantidad de oxígeno total en la atmósfera.

Finalmente, los materiales vivos de la superficie de la Tierra se oxidan por completo en un plazo que va por término medio de años a décadas. Un geólogo colega mío afirma que en su clase recalca esto sugiriendo a sus alumnos que, de no ser así, no tardaríamos en vernos enterrados en nuestros propios montones de césped cortado.

Imaginemos ahora, siguiendo con el mismo argumento, que los átomos de oxígeno que estamos respirando se redistribuyen continuamente por la atmósfera durante siglos. Eso significa que las moléculas de cada aspiración se redistribuirán otra vez de modo uniforme por toda la atmósfera en el curso del próximo milenio, cuando no del próximo siglo. Si es así, entonces estamos más conectados con nuestro pasado de lo que cualquiera se atrevería a imaginar.

Por usar un ejemplo bien conocido, pensemos en el momento en que asesinan a Julio César y éste exclama en su último aliento: *Et tu, Brute?* La estimación anterior nos permite demostrar, por diversos caminos diferentes, que cada vez que aspiramos hay una probabilidad razonable de que al menos uno de los átomos de oxígeno que inhalamos fuera exhalado por César en su último suspiro.

En primer lugar, sabemos cuántas moléculas fueron expulsadas por César porque ya lo hemos calculado antes. Una aspiración media contiene unos 6×10^{21} átomos. Como César seguramente dio un suspiro profundo al expirar, digamos que el suyo contenía unas cuatro veces más, es decir, unos 2×10^{22} átomos. También podemos calcular cuántos átomos de oxígeno hay en toda la atmósfera usando nuestro cálculo anterior de 1.000 billones de toneladas de gas oxígeno. Esto resulta ser unos 4×10^{43} átomos de oxígeno. Lo cual significa que la fracción del total de la atmósfera en la actualidad que alberga los átomos de oxígeno expulsados por el último suspiro de César es de cinco partes por cada 10^{22}, una fracción *muy* pequeña. Pero si en cada aspiración que realizamos (incluso sin suspiros) aspiramos 6×10^{21} átomos de oxígeno, la fracción anterior supone que estamos respirando ¡aproximadamente el 3% de los átomos de oxígeno del último suspiro de César en cada una de nuestras aspiraciones!

El matemático John Allen Paulos llegó a una conclusión parecida utilizando un argumento alternativo, probabilístico en este caso: si la probabilidad de que una molécula que respiramos viniera de Julio César es más o menos 2×10^{-22} (sus suposiciones eran ligeramente menos optimistas), entonces la probabilidad de que la primera molécula que se respira *no* sea suya es más o menos de $(1 - 2 \times 10^{-22})$, muy próxima a la unidad. Lo mismo es cierto para la siguiente molécula y así sucesivamente. De modo que la probabilidad de que *todas* las moléculas de nuestra aspiración no sean de César es el *pro-*

ducto de (1 - 2 x 10^{-22}) x (1 - 2 x 10^{-22}) x (1- 2 x 10^{-22})... con un número de términos igual al número de moléculas de nuestra aspiración, que el suponía de unas 2 x 10^{22}. Este producto resulta ser menos de 0,01, lo cual implica que la probabilidad de que ninguna de las moléculas de nuestra respiración provenga del último suspiro de César es menor que una de cada 100.

Éstas son las buenas noticias. ¡Forma usted realmente parte de una noble historia! Pero, por la misma razón, usted forma parte de una historia innoble. Si en cada aspiración que damos existe la probabilidad de que haya una molécula del último aliento de César, también es probable que haya una molécula de *cada* aspiración de César en cada aspiración que hacemos. Y lo mismo vale para Cleopatra. Y si el lapso de reciclaje en la atmósfera fuera menos de un siglo, lo mismo valdría para Adolf Hitler. En tal sentido, es probable que aspiremos una molécula que provenga *de cualquier aspiración* de *cualquier persona* que haya vivido sobre la Tierra (hasta épocas tan recientes que dé tiempo a que esas moléculas se reciclen en la atmósfera y puedan llegar hasta usted) ¡en cada una de nuestras aspiraciones!

Esto se va poniendo más interesante. Si el oxígeno está asociado en determinados momentos con el hidrógeno (como parte del agua) durante la respiración y la fotosíntesis, entonces existe una probabilidad razonable de que en determinado momento cada átomo de oxígeno de nuestro aliento formara parte de una molécula de agua. Pero esta molécula de agua tiene una probabilidad mayor que cero de haber estado contenida en las secreciones de alguien que haya vivido en la Tierra. De modo que podemos estar respirando residuos de orina y semen de muchas personas que nos han precedido. El sudor de los encuentros íntimos de nuestros padres, y tal vez el del momento de nuestra concepción, puede estar contenido en el vaso de agua que bebemos hoy. De hecho, tampoco hace falta reducir este argumento a la gente: orina de caballo, heces de cerdo, ¡de todos los animales! Podemos llevar este razonamiento al inicio de la vida en la Tierra. Se puede calcular, con los mismos supuestos, que hay una probabilidad razonable de que en algún momento de nuestras vidas respiremos el mismo átomo excretado al menos por una de las muchas especies que ha vivido en la Tierra desde la época en que el oxígeno se empezó a acumular en la atmósfera por primera vez.

Si esto le parece demasiado, permítame recordarle que los cálculos que he hecho aquí son muy toscos, de modo que no puedo garantizarle que en su aliento aspire una molécula del último suspiro de César. Más bien es posible, sin más, o quizá incluso sencillamente probable. Pero, en cualquier caso, la argumentación de fondo es la misma. Cada átomo de oxígeno en la aspiración que hacemos en este momento tiene una historia única. Algunas historias son exóticas y otras no. Creo que al menos una corresponde a la historia que he contado hasta aquí. Pero el conjunto de historias encarnadas en todos los átomos de una única aspiración es tan grande que no se podrían contar ni siquiera aunque todas las páginas de todos los libros escritos por la historia humana se dedicaran exclusivamente a contarlas.

El antiguo poema de Amhairghin citado al inicio de este capítulo subraya cómo estamos conectados, cada vez que aspiramos y espiramos, con casi todo el resto de la vida en la Tierra, actual o pasada. Y antes de que la Tierra se formara, remontándonos a las estrellas...

Por lo mismo, estamos igualmente conectados al futuro. Sir Arthur Stanley Eddington, el famoso astrofísico británico cuya admonición a los que no estaban de acuerdo con él sobre los procesos que se daban en el interior del Sol cité al inicio del capítulo 8, describió en 1935 un experimento mental parecido en espíritu a los ejemplos que he presentado aquí: "Tome una taza de líquido, etiquete todos los átomos que contiene para poder reconocerlos después y arrójela al mar, y que los átomos se difundan por todos los océanos de la tierra. Luego tome una taza de agua marina en cualquier parte. Descubrirá que contiene algunas docenas de los átomos etiquetados".

¿Apunta este ejemplo a la huella indeleble, aunque anónima, que dejaremos en el futuro? Seguro que Eddington lo pensó, porque escribió que justamente por eso "podemos leer literalmente las palabras de Macbeth":

> ¿Lavarán esta sangre de mi mano
> todos los océanos del gran Neptuno?
> No, esta mano más bien
> enrojecerá los numerosos mares...

17
Como en un espejo

"El desarrollo de las vidas humanas presagia un determinado final, al que conducirá necesariamente si se mantiene el rumbo", dijo Scrooge. "Pero si el rumbo cambia, también cambiará el final. Dime que es así en eso que me muestras".

Charles Dickens

En la costa de la península del Yucatán yace un presagio del futuro, en parte sumergido y en parte deshecho por decenas de millones de años de erosión y meteorización, y medio enterrado bajo una jungla tropical. Chicxulub es el cráter más grande conocido en la Tierra. Aunque cuando se descubrió en 1991 se calculó que su tamaño era de 200 kilómetros de diámetro, ciertas pruebas topográficas parecen indicar que quizás sea un 50% mayor.

No importa. De todos modos, el objeto que formó ese cráter hace 65 millones de años era mortífero. Contribuyó a matar a los animales terrestres más grandes que han caminado sobre la faz del planeta junto a un montón de especies más, en la tierra y en el mar. Y digo "contribuyó" porque hay pruebas de que este merodeador interplanetario pudo haberse limitado a completar en parte un trabajo que la naturaleza estaba a punto de conseguir por sí sola. Por supuesto, es probable que nunca sepamos qué habría ocurrido de no haber intervenido este asteroide. Como ya he explicado, es un hecho inevitable de la vida que en una biosfera en evolución la mayoría de las especies vivas estén destinadas a extinguirse.

En todo caso, tan seguro como que brilla el Sol es que hay por ahí algún otro objeto, tal vez mayor, llevado por las leyes de la mecánica clásica y la fuerza de la gravedad a una trayectoria que algún día lo hará chocar de plano con nuestro planeta verdiazul. Eso sí lo sabemos. Que nuestra especie viva lo suficiente como para experimentar este trauma en concreto, o los muchos que llegarán después, es otra cuestión.

Estamos a punto de embarcarnos en una historia sobre el futuro de nuestro átomo de oxígeno. Me doy perfecta cuenta de que, así como buena parte de su historia pasada ha implicado tanto conjeturas como deducciones y por ello ha estado sometida a ciertas ambigüedades, un análisis de su futuro implica especulaciones de un tipo completamente distinto. A finales del siglo XIX, el triunfo del punto de vista mecanicista llevó a algunas personas a creer que el futuro podría predecirse con tanta seguridad como si pudieran seguirse los movimientos de las palancas y las ruedas de un reloj gigantesco. Un siglo después ha madurado nuestra visión del mundo. Aparte de las inevitables incertidumbres que lleva aparejado el comportamiento mecánico cuántico de los sistemas atómicos, comprendemos ahora que, incluso en una evolución clásica puramente determinista, unas variaciones pequeñas en las condiciones iniciales pueden originar variaciones drásticas en el resultado final. Por ejemplo, la idea de que una mariposa que agita sus alas en el Medio Oeste termine por provocar un huracán en el Noreste ha imbuido ya la conciencia pública, por irreal que sea semejante posibilidad en la realidad. Con todo, nos damos cuenta de que los sistemas clásicos son realmente caóticos, mientras que las variaciones infinitesimalmente pequeñas de las trayectorias iniciales pueden ampliarse de forma tremenda para dar como resultado otras completamente diferentes.

De hecho, ahora entendemos que incluso el parangón de lo predecible, que es el movimiento de los planetas en nuestro sistema solar, es caótico. A lo largo de millones de años, las pequeñas perturbaciones —tan pequeñas que nadie esperaría percibirlas en un momento dado y saber que existen— se irán acumulando para dar como resultado alteraciones mensurables en los movimientos de los planetas, incluida la Tierra.

En una situación semejante se puede estar tentado de perder la esperanza en la predecibilidad. Pero esta alternativa es igualmente falaz. Los físicos afrontan cada día situaciones en las que el resultado exacto de un único experimento nunca puede predecirse con certidumbre. Sin embargo, podemos saber con absoluta certeza cuál es la probabilidad estadística de todos los diferentes resultados posibles. De forma parecida, aunque consiguiéramos localizar y catalogar los aproximadamente 1.000 objetos de un kilómetro de diámetro del sistema solar que tienen actualmente una trayectoria que se cruza con la órbita de la Tierra —algo que probablemente se podría lograr con varias décadas de observación continua— no sería posible predecir con exactitud cuándo se producirá una colisión con la Tierra. Y sin embargo, podemos predecir con grandísima precisión que, por término medio, ocurre más o menos cada 300.000 años.

Una colisión así no es probable que cause una extinción generalizada, aunque desde luego será traumática. Se cree que el objeto que formó Chicxulub debió tener entre 10 y 20 kilómetros de diámetro. Suponemos que en la actualidad hay de 10 a 20 objetos similares en nuestro sistema solar en órbitas próximas a la de la Tierra, y que el intervalo medio en la Tierra entre colisiones con objetos de este tamaño es de uno entre 30 y 100 millones de años. Así como esto es tranquilizadoramente lejano, cuando se dé la próxima colisión (y se dará) las consecuencias para la vida en la Tierra serán devastadoras.

¿O no? Por difícil que sea predecir el futuro en movimientos aleatorios de objetos sin destino, la introducción de la inteligencia en la ecuación significa que todas las apuestas están básicamente a la par. La planificación internacional dedicada al asunto, combinada con la suerte y con una vigorosa decisión que permitió sobrevivir a la Tierra a dos impactos de asteroides distintos, tal como aparecía en una película reciente, estaba sin duda cogida por los pelos. Pero no es nada improbable que, quizás con un aviso de una década, una civilización inteligente pueda concebir algún mecanismo para evitar la catástrofe.

Lo mismo podría decirse de la posibilidad de sobrevivir a cualquiera de las otras calamidades que estoy a punto de describir. Scrooge se dirigió al Espectro de la Navidad Futura con la famosa admonición: "Antes de acercarme más a esa piedra que me señalas, contéstame a una pregunta. ¿Son éstas las sombras de las cosas que *serán* o son sólo las sombras de las cosas que *pueden ser*?" Animado por esta última posibilidad, Scrooge se convirtió en un hombre distinto y, según se nos cuenta, cambió así su futuro. Que seamos lo bastante sabios como para beneficiarnos de los avisos de crisis que puedan producirse, desde la posibilidad a corto plazo de un calentamiento global a la evolución a largo plazo del clima de la Tierra conforme evolucione el Sol, es cosa que cada cual debe decidir.

En cierto sentido, nada de todo esto importa a nuestro átomo de oxígeno. Podemos esforzarnos bajo el sofisma de que, no sabemos por qué, ésta que nos ha tocado vivir es una época especial en la historia de la Tierra y que nosotros, como especie inteligente, somos el pináculo de la evolución y los guardianes últimos del destino de nuestro planeta. Pero es improbable que las cosas puedan estar bajo nuestro control a largo plazo o, incluso, que estemos aquí para controlarlas. Nuestro átomo de oxígeno ha sobrevivido a la devastación que borró a más del 95% de las especies vivas de la faz del planeta, lo mismo que a la brutal formación de la propia Tierra y a la muerte de la estrella que lo llevó hasta nuestro sistema solar en formación. Es improbable que el hecho de que la vida en la Tierra sobreviva o no tenga consecuencias importantes para el futuro de nuestro átomo.

Al mismo tiempo la palabra *improbable* es aquí vital. No está garantizado que nuestros descendientes, adopten la forma que adopten, no vayan a afectar al futuro de nuestro átomo. Por ejemplo, cuando empecé este libro estaba convencido de que las vidas de nuestro átomo se prolongarían mucho más allá de la existencia de la conciencia. En el tiempo transcurrido han cambiado algo mis puntos de vista. Ahora estoy sólo *casi* seguro.

Soy escéptico por naturaleza. Por tanto, no puedo decir que sea personalmente optimista en lo que respecta al futuro de la especie humana, aunque soy optimista respecto a que ciertos aspectos de nuestra conciencia podrán sobrevivir después de la muerte de la Tierra. Sin embargo, renunciaré aquí a semejante pesimismo. Mientras describa el futuro de nuestro átomo de oxígeno intentaré seguir la guía de la naturaleza y alternar al azar desarrollos pesimistas y optimistas. Siempre que sea necesario intentaré, sólo por caridad, dar a la humanidad el beneficio de la duda.

El astrofísico un tanto ecléctico J. Richard Got III, de Princeton, ha obtenido cierta notoriedad por adoptar un principio que no tiene ninguna base física precisa y está basado fundamentalmente en la ignorancia, aunque suena bien matemáticamente. Su "principio del tiempo copernicano" se basa en la noción, periódicamente falsa pero a menudo verdadera, de que un conjunto dado de circunstancias no tiene nada de particular. Así, por ejemplo, sabemos que no estamos situados en el centro del universo, ni siquiera en el centro del sistema solar, como afirmó Copérnico. Más aún, sabemos que no estamos situados en el centro de nuestra galaxia sino más bien en un extrarradio remoto, y que nuestra galaxia está situada en un grupo de galaxias distribuidas al azar en medio de un cúmulo mucho mayor, y así sucesivamente.

Gott ha señalado que se puede aplicar esta teoría a la noción de tiempo, afirmando que *sin ningún conocimiento a priori de los detalles* deberíamos esperar que la vida de cualquier sistema no sea probablemente de varios órdenes de magnitud más larga que la cantidad de tiempo que lleva existiendo. Esta afirmación se basa sencillamente en la idea de que si un sistema sobrevive *n* años, es improbable estadísticamente tropezar con él en la época de su nacimiento o de su muerte. Así, el hecho de que yo tenga 46 años parece indicar que, incluso sin saber la duración media de la vida de un ser humano, es improbable que yo viva 1.000 años más. De hecho, suponiendo que las cosas sean todo lo aleatorias que es posible, se puede calcular, dado el hecho de que ya he llegado a esta edad, la probabilidad de que viva otros 46, ó 460, ó 4.600 años más.

Este razonamiento se puede aplicar a todo tipo de sistemas diferentes y Gott afirma haber tenido éxito, por ejemplo, en predecir la vida de las obras teatrales de Broadway basándose en el tiempo que llevan exhibiéndose. Por supuesto que en todo esto no hay que ver implicaciones demasiado profundas. La aplicación de la estadística a la condición humana es sutil, según sabemos por su aplicación a las predicciones electorales. Además, los resultados de Gott dependen de manera decisiva de no saber por anticipado nada en absoluto sobre el sistema en cuestión. Si se sabe algo, entonces la teoría de Gott no es adecuada. Sin embargo, una aplicación directa de su principio indica que si el *Homo sapiens* lleva en el planeta sólo 40.000 años, sería muy sorprendente que sobreviviera como especie más de un millón de años.

Creo, desde luego, que esta estimación es probable, pero también que no contiene prácticamente ninguna información útil. ¿Moriremos dramáticamente sin dejar descendientes? ¿O aprovecharemos determinadas oportunidades según vayan surgiendo para evolucionar hacia una forma de vida que sea radicalmente distinta de la actual? Cuando tengo un día bueno creo en esta segunda posibilidad. Por ejemplo, hay dos acontecimientos de los últimos 25 años (la invención de los ordenadores digitales y la capacidad de secuenciar el ADN) que indican una posible vía interesante para la humanidad.

No veo obstáculos a la creación de máquinas informáticas inteligentes, conscientes de sí mismas y autoprogramables. Si se producen, estas máquinas serán una enorme ventaja evolutiva sobre la maquinaria puramente biológica, restringida a mejorar las capacidades informáticas humanas mucho más lentamente. Al mismo tiempo, nuestra capacidad de secuenciar el genoma completo del ADN humano significa que cambiará lo que consideramos vida y biología. Creo que pronto seremos capaces de manipular los sistemas vivos a escalas hoy inimaginables.

Me parece que esta combinación de tecnologías tiene un resultado lógico. Si han de competir con las máquinas de su propia invención, los humanos se verán inevitablemente forzados a hacer lo que en último término se puede hacer, a saber, integrar su biología en la tecnología informática. El resultado puede evocar imágenes de los *borg* en *Star Trek* pero no veo motivos de preocupación. No me parece que una máquina inteligente semibiológica sea necesariamente mejor o peor, más o menos emotiva o más o menos moral que un ser humano. En todo caso, preocuparse por ello es bastante irrelevante. Si es posible, se dará, como espero que se den la clonación, la reproducción seleccionada genéticamente y un montón de otras prácticas que todavía no han comenzado a causar pesadillas a los expertos en ética.

Desde mi punto de vista, ésta es la perspectiva *optimista*. Por otro lado existe la posibilidad de que unas explosiones demográficas desenfrenadas, combinadas con recursos cada vez más escasos en un planeta caliente y contaminado, mezclado todo ello con una posible victoria de la superstición y el mito sobre la lógica y la racionalidad, den como resultado múltiples guerras devastadoras y quizás el establecimiento de teocracias que supriman el pensamiento científico mucho antes de que el progreso tecnológico alcance el estadio que he descrito. La civilización humana daría entonces un paso gigantesco hacia atrás, renunciando al aprendizaje, la ciencia y la racionalidad en favor de una ordenada vida de subsistencia, renunciando al aquí por el más allá.

En este aspecto nuestro futuro afectará al futuro de nuestro átomo de oxígeno. Por ejemplo, como el oxígeno es, a través de la combustión controlada, uno de los principales motores de la maquinaria de la vida, si cambiamos la manera de trabajar del motor, cambiará el ciclo del oxígeno en la atmósfera.

Sin embargo, cualquier forma de vida requiere energía y, como la luz solar es una forma abundante de energía, me cuesta creer que la vida inteligente no utilice ninguna forma de fuerza solar por medio de la fotosíntesis o de cualquier otra manera. La fotosíntesis utiliza la energía solar para romper la molécula de agua con el fin de obtener átomos de hidrógeno y electrones que pueden utilizarse luego para formar moléculas orgánicas. Pero, ¿y si la vida consciente se vincula cada vez más al silicio y no al carbono? Puede que el objetivo último no sea ya generar moléculas orgánicas capaces de facilitar las reacciones químicas que permitan la reproducción. Todavía seguirá siendo necesaria la energía para conducir los procesos del silicio, incluso si lo que se necesitan principalmente son reacciones inorgánicas. En el futuro, la luz seguirá siendo gratis, aunque lo sea más esporádicamente, y por ello parece razonable sospechar que la vida continuará explotándola.

Por la misma razón, como la oxidación permite que la energía almacenada pueda liberarse eficazmente, espero que el propio oxígeno siga siendo vital en el proceso de la vida, incluso si ésta llega a no depender de la respiración tal y como la conocemos. Recuerde que lo que el oxígeno hace básicamente es apropiarse de los electrones gastados. Si la vida se hace dependiente de las corrientes eléctricas de los chips semiconductores, tendrá que haber algo que impulse a las corrientes, lo que significa mover electrones para pasarlos de alta a baja energía, y algo tendrá que existir que facilite la transformación y se lleve los productos de desecho. Será curioso ver si la vida inteligente, al diseñar vida inteligente, es capaz de mejorar la selección natural. Posiblemente. Como mi amigo el físico Franz Wilczek me suele insistir, ¡la evolución no inventó la rueda!

Finalmente, la cuestión de la reproducción. Existimos, como dijo muy bien el biólogo Richard Dawkins, como simples transmisores de genes. Por lo que parece, el propósito de la vida es sencillamente proporcionar un mecanismo sólido para que ciertas moléculas se multipliquen. Todas nuestras esperanzas, nuestros sueños, nuestras locuras y nuestros anhelos se dan por añadidura. Si la conciencia puede encajar en un sistema autoprogramable, ¿tendrá entre sus órdenes reproducirse o simplemente repararse y mejorarse?

Esto me parece una cuestión fascinante porque si la reproducción desenfrenada ya no sirve al propósito superior de la vida inteligente, entonces las estrategias de la vida inteligente, acumuladas a lo largo de eras de evolución biológica, también pueden cambiar. Si la reproducción pierde importancia, ¿disminuirá la demanda de oxígeno?

Por interesantes que sean estas cuestiones, sólo tienen probablemente una importancia filosófica. Pueden afectar al perfeccionado ciclo de la vida que transforma el oxígeno y el carbono en dióxido de carbono, y el oxígeno y el hidrógeno en agua. Pero yo espero que los grandes números del consumo de oxígeno dependan de consideraciones energéticas mucho más poderosas que las que la vida inteligente pueda aportar directamente. Con estos asuntos y advertencias en mente, asomémonos al espejo.

A lo largo de los próximos cien años el principal cambio que afectará a la vida anual de nuestro átomo de oxígeno —dejando a un lado una guerra nuclear generalizada, el terrorismo biológico o alguna catástrofe similar— será probablemente la acumulación lenta pero persistente de dióxido de carbono y demás gases de efecto invernadero en la atmósfera de la Tierra. Su impacto será sutil, sin duda, en comparación con los cambios mucho más drásticos (como la Tierra Bola de Nieve) que se han producido durante los millones de años anteriores. En primer lugar, la biosfera responderá a la producción humana de dióxido de carbono de maneras que en este momento no podemos predecir. Después de todo, la proporción de dióxido de carbono es minúscula comparada con las reservas totales de la Tierra, y la capacidad oceánica de disolver dióxido de carbono está lejos de ser comprendida por completo. Sin embargo, se hace difícil imaginar que no se produzca cierta acumulación. En este proceso es probable que el clima resulte más dramático, con grandes alternancias de temperaturas y precipitaciones. Éstas afectarán a la tasa del dióxido de carbono que se fija en las rocas, así como a la producción de oxígeno por el fotoplancton del océano.

Pero es probable que ese cambio en las condiciones sea transitorio, dados los mecanismos de retroalimentación a largo plazo y a escala global del dióxido de carbono terrestre. El impacto a escala global será probablemente de poca importancia, por mucho que altere el curso de la civilización humana. Pueden inundarse las ciudades costeras y morir millones de personas, pero la vida continuará y los continentes seguirán evolucionando.

Creo que el consumo de combustibles fósiles terminará en algún momento de este milenio, debido a los impactos medioambientales, la disponibilidad de nuevas fuentes de energía, la desaparición de la civilización o la dificultad creciente de encontrar esos combustibles. En todo caso, es probable que nuestro átomo de oxígeno pase durante cierto tiempo por la sangre de nuestros nietos y quizás por la de sus amigos cibernéticos. Podemos continuar imaginando decenas o incluso centenas de generaciones y ciclos de oxígeno, pero no serían sino una mota en el tiempo cósmico y tenemos una tarea mucho mayor que abordar.

Supongamos, pues, que la civilización tecnológica persiste lo suficiente como para *terraformar* Marte (es decir, hacerlo habitable). Este objetivo se convertirá en algo importante a una escala de tiempo mucho mayor. Se hace difícil imaginar que una civilización con las necesidades de energía que tiene la nuestra no agote muchos de los recursos de la Tierra en algún momento de un futuro cósmico no tan distante. Pero antes de que se agoten esos recursos, el calentamiento generalizado, o la contaminación de una u otra forma, o incluso la superpoblación, harán de la Tierra un lugar desagradable para vivir. Si la vida explota siempre todos los recursos disponibles (y así lo indica la historia de los últimos 4.000 millones de años de vida sobre la Tierra), será natural descubrir los recursos de nuestros vecinos planetarios más próximos.

Supongamos, pues, que la vida y algún resto de nuestra inteligencia pueblan otros lugares diferentes de nuestro sistema solar a lo largo de este milenio. Al mismo tiempo, una vez que se pueda codificar en un chip microscópico una inteligencia suficiente, se hace también difícil imaginar que no enviemos naves espaciales en miniatura que alberguen esos mini-yoes y mini-tús en largos viajes de exploración y sólo de ida más allá del sistema solar. Así pues, daré también por hecho que algunos restos de nuestra inteligencia se extenderán más allá del sistema solar.

De ir nuestro átomo de oxígeno a bordo de tal nave espacial, tanto para un viaje dentro como fuera del sistema solar, como combustible para los cohetes o para alimentar la vida, su futuro se verá inmediatamente afectado. Ya que parece demasiado melodramático, voy a suponer que nuestro átomo se queda en la Tierra a medio plazo, incluso aunque nosotros no nos quedemos.

En este caso debemos darle a la tecla de avance rápido. El futuro de la vida en la Tierra ya no es significativo. Ya nos encontraremos con ella más adelante, en el cosmos. ¿Cuál es el futuro de nuestro átomo? A una escala de miles de años, las variaciones del clima producirán glaciaciones en algunos lugares y desertificará regiones que hoy son verdes. Pero es improbable que esas variaciones del clima alteren por completo la conexión entre oxígeno y vida.

Voy a dar por supuesto que no sabemos cómo lograremos evitar el siguiente o los dos siguientes asteroides mata-planetas que se interpondrán en nuestro camino a lo largo de los próximos 100 millones de años. Si no los evitamos, se dará una completa extinción de las especies, combinada con cambios drásticos del clima a lo largo de años, siglos y milenios. Pero a su debido tiempo los rasgos principales de la biosfera que han persistido a lo largo de miles de millones de años volverán a surgir. Sabemos que cada 200 millones de años, más o menos, la deriva continental origina una alteración completa del aspecto de la corteza continental de la Tierra. Los continentes tal como los conocemos desaparecerán y surgirán otros nuevos. Si se forma otra vez un nuevo supercontinente cerca del ecuador, es imaginable que se produzca otro período de glaciación global. Sin embargo, cuanto más miramos hacia el futuro menos probable parece esta posibilidad. De hecho, es justamente al revés.

Cuando consideramos una escala temporal de 1.000 millones de años hacia el futuro empezamos a afrontar los primeros de los varios retos extraterrestres para la vida sobre la Tierra. Uno de ellos acabará con todo, seguramente, pero no está claro cuál será. Después de todo, la vida ya ha sobrevivido frente a muchas suertes adversas durante 4.000 millones de años.

En todo caso, algo que probablemente la inteligencia sobre la Tierra no tendrá poder para alterar será la evolución del Sol. Recordemos que en las primeras etapas de la historia de la Tierra el Sol era un 30% menos brillante que ahora. Al cabo de otros 2.000 millones de años, el Sol será un 40% más brillante que en la actualidad. Si no interviene algo o alguien, este incremento del brillo solar será mortal.

Sabemos con más o menos precisión lo que ocurrirá en esas condiciones porque tenemos un planeta hermano situado más cerca del Sol que el nuestro, que actualmente recibe tanta luz solar como la que nosotros recibiremos dentro de 2.000 millones de años. Ese planeta es Venus, que ya hemos visitado en relación con este asunto, y en el que las temperaturas de la superficie superan los 400 grados centígrados.

En realidad, ésta es una temperatura tibia comparada con las que se pueden esperar en la Tierra en esa época. Porque la Tierra sufrirá el mismo destino que Venus, un efecto invernadero sostenido, pero ese efecto invernadero será mucho más fuerte en la Tierra, debido a la presencia de muchísima más agua. Se pueden esperar temperaturas de ¡más de 1.220 grados! Lo cual será suficiente para fundir algunos de los materiales de la corteza.

Como ya he señalado anteriormente, cuando la temperatura de la Tierra supere en un 10% la actual se producirá un efecto invernadero continuo. La atmósfera será capaz de tener más vapor de agua que ahora, de modo que una parte de los océanos se evaporará. Pero el vapor de agua es un gas de efecto invernadero que absorbe energía solar y la almacena en la atmósfera en lugar de volver a irradiarla al espacio. Así, un incremento del vapor de agua dará como resultado un mayor aumento de la temperatura. Pero este aumento permitirá que la atmósfera pueda albergar todavía más vapor de agua, haciendo que los océanos se evaporen un poco más intensificando el efecto invernadero. Lo cual volverá a elevar la temperatura, y así sucesivamente. Al final, toda el agua de todos los océanos de la Tierra se evaporará y la temperatura se estabilizará en la cifra mencionada, más de 1.000 grados por encima de la actual temperatura de la superficie de la Tierra.

En esas condiciones no hay formas de vida que puedan sobrevivir. Algunas bacterias son hipertermófilas, pero estas condiciones requerirían una hiper-hipertermofilia. Y ese tipo de criaturas no podrían estar hechas de ninguna materia orgánica, ya que tal materia no puede permanecer inalterada a esas temperaturas absurdamente altas.

El continuo efecto invernadero alterará también drásticamente las condiciones de nuestro átomo sobre la Tierra. Si se evapora toda el agua de la Tierra, la presión atmosférica resultante debida al vapor de agua será 100 veces mayor que la actual. Así, durante un tiempo, el vapor de agua será el gas dominante. Sin embargo, esta densidad de agua no sobrevivirá durante mucho tiempo en la atmósfera. Después de todo, cuando medimos la cantidad de agua en la atmósfera venusiana, su abundancia se corresponde con aproximadamente

1/100 de la presión de la actual atmósfera terrestre. Originalmente Venus debió de tener una abundancia de agua parecida a la de la Tierra, sencillamente porque se formó en un entorno similar y con una masa parecida. ¿Qué le ocurrió a toda el agua primitiva de Venus?

La luz del Sol puede romper el vapor de agua de la atmósfera. Es un proceso muy poco eficaz, pero se da. Y cuando se da, el gas hidrógeno, al ser ligero y a las temperaturas de las que estamos hablando, se evapora fácilmente del planeta. Sabemos que fue esto lo que le ocurrió a Venus al comparar nuevamente la proporción del hidrógeno normal de la atmósfera de ese planeta con la de su pariente pesado, el deuterio. Como el deuterio es dos veces más pesado que el hidrógeno, se evaporará mucho menos. La proporción deuterio/hidrógeno en Venus es unas 150 veces mayor que en la Tierra, lo cual indica que existió más o menos una cantidad de hidrógeno 150 veces mayor que en la actualidad. Si todo ese hidrógeno provino del agua, en tiempos remotos pudo haber una extensión de agua de varios metros de profundidad cubriendo toda la superficie de Venus.

Realmente creemos que todavía existió más agua, tal vez en una cantidad comparable a la de la Tierra. Si extendemos el agua de todos los océanos por encima de la superficie de la Tierra formaría una capa de unos dos kilómetros de profundidad, lo cual es casi 1.000 veces más que la cantidad de agua que se cree debió existir sobre la superficie primitiva de Venus, basándonos en el cálculo anterior. ¿En qué nos habremos equivocado? (escribo "nos" aunque usted no tiene por qué estar de acuerdo conmigo, ¡claro está!). Nos estábamos olvidando de los cometas y demás objetos que pudieron suministrar agua a Venus a lo largo de la vida de nuestro sistema solar, del mismo modo que alimentaron a la Tierra. Sólo haría falta el impacto de 10 a 20 cometas para suministrar toda el agua que se calcula tuvo que haber en Venus. Pero estos impactos habrían acercado la proporción deuterio/hidrógeno al valor terrestre. Para que el valor venusiano actual fuera mucho mayor, tuvo que haber una cantidad de agua sustancialmente superior a la indicada por un cálculo que pasa por alto el efecto de los cometas. Tuvo que desaparecer de su atmósfera una cantidad sustancialmente mucho mayor. Lo mismo podría darse a lo largo del tiempo en un futuro sobre el hirviente planeta Tierra.

Mientras se produce esa desaparición se irán encontrando cada vez más átomos de oxígeno sin hidrógeno al que enlazarse. De este modo, será posible durante un tiempo que el oxígeno se acumule en la atmósfera. Pero sin océanos el ciclo de retroalimentación del dióxido de carbono estará ya roto. No habrá lluvia que arrastre el dióxido de carbono, no habrá superficie de agua para contener los ácidos carbónicos y no habrá formación carbónica de rocas. Desaparecerá el sumidero de dióxido de carbono de la Tierra. Pero la fuente volcánica de dióxido de carbono persistirá, seguramente porque la tectónica de placas seguirá funcionando de alguna manera. Por tanto, seguirá acumulándose el dióxido de carbono. La actual atmósfera venusiana tiene tanto carbono en forma de dióxido de carbono como la Tierra en cualquiera de sus formas, entre ellas las rocas carbónicas y la materia orgánica. Una vez que se acabe el ciclo del carbono sobre la Tierra, y pase el carbono a la atmósfera sin verse barrido de nuevo, acabará siendo posible que la concentración atmosférica de dióxido de carbono de la Tierra vaya aproximándose a la de Venus. Sin embargo, es improbable que la fracción de oxígeno siga siendo significativa en esa atmósfera 100 veces más densa que nuestra atmósfera actual. Conforme aumente la proporción de oxígeno, habrá más y más combustiones espontáneas de materiales en la superficie de la Tierra, oxidándose y produciendo en este proceso grandes cantidades de dióxido de carbono, dióxido de silicio y dióxido de azufre.

En este futuro infernal y sin vida nuestro átomo de oxígeno tendrá uno de los dos destinos siguientes. O bien se verá fijado a una roca oxidada, o bien se combinará con el carbono para formar dióxido de carbono. No habrá más ciclos de la vida, ni siquiera ciclos globales del carbono a los que hacer referencia. Todos los días, y durante miles de millones de años, los acontecimientos de la jornada podrán ser descritos con una sola palabra: ¡calor!

Por supuesto que, a semejanza del Espectro de la Navidad Futura, me estoy limitando a presentar aquí el futuro de la Tierra si no hacemos nada al respecto. Una posibilidad me la sugirió el físico holandés Gerardus 't Hooft, gran aficionado a la ciencia ficción al que le gusta sacar los pies del tiesto (y además es muy bueno haciéndolo: compartió el premio Nobel de Física de 1999 por haber resuelto creativamente uno de los problemas más importantes de la física de partículas siendo todavía un estudiante de licenciatura, en 1972). Lo que me sugirió fue que una civilización tecnológica futura, dentro de miles de millones de años, moverá el planeta de su órbita solar actual, de modo que pueda situarse más lejos del Sol. De este modo, no se calentará al aumentar la luminosidad solar.

Pero yo no creo que esto ocurra, aunque los humanos dispongan de los recursos tecnológicos para conseguirlo. La razón es, sencillamente, que si supiéramos dónde debería estar la órbita de la Tierra en esa época para que las temperaturas pudieran seguir siendo aptas para la vida, habría que mover la Tierra a una distancia que no estaría mucho más cerca del Sol que la actual posición de Marte. Pero, ¿a qué mover un planeta entero a semejante distancia, cuando ya existe uno perfectamente bueno en ese lugar?

Parece, en cambio, mucho más sencillo llevar una parte de la población de la Tierra a Marte. Si se pudiera hacer que las rocas marcianas liberaran una parte importante de dióxido de carbono, podríamos crear un beneficioso efecto invernadero sobre el planeta que lo calentara y que derritiera el agua de sus casquetes polares. ¿Podríamos entonces exportar plantas con las que formar oxígeno y construir así gradualmente un hogar lejos del hogar? No está claro, pero tenemos suficiente tiempo para preparar los detalles... salvo que el asteroide asesino nos golpee mañana, por supuesto.

En cualquier caso, incluso semejantes medidas extremas sólo demorarán lo inevitable. Al cabo de otros 4.000 millones de años la Tierra estará por sí sola en la órbita actual de Marte. Pero será ya demasiado tarde para que algo sobreviva en el sistema solar interior. En ese momento el Sol habrá alcanzado dos veces su actual brillo y, lo que es más importante, habrá convertido todo el hidrógeno del núcleo solar en helio. El núcleo solar, todavía sin la suficiente temperatura como para fundir el helio en elementos más pesados, empezará a contraerse y calentarse, liberando ese calor a las regiones externas del núcleo. Éstas empezarán a quemar hidrógeno frenéticamente. Al mismo tiempo, el Sol comenzará a inflarse debido al calor de sus regiones exteriores. Su superficie se enfriará a medida que se expande, de modo que la luz emitida por la superficie, a unos 3.000 grados Kelvin, será más roja que la emitida por el actual Sol, que tiene una temperatura superficial de casi 6.000 grados Kelvin.

Sin embargo, a pesar de estar frío, en ese momento el Sol se habrá inflado hasta alcanzar su gloria como una gigante roja y su tamaño abarcará hasta la actual órbita de la Tierra, siendo su brillo 1.000 veces el del actual Sol. ¡Imagine todo el cielo ocupado por una bola de fuego 1.000 veces más brillante que el Sol actual a mediodía!

La Tierra, sin embargo, ya no estará en su órbita actual. Conforme el Sol queme materia en sus regiones exteriores, la estrella hinchada empezará a expulsar partículas de su superficie. Tal vez un cuarto de la masa total del Sol, equivalente a unas 100.000 Tierras, sea expulsada al espacio a lo largo de unos pocos cientos de millones de años. A su vez, la Tierra empezará a moverse hacia afuera en respuesta al menor tirón gravitatorio de este Sol más magro y menos denso. Y se asentará en una órbita cercana a la actual órbita de Marte.

Es difícil imaginar que haya atmósfera alguna sobre la Tierra capaz de aguantar esta carnicería de radiación y partículas solares por aquí y allá. Las temperaturas de la Tierra en su superficie serán tales que podrá derretirse, y es probable que la atmósfera se escape a borbotones o sea barrida por completo por la fuerza del viento solar.

Incluso si, gracias a un milagro, nuestro átomo de oxígeno soporta el bombardeo, es probable que un último ultraje lo envíe volando al cosmos. Al cabo de 1.000 millones de años de consumir su combustible de hidrógeno, el núcleo del Sol se calentará finalmente hasta una temperatura de unos 100 millones de grados y el helio empezará su fusión para formar carbono. Ya he descrito cómo, debido a que esta reacción depende sensiblemente de la temperatura, y a causa de la más bien peculiar configuración de la materia en el núcleo solar, esta etapa será realmente explosiva. ¡El núcleo entero del Sol se convertirá brevemente en una bomba termonuclear gigante! Durante el destello de helio resultante, el corazón del Sol producirá tanta energía como la generada por todo el resto de estrellas de nuestra galaxia. Sin embargo, buena parte de esta energía la reabsorberán las capas externas del Sol, que se expandirá todavía más. En ese momento es probable que la Tierra ya esté completamente quemada y que nuestro átomo de oxígeno se esté alejando a toda velocidad de un hogar que lo ha acogido durante más de 10.000 millones de años, dirigiéndose a la oscuridad del espacio.

Cualquier resto de lo que fueron grandes continentes y océanos del que fue un planeta verdiazul habrá quedado borrado. Su superficie se volverá otra vez sólida cuando el Sol se calme y la Tierra adquiera una nueva faz, sin mostrar ni un recuerdo de las incontables generaciones de formas de vida que habitaron en tiempos su superficie. Cualquier vida que no haya escapado anteriormente lejos del sistema solar habrá quedado sencillamente barrida. No habrá nada, ni nadie, para dar siquiera un último suspiro...

18
Ceniza a las cenizas

Sunt lacrimae rerum et mentem mortalia tangunt.

Se derraman lágrimas por las cosas, y lo perecedero conmueve el ánimo.
Virgilio

En 1880 se le encargó a Auguste Rodin que esculpiera la obra que le mantuvo ocupado a intervalos durante los siguientes veinte años: unas grandes puertas de bronce para un futuro Musée des Arts Décoratifs. El tema que utilizó para *Las puertas del infierno*, basado en el *Infierno* de Dante, le proporcionó numerosos motivos para muchas de sus obras más famosas.

Fundidas en bronce una década después de su muerte, las puertas se exhiben ahora en el jardín al aire libre del Musée Rodin de París. Los dinteles y las puertas están decorados con más de 200 figuras, que representan el descenso a los infiernos de las almas caídas, en cuyos cuerpos retorcidos se mezcla el sufrimiento con un deseo sensual.

En el centro del tímpano, el panel que se halla encima de la puerta, aparece el prototipo de la escultura más conocida de Rodin: *El pensador*. Inicialmente debía representar a Dante, reflexionando sentado y separado temporalmente de Virgilio, su guía a través del inframundo. En cambio, se convirtió en un sabio anónimo y musculoso que representaría ya para siempre la reflexión del hombre sobre su destino. En palabras del propio Rodin, "Paulatinamente acuden a su mente fértiles ideas. No es un soñador. Es un creador".

En la historia de nuestro átomo hemos cruzado ya el umbral más allá del fin de la vida en la Tierra. El planeta ha descendido a su propio infierno y ahora está privado de vida y de otros rasgos especiales. ¿Se han evaporado nuestros sueños en el espacio junto con todo lo demás? ¿O nos han rescatado nuestras creaciones, de modo que algún resto de nuestra conciencia persiste en algún lugar del cosmos? *Las puertas del infierno* de Rodin habrán quedado destruidas hace mucho tiempo, junto con todo lo demás sobre la superficie de la Tierra. Sin embargo, una civilización que ha sido capaz de producir una obra maestra semejante debe tener la creatividad y voluntad necesarias para sobrevivir. Pero aunque nuestros descendientes sobrevivan de un modo u otro, ¿cuánto tiempo puede seguir posponiendo la vida lo que parece el fin inevitable? ¿Puede nuestra civilización, si no nuestra especie, esperar alguna vez imitar la aparente inmortalidad de nuestros átomos?

Después de todo, esta enorme desaparición no es más que otro nuevo principio para nuestro átomo. Ha pasado 10.000 millones de años en un único planeta, el período de estabilidad más largo, con mucho, desde que se formó. Pero queda todavía por transcurrir la mayor parte de su existencia: tan amplio porcentaje, en efecto, que no puedo empezar siquiera a darle un peso proporcional en este libro. Ya he empleado más de 200 páginas describiendo sus primeros 15.000 millones de años más o menos. Imaginemos ahora que hubiese empleado sólo una página para todo ese período (¡a lo mejor el lector lo hubiera preferido!). Si cada página de este libro se dedicara a otros 15.000 millones de años, no hay páginas suficientes en todos los libros de todas las bibliotecas de la Tierra para dedicar a todos los períodos de 15.000 millones de años que quedan por llegar.

Afortunadamente, no hace falta que lo hagamos. Dejando a un lado cualquier terracentrismo, parece razonable afirmar que durante su vida en la Tierra nuestro átomo ha sufrido más transformaciones que las que experimentará en todo el resto de su futura historia, registrada o sin registrar.

Por supuesto que esta afirmación depende de si nuestro átomo de oxígeno tiene de nuevo la suerte de convertirse en parte de un planeta vivo en otro momento de su existencia. La probabilidad de que esto suceda no es fácil de calcular porque no sabemos la probabilidad de que haya vida en el universo. Si la vida se da una vez por cada millón de posibilidades es prácticamente imposible que nuestro átomo vea más de lo que ya ha visto. Si somos optimistas y damos por supuesto que uno de cada diez planetas alberga vida (como ocurre, al menos, en nuestro sistema solar) las probabilidades son mucho mejores, pero todavía bajas. Después de todo, el 99,9% de la masa de nuestro sistema solar está contenida en el Sol. Si el futuro de nuestro átomo se encuentra en otro sistema solar como el nuestro, sólo tendrá una probabilidad de entre 1.000 de no acabar en el interior de una estrella. Sólo los objetos con masa superior al 10% de nuestro Sol se convierten en estrellas, de modo que incluso en un sistema solar con una estrella de menos masa y con planetas no mayores que Júpiter, la probabilidad de que nuestro átomo termine fuera de una estrella sigue siendo un 1%, como mucho. Además, nuestro átomo ya ha formado parte de dos planetas, echando por tierra los cálculos. Por ello no parece probable que vuelva a ocurrir lo mismo. Dependiendo de la estrella en la que caiga, será o no lo último que haga.

Incluso si resulta expulsado de nuevo, ¿cuántos ciclos más como éste podrá tener? La formación de estrellas sigue en la actualidad con gran profusión, aunque tal vez no con tanta rapidez como en los inicios de la galaxia. Sencillamente, basta con observar la constelación de Orión —una de las que encuentro con más facilidad porque parece realmente un monigote, lo cual encaja con mis habilidades artísticas— para encontrar una región actualmente rica en formación de estrellas. Cuando se contempla mucho mejor a través del telescopio Hubble, aparecen abundantes nubes de gas brillante y pueden distinguirse varias protoestrellas con hermosos discos extrasolares. Contemplamos una situación que recuerda a la de nuestro propio nacimiento.

Al ritmo actual de formación de estrellas en nuestra galaxia, la cantidad de gas libre combinada con la cantidad de materia almacenada en las estrellas que vayan a explotar, o a expulsar una fracción significativa de su masa, permitirá que sigan formándose durante unos diez billones de años. Es un período colosal, mil veces mayor que la actual edad del universo, y no podemos empezar a tomar en consideración con realismo semejantes escalas temporales sin tener en cuenta los posibles cambios en la evolución general del universo. Por ejemplo, si el universo fuera a detener su expansión y a contraerse después es probable que lo hiciera en una escala de tiempo mucho más breve que ésta.

Pero no cancele todavía sus vacaciones de verano. Todas las pruebas actuales parecen indicar que la expansión del universo seguirá indefinidamente. Trataremos enseguida si esto es o no una buena noticia para la vida. Con todo, sí ofrece la posibilidad de que nuestra galaxia utilice todo su combustible estelar antes de que el universo acabe.

Pueden ocurrir muchísimas cosas antes de que el indicador de combustible galáctico señale *vacío*. Por ejemplo, dentro de 5.000 ó 6.000 millones de años, más o menos, cuando nuestro Sol comience su marcha mortal para convertirse en una gigante roja, es probable que comience en nuestra región del universo una época de aumento súbito de nacimientos y muertes estelares. Y ello porque estamos en una trayectoria de colisión con nuestra bella gemela, la galaxia de Andrómeda. Esta galaxia parecida a la nuestra, y la más cercana, se encuentra a unos dos millones de años luz. De hecho, parecen irrevocablemente vinculadas como dos hermanas siamesas. La galaxia de Andrómeda y la Vía Láctea forman parte de un grupo de galaxias enganchadas entre sí por su mutua atracción gravitatoria. En el transcurso de miles de millones de años estas galaxias han realizado varias piruetas cósmicas una en torno a la otra. Y a veces, como bailarines torpes, se tropiezan. La galaxia de Andrómeda se dirige hacia nosotros a una velocidad de unos 100 kilómetros por segundo. Por lo que cubrirá la distancia restante de dos millones de años luz en unos 5.000 millones de años.

La colisión de nuestras dos galaxias recreará, a cámara lenta, las colisiones y mezclas que formaron la Vía Láctea hace mucho tiempo. Esta vez quizás se forme una nueva megagalaxia. No obstante, la distancia entre las estrellas es tan grande que, una vez más, las colisiones estelares serán raras. Pero a lo largo de unos 500 millones de años las dos galaxias se cruzarán por completo, atravesándose mutuamente. En ese proceso, algunas estrellas serán arrancadas de una galaxia y atrapadas por la otra. Y algunas serán expulsadas sin más, alejándose para siempre en la oscura soledad del espacio intergaláctico.

Aunque el resultado final será espectacular, la ruptura será tan gradual que, de estar nosotros en medio de la colisión con Andrómeda en esos momentos, pasaría completamente desapercibida a lo largo de toda la historia humana. Sólo con los recientes avances de la astronomía, posibilitados por telescopios, se habría podido deducir que estaba teniendo lugar semejante colisión.

Sin embargo, en el calendario estelar una cosa así tiene consecuencias. Las nubes de gas en cada galaxia son desgarradas y ondas de choque atraviesan las galaxias. Siempre que se comprime gas se forman estrellas. Para un observador que dispusiera de unos 1.000 millones de años para observar el proceso de colisión de nuestras dos galaxias, brillaríamos como una bengala.

La forma del objeto u objetos finales que resulten de esa colisión serán probablemente muy distintos tanto de la Vía Láctea como de Andrómeda. Pero es probable que la explosión de formación de estrellas que se dará durante la colisión es probable que no cambie drásticamente la cantidad de gas disponible a largo plazo o el número total de estrellas que se forme antes de que se agote el sistema. Así que podemos dar por hecho en plan optimista que las estrellas seguirán brillando unas 10.000 veces más que la actual edad del universo, de modo que podemos hacer proyecciones para ver cuál es la probabilidad de que nuestro átomo de oxígeno termine en otro mundo lleno de vida.

El cálculo más sencillo parte de que una estrella media tiene una masa solar y que las estrellas de una masa solar viven unos 10.000 millones de años, expulsando aproximadamente un cuarto de su masa hacia el sistema solar antes de agotarse. La división del tiempo restante entre el tiempo que necesita cada ciclo nos da un total de unos 1.000 ciclos. Lo cual podría indicar que, si nuestro átomo participara en todos los ciclos, tiene una probabilidad razonable de terminar una vez más sobre un planeta, aunque no necesariamente en uno que tenga vida.

Desgraciadamente, este cálculo es tan optimista como imposible. En primer lugar, si las tres cuartas partes de la masa de las estrellas de una masa solar están por término medio en las propias estrellas, entonces la probabilidad de que nuestro átomo se recicle con éxito en diez estrellas, una a continuación de otra, es menos de una entre un millón. Si llega a entrar en una estrella que no explota, sino que muere en con quejido, lo que quede de la estrella se convertirá con toda probabilidad en la tumba de nuestro átomo.

Pero hay una razón mucho más significativa para que la conjetura basada en la media sea completamente equivocada. Las estrellas de menor tamaño, llamadas enanas rojas, viven más que las de mayor masa. Esas estrellas pueden ser muy pequeñas, con un brillo de una diezmilésima del brillo de nuestro Sol. Sin embargo, estas débiles heredarán un día el universo. Una estrella con una décima parte de la masa de nuestro Sol vive 100 veces más, y una enana roja cuya masa esté en el límite inferior en el que puede iniciarse la combustión nuclear, es decir, 0,08 masas solares, puede vivir más de diez billones de años con su magro suministro de combustible. Conforme sigan ardiendo las estrellas y explotando las supernovas habrá más hidrógeno que se convertirá en elementos más pesados. A medida que aumente la proporción de estos elementos, el límite inferior para la masa de un objeto que pueda generar energía a través de la fusión, después de la compresión gravitatoria, descenderá hasta más o menos la mitad del límite actual. Y conforme decrezca el límite de los tamaños estelares, aumentará también la vida de las estrellas más pequeñas, algunas de las cuales pueden tener una temperatura superficial comparable a la actual de la Tierra.

Mientras seguimos esperando y esperando, cada vez habrá una mayor fracción de gas en las estrellas pequeñas y de larga duración. Las enanas rojas son el tipo más común de estrella en nuestra galaxia, aunque sus parientes más pesadas siguen dominando en masa total. Estas estrellas mayores, como tantos jóvenes atolondrados, desperdiciarán su vida quémandose con gran brillantez y muriendo jóvenes. Esopo nos enseñó que yendo despacio y gradualmente se gana la carrera. Al cabo de 100 billones de años se habrá consumido todo el gas de la galaxia y los únicos objetos que seguirán brillando serán estas tortugas rojas y débiles.

Cerca del final de su vida las enanas rojas arden brevemente con casi el mismo brillo que el Sol. *Breve* en el contexto de diez billones de años significa unos 5.000 millones de años. De modo que, si nuestro átomo tuviera la suerte de encontrarse en un planeta que orbitara cerca de una de esas estrellas hacia el final de su fase de combustión nuclear, habría tiempo y energía suficientes como para que la vida evolucionara y muriera en ese planeta antes de que muriera la propia estrella. Sin embargo, las probabilidades están increíblemente en contra. Antes de que sea probable que esto ocurra, nuestro átomo, si se queda en nuestra galaxia, se convertirá en parte de alguna otra estrella y nunca emergerá otra vez para bañarse en su luz.

Todo esto indica que cada átomo del universo tiene suerte de tener una oportunidad en la vida. Nuestro átomo de oxígeno ya ha tenido la suya y lo más probable es que no vuelva a tener otra. Esto *no* significa que la vida se haya formado una sola vez en el universo sino más bien que la mayoría de los átomos pasan su existencia como parte de sistemas que no son planetas vivos. Tienen suerte si visitan una sola vez uno de tales sistemas (aunque podemos recordar que, como mínimo, una parte de nuestro átomo ha tenido la suerte de visitar dos veces planetas habitables, aunque sólo uno de ellos pervivió lo suficiente como para que surgiera la vida). Si esto le deja confundido, piense en la siguiente analogía: cada uno de nosotros puede tener, en el mejor de los casos, una oportunidad en la vida de hacerse millonario, ¡pero eso no significa que sobre la Tierra haya sólo un millonario!

¿Y si el futuro de la vida se encontrara en una galaxia que va muriendo lentamente? Un tanto a favor es el hecho evidente de que la vida existe en el momento presente, lo cual aumenta muchísimo la probabilidad *a priori* de que exista en algún momento futuro en algún lugar. Cuando nuestra Tierra se convierta en una bola sin vida, tal vez dento de 2.000 millones de años, los descendientes que tengamos, seres electrónicos o animales de carne y hueso, habrán partido tiempo atrás en peregrinaje a un hogar nuevo o lo habrán hecho también hace tiempo en un sentido bien distinto.

Si los seres conscientes escapan, lo harán probablemente en naves espaciales a modo de arcas sin un diseño específico para ir a un sitio concreto. Como mínimo harán falta decenas o centenares de años para salvar la distancia entre las estrellas. La nave, igual que el sistema en que vivimos, necesitará ser un medio autosuficiente para moverse por la galaxia. La búsqueda constante puede terminar por ofrecer un planeta adecuado donde asentarse, pero no está claro que los habitantes de esa nave deseen hacerlo. En todo caso, a menos que se dé una tragedia galáctica mucho más traumática que la próxima colisión entre la Vía Láctea y Andrómeda —quizás la colisión de dos estrellas colapsadas, lo que puede vaporizar una buena fracción de la galaxia— podemos imaginar al menos que la vida seguirá en torno a las estrellas durante los próximos miles de millones, si no decenas de miles de millones de años.

Por supuesto, hay otra opción. Si somos demasiado estúpidos para no sobrevivir, y nuestro ADN se tuesta con el de los demás animales sobre los que decimos tener dominio en la Tierra, ¿no podríamos, de todos modos, sembrar sin quererlo el resto de la galaxia? Una parte de la materia orgánica seguramente sobrevivirá a las ondas de choque que expulsen la materia al sistema solar antes, o quizás después, del estallido de helio del Sol, lo mismo que la materia orgánica ha sobrevivido a las colisiones cataclísmicas de los meteoritos y los cometas con la Tierra. ¿No podría esta materia, junto con nuestro átomo de oxígeno, distribuirse por el cosmos para quizás un día rociar otro mundo con las semillas de la vida?

Aquí nos ayuda la estadística, de igual modo que nuestro átomo se ve restringido por ella. Todas las probabilidades que rigen para nuestro átomo de oxígeno rigen para todos los demás átomos que se alejan de nuestro Sol moribundo. Pero nuestro átomo está solo contra el universo, de modo que cuando analizamos su futuro sabemos que los sucesos rarísimos probablemente no se dan nunca. Cuando hablamos de *muchos* átomos, sin embargo, sabemos que los sucesos raros *siempre* se producen. Así como la mayor parte de la materia orgánica arrancada de nuestro planeta nunca sobrevivirá al viaje, o terminará en el núcleo de una estrella, una partícula de cada millón, o incluso de cada mil millones, tendrá la probabilidad de llegar a un planeta que gire en torno a una estrella. Una fracción de estos planetas seguirá el camino de la vida. Y en esos mundos nuestros restos de ADN pueden resultar decisivos.

Me niego a seguir con más detalles a partir de aquí. Especular es divertido pero en ciencia es más fructífero limitar los detalles de la especulación a un nivel adecuado a los datos disponibles. No puedo pretender conocer el futuro de la especie humana en este siglo, aunque los periodistas no se cansan nunca de preguntarme por él. Cuando nos adentramos 1.000 millones de años en el futuro parece ridículo especular sobre detalles concretos.

En el mismo sentido, me pregunto si estas futuras catástrofes serán realmente catástrofes. Quizás esta formulación muestra sencillamente los límites de una disposición mental "lineal". Si vuelvo a pensar en la historia de la vida sobre la Tierra, son las catástrofes las que generalmente han impulsado la vida hacia adelante, aunque no resultaran amables con algunas especies concretas. La catástrofe del oxígeno, durante la cual este gas potencialmente tóxico comenzó a acumularse en la atmósfera, condujo al desarrollo de la respiración, sin la que los animales pluricelulares nunca hubieran florecido. La explosión del Cámbrico, en la que la vida moderna pluricelular comenzó a diversificarse y a despegar, seguramente la puso en marcha la Tierra Bola de Nieve y sus consecuencias. Puede que sea necesario que mueran muchas especies para permitir que algunas con mayor potencial vayan más lejos. Y además, por último, aunque no sea lo menos importante en esta línea de progreso impulsado por las catástrofes, la extinción de los dinosaurios hace 65 millones de años hizo posible el dominio de los mamíferos.

Dante salió de los horrores del inframundo como un hombre más sabio y más fuerte. ¿Será el inevitable descenso de la Tierra a los infiernos lo que haga a nuestros herederos más fuertes, o los reemplazará con algo que lo sea?

Traiga lo que traiga el futuro a la vida, y tengo la mente dividida sobre este asunto, no me gusta la visión que he pintado hasta aquí del futuro de nuestro átomo de oxígeno: pasar lo que le queda de eternidad en las profundidades del núcleo de una estrella muerta hace tiempo. Desde luego, ante semejante posibilidad no es probable que termine sus días como oxígeno. Si se une a una nube molecular que se contrae destinada un día a producir una supernova, puede convertirse en un elemento de más peso, como el hierro u otro todavía más pesado. O si se ve atrapado en las profundidades del núcleo de una supernova, a los pocos segundos de iniciarse la explosión verá como se invierten las pasadas decenas de miles de millones de años de su historia al ser desmembrado en sus elementos constitutivos. Sus protones serán bombardeados por electrones y se convertirán en neutrones, que se fundirán con el resto del núcleo estelar para formar una estrella de neutrones. O peor aún, la estrella se convertirá en parte de una nube tan densa que su compresión no será detenida por el rebote nuclear. En lugar de eso, nuestro átomo y el resto del núcleo estelar seguirán cayendo hacia el centro formando un agujero negro. Una vez que nuestro átomo cruce la frontera que ni siquiera la luz puede atravesar, se habrá perdido para siempre para nuestro universo. Es probable que su destino no sea agradable, pero nunca sabremos cuál fue.

Al darme cuenta de que soy el autor del destino de nuestro átomo me siento poderoso. Puedo escoger un futuro distinto y lo voy a hacer a continuación.

Nuestro átomo ha terminado su edad de la inocencia. Ha sido testigo del nacimiento y muerte de planetas y de más especies de vida que las que podemos nombrar. Expulsado lejos de nuestro sistema solar moribundo, viaja durante varios millones de años y su siguiente hogar es una nube molecular cercana al borde exterior de la Vía Láctea. Esta nube se contrae hasta formar una estrella que algún día sufrirá una explosión de supernova. Pero el núcleo de nuestro átomo (que se quedará sin electrones al poco tiempo de formarse la estrella) permanecerá otra vez fuera de la parte más densa del núcleo. Puede ayudar momentáneamente a la formación de helio absorbiendo un protón, pero lo soltará en seguida, preservando su identidad a lo largo de otros 100 millones de años hasta que la estrella estalle. Pero esta vez la estrella de neutrones que se forme girará rápidamente. Los inmensos campos magnéticos impulsarán las partículas cargadas hacia el exterior, formando un surtidor de materia que emanará cerca de los ejes de la estrella en rotación. Nuestro núcleo de oxígeno saldrá disparado por este surtidor, adquiriendo más aceleración gracias a la onda de choque que lo atraviesa. Al fin viajará hacia el exterior a casi la velocidad de la luz.

Nuestro núcleo de oxígeno abandonará la galaxia viajando hacia el espacio exterior, alejándose de nuestro grupo local de estrellas para terminar saliendo de nuestro cúmulo de galaxias. Ahora está libre para viajar a través de un universo prácticamente vacío y sin obstáculos. La probabilidad de que termine por encontrar otro átomo se hace cada vez menor con el paso del tiempo a medida que el universo se expande y la densidad media de la materia disminuye. Su inmediato futuro depende ahora del futuro del universo como un todo y no del capricho de sus contituyentes.

No hace falta que el lector crea que mi elección del futuro de nuestro átomo es especialmente anómala o caprichosa. La existencia fuera de los confines de la galaxia es mucho más probable que lo contrario. La masa de materia en el universo, por lo menos el doble de la que representa toda la masa de estrellas y gas galáctico, parece existir en forma de gas caliente fuera de las galaxias. Es probable que buena parte de ese gas sea literalmente expulsado de las galaxias por las supernovas u otros sucesos energéticos. Nuestro átomo se limita a recibir algo más de energía de lo habitual, de modo que ya no está confinado ni siquiera por la atracción gravitatoria de los conglomerados más grandes que se conocen en el universo, los cúmulos de cientos de galaxias que se extienden a lo largo de decenas de millones de años luz de diámetro. Pero tampoco esto es infrecuente. Somos bombardeados diariamente por rayos cósmicos que llegan de galaxias lejanas, entre ellos los núcleos de átomos pesados que se cree fueron expulsados originalmente por las supernovas.

Nuestro átomo puede ahora viajar miles y miles de millones de años por el vasto vacío del espacio sin dirigirse a ningún sitio en concreto. Más aún, si viaja a casi la velocidad de la luz su reloj interno se ralentizará comparado con la hora de las galaxias por las que pasa. Miles de millones de años pueden parecer cientos o miles, lo que para nuestro átomo es un lapso muy corto. Puede atravesar nuestro universo visible actual en lo que parecerá menos tiempo del que pasó como parte del sudor y la sangre de los humanos y sus antecesores. De este modo podría vivir una eternidad, solo pero libre.

Pero aunque escape a la garra de las galaxias nuestro átomo no puede eludir las consecuencias inevitables de las leyes de la física. Inconsciente de su destino, se dirige sin embargo hacia un final que le fue impreso en el momento mismo en que sus protones se formaron por primera vez en los vertiginosos microsegundos del nacimiento de nuestro universo.

19
Polvo al polvo

La eternidad es muy larga, sobre todo hacia el final.
Woody Allen

Hace unos años tuvo lugar en un conocidísimo colegio privado para niñas un acto de inicio de curso memorable. Se dice que el orador se acercó al podio, sin dejar de mirar a las chicas, sonrientes todas ellas con sus estupendas y blancas togas de graduación y rodeadas de parientes y amigos. Mirando a los congregados comenzó diciendo con voz tonante: "¡Todo va a ir de mal en peor y nunca jamás volverá a ser como antes!". Oí esta historia a un estudiante y no sé si es apócrifa. Sin embargo, siempre he querido ponerla por escrito y éste parece el lugar perfecto.

Conforme el universo evolucione seguirá habiendo momentos de sol, al menos metafóricamente, quizás durante toda la eternidad. Pero serán cada vez menos y más espaciados. Si escudriñamos lo más lejos posible el futuro de la Vida, del Universo y del Todo, la cosas no tienen muy buena pinta.

Los descubrimientos realizados en los últimos cinco años señalan que podemos estar viviendo en el peor de los universos posibles, al menos si se tiene en cuenta la calidad a largo plazo y la perdurabilidad de la vida. Y los mismos desarrollos teóricos que sustentan la esperanza de comprender por qué vivimos en un universo lleno de materia también dan a entender que, en último término, la materia es efímera.

Antes de 1916 no tenía ningún sentido debatir sobre el futuro del universo porque no existía una teoría que pudiera describir de modo coherente la dinámica del espacio, el tiempo y la materia. Sin embargo, ese año Albert Einstein completó su mejor obra, el descubrimiento que le daría fama y el título de "hombre del siglo". Contra lo que intuimos, el espacio en que vivimos está curvado y el responsable de esa curvatura es el contenido de materia y energía. La teoría de la relatividad general proporcionó los enlaces necesarios entre espacio, tiempo y materia. De este modo, según constató Einstein enseguida, ofrecía la posibilidad no sólo de describir sin más el movimiento de los objetos en el universo sino el comportamiento del propio universo.

Sin embargo, había un problema. El universo de Einstein compartía con el de Newton un problema fundamental: ¡la gravedad atrae! Es decir, que a diferencia de, por ejemplo, las fuerzas eléctricas o magnéticas, que pueden ser atractivas o repulsivas, la gravedad parece ser universalmente atractiva. En consecuencia, no existe una configuración estable de la materia esparcida por todo el universo. La atracción gravitatoria de los objetos densos conseguirá invariablemente que se compriman juntos.

El problema de Einstein era que en 1916 la opinión comunmente aceptada sostenía que el universo era estático. Después de todo, si se mira a los cielos, ¿no parecen inamovibles las estrellas distantes? Einstein se sintió descorazonado ante esto pero no se amilanó. Admitió que podía hacer una pequeña alteración en las ecuaciones que rigen la evolución del universo, lo cual resolvería este problema. Añadió un término más, al que llamó *constante cosmológica*, que produciría una pequeñísima fuerza *repulsiva* por todo el espacio. A escala humana y de nuestro sistema solar, esta pequeña fuerza adicional pasaría desapercibida. Sin embargo, a la gran escala del universo esa fuerza podría equilibrar la atracción gravitatoria de las galaxias distantes y mantenerlas separadas.

Pero esta idea planteó dificultades casi inmediatamente: tantas, de hecho, que Einstein la denominó su "mayor pifia". Suerte para nosotros.

En primer lugar, al cabo de una década más o menos de la "pifia" de Einstein ya había quedado claramente establecido que el universo no era estático. En 1929, Edwin Hubble, el abogado transformado en astrónomo, había publicado un estudio sobre el universo en expansión. Pero ya antes flotaba en el ambiente la idea de que el universo podría no ser estático. En 1923, Einstein escribió en una carta al matemático Hermann Weyl: "Si el mundo no es casi estático, ¡fuera la constante cosmológica!"

Porque si el universo se expande entonces no hay necesidad de una fuerza repulsiva universal en la naturaleza. La gravedad puede intervenir sin más para frenar la expansión. Dependiendo de lo rápida que ésta sea, y de cuánta materia haya para frenarla, el universo seguirá expandiéndose para siempre o se irá frenando, se detendrá y empezará a contraerse. Intentar determinar cuál será nuestro futuro se ha convertido, por tanto, en una de las principales tareas de la investigación cosmológica.

Por mucho que Einstein deseara librarse del término adicional en sus ecuaciones, ya innecesario, era algo parecido a intentar meter la pasta dentífrica dentro del tubo. De no haber sido Einstein quien propuso esa constante, lo habría hecho cualquier otro.

Resulta que la constante cosmológica tiene un significado físico real o al menos un significado que puede ser real. En la relatividad general, la energía bajo cualquiera de sus formas, es la fuente de la gravedad y, por ello, de la curvatura del espacio. A su vez, hay un tipo muy concreto de energía que produce justamente el efecto de la constante cosmológica de Einstein. Y es la energía de la nada.

Ahora bien, usted puede pensar que en un mundo relativamente sensato la "nada" no puede estar poseída de energía. Pero nadie ha afirmado jamás que la mecánica cuántica sea sensata. Lo cierto es que la mecánica cuántica, emparejada con la teoría especial de la relatividad de Einstein, supone que el espacio vacío no está realmente vacío. Como ya he señalado, está lleno de burbujeantes y hormigueantes partículas elementales, llamadas *partículas virtuales*, que pueden aparecer de repente y desaparecer en la nada durante un tiempo tan breve que no es posible observarlas directamente.

Esto puede parecer tan sospechoso como describir cuántos ángeles pueden bailar en la cabeza de un alfiler, aunque hay una importante diferencia. Los ángeles son invisibles, y normalmente no se pueden medir. Las partículas virtuales son invisibles, pero afectan de forma medible a casi cualquier proceso microscópico en el universo. Por ejemplo, a esas escalas las partículas virtuales pueden cambiar las propiedades de los átomos alterando momentáneamente la distribución de la carga eléctrica. Esto, a su vez, afecta de manera calculable a los niveles de energía de los electrones que giran en torno a los átomos, de modo que la carga predicha se ajusta al cambio medido con más precisión que ninguna otra predicción de toda la física.

Si el espacio vacío está realmente lleno de partículas virtuales, surge la cuestión de si estas partículas pueden también proporcionar energía al espacio. Si pueden, entonces la constante cosmológica no será cero. Desgraciadamente, cuando tratamos de calcular cuánta energía pueden aportar esos efectos cuánticos, la predicción habitual supera unas 120 veces la energía contenida en todas las estrellas, el gas, los planetas y las personas del universo visible.

Hay un sencillo experimento que cualquiera puede hacer para demostrar que el espacio vacío no puede contener tan monumental carga de energía: ¡mirarse la nariz! Como ya escribió en una ocasión el novelista George Orwell, "ver lo que tiene uno delante de sus narices supone una lucha constante". Esto adquiere un significado completamente nuevo en un universo con constante cosmológica. En un universo así, la fuerza repulsiva del espacio vacío hace que los objetos distantes se separen a una velocidad relativa proporcional a la distancia que los separa. Esto significa que los objetos separados por más de cierta distancia se separarán ¡a mayor velocidad que la luz!

Esto puede parecer imposible, pero así como la relatividad especial impide que los objetos viajen por el espacio a una velocidad superior a la de la luz, la relatividad general implica que el espacio (cuya expansión puede transportar los objetos de tal modo que los vaya separando) no tiene semejantes restricciones. El efecto de que los objetos se separen a mayor velocidad que la luz es que uno se hace invisible para el otro, ya que la luz no puede atravesar la distancia que los separa compitiendo con la expansión del espacio.

Como resultado, podemos poner límites a la magnitud de la constante cosmológica. De ser mayor de cierto valor, el espacio entre nuestros ojos y la punta de la nariz estaría expandiéndose a mayor velocidad que la luz. Por lo tanto, la luz de la punta de la nariz nunca llegaría a nuestros ojos. Para que eso no ocurra, la máxima constante cosmológica permitida debería ser al menos 70 veces menor que la ingenua predicción que resulta del cálculo de la energía del espacio vacío a la que he aludido antes.

Pero todavía podemos afinar más. Con nuestros telescopios no sólo podemos mirar la punta de nuestra nariz sino por todo el universo. Que podamos ver galaxias situadas a miles de millones de años luz de nosotros reduce unas 120 veces la anterior e ingenua estimación de la magnitud de la constante cosmológica.

Sin embargo, por pequeño que sea este valor, permite que exista una constante cosmológica absurdamente pequeña. Es por tanto posible que la densidad de energía del espacio supere a la energía asociada con toda la materia del universo.

Por absurdo que pueda parecer, Michael Turner, de la Universidad de Chicago, y yo, así como otros grupos cada uno por su cuenta, propusimos hace unos años que eso era lo que sucedía en el universo. Aceptamos que los datos disponibles procedentes de la cosmología, en lo tocante a la edad del universo, su composición y la distribución de la materia, combinados con los argumentos teóricos, ofrecían una posibilidad altamente atractiva y herética: al menos un 60% de la energía del universo observable parecía encontrarse en el espacio vacío.

De ser esto cierto significaría que la actual expansión del universo estaría acelerándose en lugar de frenarse, como en las teorías convencionales, en las que el universo está dominado por la materia o la radiación. Como si se hubiera dado una señal, en un lapso de dos años hubo dos contribuciones internacionales que ofrecieron los resultados de un nuevo e importante esfuerzo por medir la aceleración o desaceleración del universo. Uno estaba dirigido por Brian Schmidt, del observatorio de Mount Stromlo (Australia), y Robert Kischner, de la Universidad de Harvard; el otro, por Saul Perlmutter, del Laboratorio Nacional Lawrence Berkeley.

Utilizaron como guía un tipo especial de estrella explosiva llamada supernova tipo 1a. A diferencia de las estrellas explosivas que nuestro átomo visitó antes de llegar a la Tierra, se cree que una supernova del tipo 1a está más cerca de ser una bomba termonuclear cósmica. En este caso, una estrella como nuestro Sol, que ya haya completado su vida de combustión nuclear, termina por pasar por una fase de gigante roja para convertirse en una densa enana blanca. Sin embargo, si esta estrella acumula en su superficie materia de algún objeto cercano, la masa de la estrella terminará por aumentar hasta el punto de que la presión y la temperatura de su núcleo sean lo bastante grandes como para iniciar la combustión nuclear del helio y de los núcleos más pesados. La energía liberada de repente fragmentará la estrella.

Las leyes de la física admiten un estrecho margen de masas entre las que puede iniciarse semejante explosión. Se supuso, por tanto, que esas supernovas, tan brillantes que pueden observarse más allá del universo visible, podrían utilizarse como *candelas estándar* cuyo brillo pudiera servir a modo de boya para medir la distancia de las galaxias lejanas. Las observaciones siguientes, realizadas a lo largo de una década, parecieron establecer una clara relación entre el brillo de esas supernovas y el tiempo que permanecen visibles. Utilizando esta relación se puede esperar observar el perfil de brillo de supernovas todavía más distantes, y a partir de él calcular su distancia a la Tierra. Al mismo tiempo, podemos medir la velocidad a la que las galaxias que las albergan se separan de nosotros. Comparando cómo varía esta velocidad con la supuesta distancia a la que se hallan de nosotros, y sabiendo que cuando observamos galaxias más lejanas las estamos observando como eran en su estado más juvenil (debido a la velocidad finita de la luz) podemos determinar cómo ha variado el ritmo de expansión del universo a lo largo del tiempo.

Pero hay una pega. Las supernovas de tipo 1a se dan en cada galaxia a un ritmo de sólo una cada 100 años. Aunque, una vez más, podemos utilizar el interesante hecho de que en un universo inmenso los sucesos raros se dan con frecuencia. Si nos organizamos para examinar unas 30.000 galaxias en una única noche de observación, la estadística nos dice que deberíamos ver una supernova por noche. Utilizando este enfoque y las cámaras panorámicas que permiten captar ese número de galaxias y, además, en una única imagen, ambos equipos consiguieron descubrir múltiples supernovas nuevas en galaxias lejanas en unas pocas noches. Mediante la observación continua de la consiguiente evolución del perfil de brillo pudieron calcular la distancia de las galaxias, y a partir de ahí la evolución de la tasa de expansión del universo a lo largo del tiempo.

En enero de 1998 esos grupos anunciaron de forma independiente un descubrimiento que conmocionó a la comunidad científica y que la revista *Science* más adelante etiquetó como "descubrimiento del año". Los datos de los dos equipos implicaban que la expansión del universo se aceleraba. Más aún, el cálculo de la energía requerida en el espacio vacío concuerda exactamente con el deducido anteriormente a base de argumentos indirectos. Por ahora, y a pesar de este notable consenso, los datos de las supernovas siguen siendo provisionales, y es prematuro suponer que no vaya a demostrarse que son erróneos. Pero si se confirman, sucedería que el espacio vacío posee más energía por término medio ¡que ninguna otra cosa en el universo!

Si estas observaciones logran pasar la prueba del tiempo, las consecuencias para nuestra comprensión de la física fundamental son realmente profundas. Pero son todavía más espectaculares para el posible futuro del universo y de nuestro átomo.

Si la expansión del universo se está acelerando, podemos preguntarnos cuánto tiempo tardará en desaparecer de nuestra vista la mayor parte de él. La respuesta que mi colega Glenn Starkman y yo hemos dado recientemente es: "sorprendentemente pronto", al menos en términos cósmicos. Dentro de unos 150.000 millones de años todas las estrellas que no estén en nuestro supercúmulo de galaxias se estarán alejando a tal velocidad que su luz ya no será visible a simple vista. Al cabo de dos billones de años ni un solo objeto exterior a nuestro supercúmulo será detectable por ningún medio. Nos iremos quedando solos en el universo para siempre jamás.

Toda nube oscura tiene, por supuesto, su lado brillante. Por ejemplo, he usado el argumento anterior para hacer presión ante quienes tienen que dar fondos para la cosmología en la administración: si la expansión del universo se está acelerando, entonces tenemos un límite de tiempo para realizar nuestras observaciones, de modo que sería mejor que nos dieran el dinero ya. Más relacionado con el asunto que nos traemos entre manos es que, una vez sabido que el espacio vacío puede tener energía, nuestra capacidad de predecir el futuro del universo sin ambigüedades se nos va al garete. La geometría ya no es el destino.

Sin una constante cosmológica se podía afirmar que, si hubiese masa suficiente, ésta frenaría la expansión del universo obligándolo a detenerse para iniciar luego una contracción. Si la densidad de la masa no fuera suficiente, el universo se podría expandir por siempre. Sin embargo, si predomina la energía del vacío, independientemente de la densidad de la masa y de cómo altere ésta la geometría del universo, entonces no puede ser suficiente para frenar a un universo que se acelera. O, de otra manera, incluso si la densidad de la masa fuera demasiado pequeña para que su atracción gravitatoria acumulada frenara la velocidad del universo en expansión, una energía negativa del espacio vacío daría como resultado una fuerza atractiva adicional por todo el espacio. Lo cual podría terminar deteniendo la actual expansión.

De hecho, Michael Turner y yo hemos sostenido que con un conjunto finito de mediciones realizadas en una cantidad de tiempo finita no se puede conocer sin ambigüedades el destino último del universo. Mientras la física continúe siendo una ciencia empírica guiada por la experimentación y la observación, el futuro último del universo seguirá siendo un misterio sin resolver.

¿Debemos, por tanto, terminar esta historia en semejante estado de ambigüedad? ¿No hay nada en absoluto que podamos decir, bien sobre el destino último del universo, bien sobre el de nuestro átomo en semejante universo incierto?

Los humanos somos optimistas por naturaleza acerca del futuro, quizás porque sin ese optimismo buena parte de la difícil tarea de vivir nos puede parecer carente de sentido. Creemos que nuestros descendientes sobrevivirán. La muerte y los impuestos, el dolor y el sufrimiento, podrán no desaparecer nunca, pero ya habrá algún lugar donde nuestros hijos salgan adelante. De ser necesario, colonizaremos la galaxia, igual que la vida ha colonizado hasta ahora todos los nichos posibles de la Tierra. O eso esperamos.

Charles Darwin era uno de esos optimistas. En la conclusión de *El origen de las especies* escribió: "Como todas las formas de vida actuales son descendientes en línea directa de aquéllas que vivieron en el período Cámbrico, bien podemos estar seguros de que la sucesión habitual por generación nunca se ha roto. [...] De ahí que podamos contemplar con cierta confianza un futuro seguro muy prolongado".

Darwin creía, sin duda, que la vida podría sobrevivir a los cataclismos que inevitablemente habrá en el futuro de la Tierra. Pero, ¿y la eternidad del tiempo que puede existir tras la muerte de la Tierra? En la época de Darwin, antes de que se conociera la expansión del universo, a los científicos les preocupaba que la vida estuviera condenada a lo que se llama "muerte térmica". Un universo estático terminaría por alcanzar un equilibrio térmico en el que todo él alcanzaría una temperatura uniforme. Si no hay fuentes o sumideros de energía, la famosa segunda ley de la termodinámica implica que en semejante universo será imposible realizar cualquier trabajo.

Pero la vida exige, como ya he señalado, apartarse localmente del equilibrio global. La vida es una ladrona de energía que atesora para su uso posterior. La vida termina por consumir su suministro energético en el proceso vital y la libera en forma de calor, tal como requieren las leyes de la termodinámica. La energía calorífica puede utilizarse para realizar trabajo sólo si se transfiere de un objeto más cálido a otro más frío. Una vez que todo lo existente en el universo sea energía calorífica a una temperatura uniforme, no habrá nada más que robar.

Sin embargo, el descubrimiento de que el universo se expandía en los años veinte lo cambió todo. En un universo en expansión, la temperatura de fondo disminuye de forma constante, retrasando continuamente el inicio de esa muerte térmica. Un universo en continua expansión que está enfriándose siempre parece ofrecer una nueva esperanza a la vida.

Pero de la esperanza a los hechos va un largo trecho. En la práctica, siempre hay que afrontar el Hecho Universal de la Vida: hacen falta pilas. La vida dependerá siempre de que se inventen nuevas maneras de robar energía de un entorno cambiante para poder impulsar los procesos de reproducción y metabolismo.

Cuando surgió por primera vez la vida sobre la Tierra este robo sucedió probablemente por accidente. Al abundar la energía, había oportunidades más que suficientes de que surgieran moléculas complejas. Pero, al igual que un día de un futuro no demasiado lejano tendremos que afrontar el hecho de que las reservas de combustibles fósiles en la Tierra son limitadas, conforme el tiempo avance irán menguando también las reservas de energía. La marcha del tiempo es una marcha hacia el equilibrio, pero si la vida quiere continuar, debe evitar su llegada tanto como sea posible.

Sabemos con precisión cuánta energía se necesita para impulsar la vida aquí en la Tierra, y si seguimos a nuestro ritmo de consumo de energía es cosa de un momento hacer un cálculo de cuánto tiempo nos queda. Pero los cálculos basados en nuestro metabolismo actual no proporcionan una guía precisa para el futuro. Si la inteligencia sobrevive a la catástrofe del sistema solar, y emigra para poblar otras partes de la galaxia, y si sobrevive a la colisión de galaxias y a la muerte de las estrellas, tendrá que ser subsistiendo cada vez con menos energía con el paso del tiempo. Sólo hay un modo de reducir las necesidades de energía. Como muchas civilizaciones de los episodios iniciales de *Star Trek,* hay que desprenderse del incómodo cuerpo y buscar medios para conservarse con un coste energético inferior.

A medida que las estrellas se debiliten y el universo se enfríe, las civilizaciones se enfrentarán a los límites finales de su existencia. Todavía está por ver si sobrevivirán o no al reto. En un artículo publicado en 1979, que fue todo un hito, el brillante físico matemático de origen británico Freeman Dyson, del Instituto de Estudios Avanzados de Princeton, puso las bases para el cambio que debe afrontar la civilización en el Futuro Definitivo.

Puede parecer que en un universo posiblemente infinito que se expanda por siempre habrá infinitas reservas de energía de las que surtirse. Sin embargo, es probable que no sea así. Conforme el universo se expande, la densidad de la materia y la energía disponible decrecen. La vida exigiría explotar un volumen cada vez mayor para obtener cantidades de energía cada vez menores. Desde luego, mi colega Glenn Starkman y yo sostenemos que no existe mecanismo alguno para extraer una cantidad creciente de energía de un universo que se expande, incluso con un tiempo infinito para hacerlo. Si estamos en lo cierto, la vida debe afrontar un problema presupuestario definitivo como ningún otro que se le haya planteado hasta ahora: cómo hacer que una reserva finita de energía dure un tiempo indefinidamente largo.

En su obra anterior, Dyson había tratado esta misma cuestión. Con un tono típico de su enorme ingenio, Dyson —que admite sin reservas su eterno optimismo— demostró que, al contrario de lo que pudiera esperarse ingenuamente, la vida eterna con energía finita no es imposible en principio. Partió de dos supuestos sencillos que quizá no sean realizables en la práctica, pero que, como mínimo, son ciertamente muy probables. En primer lugar, dio por hecho que la vida puede continuar modificando su envoltura corporal de modo que su metabolismo use cada vez menos energía. En segundo lugar, supuso que para una civilización de seres conscientes la existencia eterna equivale a seguir teniendo pensamientos conscientes, de modo que un número infinito de despertares conscientes es equivalente a una vida eterna, si no para un único individuo sí para una civilización. Se puede disentir de cada uno de esos supuestos pero hay que convenir que se trata de una interpretación "minimalista" de la vida consciente. Si la vida no puede alcanzar ni siquiera ese nivel de existencia, entonces seguramente no es posible nada más.

En este sentido, la física de la infinitud no es menos engañosa que las matemáticas de la infinitud. Dyson señaló que un futuro consciente infinito es posible incluso si los sistemas vivos permanecen inconscientes durante un tiempo cada vez mayor. Como los osos en invierno, la vida puede hibernar. Incluso si los períodos de hibernación se hacen cada vez más largos, en un universo que dure por siempre hay un tiempo infinito disponible. Puede sonar a argumentación absurdamente barroca, pero Dyson demostró que en un universo con recursos de energía limitados no hay otra posibilidad para la vida, ni siquiera en principio.

Pero Starkman y yo hemos terciado recientemente y sostenemos que hasta esa posibilidad es muy optimista. Afirmamos que incluso en un universo que se expande eternamente la vida no puede persistir por siempre. Basamos nuestra afirmación en el supuesto de que, en último término, a medida que disminuyan las reservas de energía, las leyes de la mecánica cuántica serán las que rijan el futuro de la vida. Una de las razones por las que el mundo cuántico parece tan raro es que en cada inspiración que damos tratamos con números inmensos de partículas. Hemos visto cómo este hecho puede llevar a extraordinarias conexiones entre todos los seres vivos. Sin embargo, enmascara el dato de que ahora comprendemos que, a nivel microscópico, la energía se transfiere entre objetos en cantidades discretas, llamadas *quanta* por el físico alemán Max Planck. Una vez que se empieza a investigar el universo a un nivel en el que se hacen significativos los cuantos individuales, se evidencia la rareza de semejante universo.

Si se tiene en cuenta que la naturaleza es discreta a una escala fundamental, entonces la matemática de la vida difiere de lo que sería si pudiéramos seguir tratando la energía como una cantidad de variable continua. Hemos sostenido que, una vez que la energía requerida para impulsar un sistema vivo se hace lo suficientemente pequeña, resultará importante el hecho de que la transferencia de energía se realice de forma discreta y, en tal caso, la vida, o por lo menos la vida que sigue pensando nuevos pensamientos, no puede durar por siempre.

Dyson ha comparado la diferencia entre nuestra forma de "vida cuántica" y su versión continua de "vida clásica" con la diferencia que puede haber si la vida es en último extremo "digital" o "analógica". En el primer caso, al igual que en un ordenador programable, las acciones inteligentes pueden convertirse en discretas mediante su conversión a series de *bits*, unos y ceros. Se pueden usar estos unos y ceros para jugar al ajedrez o, incluso, para codificar e interpretar música compleja. Los sistemas analógicos, por su parte, no se apoyan en este tipo de cortes discretos. Por ejemplo, los tocadiscos viejos reproducen la música al variar continuamente la presión que se ejerce sobre una aguja mecánica que, a su vez, convierte esos impulsos mecánicos en una señal eléctrica que varía de forma continua.

Dyson ha aceptado nuestras conclusiones sobre los límites finales de la vida cuántica, pero ha mantenido la posibilidad de que la vida consiga finalmente evitar esta catástrofe cuántica si juega bien sus cartas. Podría afirmarse así que el futuro no es de los CD sino de los LP de vinilo. A modo de ejemplo ha resucitado un famoso fragmento de ciencia ficción del escritor y astrofísico Fred Hoyle, un cuento clásico sobre una "nube negra" en el que una nube difusa de partículas vaga por el universo siendo durante todo ese tiempo una forma de vida consciente. Sus pensamientos y actos estaban codificados en el movimiento de las partículas que componían la nube.

Dyson ha sostenido que semejante nube negra es un ejemplo de forma de vida clásica definitiva que, conforme se va expandiendo lentamente, puede tener un metabolismo que utiliza cada vez menos energía sin acercarse al límite cuántico y que, en principio, puede aletargarse durante períodos muy largos.

Este asunto no está zanjado todavía. Dyson, Starkman y yo continuamos nuestra amistosa discusión sobre un asunto que de momento sólo es, quizá, de interés académico. Puede que los recursos energéticos de nuestra galaxia sean finitos, pero son inmensos. Incluso a nuestra tasa de consumo energético, la vida podría seguir viviendo durante un período insondablemente largo, literalmente miles y miles y miles y miles de millones de veces más que la actual edad del universo. Pero yo encuentro fascinante imaginar que los argumentos basados en leyes físicas sencillas nos pueden permitir a nosotros, seres rudimentarios existentes en el apogeo energético más antiguo de nuestro universo, atisbar en nuestro espejo y adivinar el remoto futuro de nuestra civilización.

El análisis que he esbozado ha tratado del mejor entre todos los mundos posibles, aquél en que la vida es lo bastante inteligente y tiene recursos como para eludir todos los escollos. Sin embargo, puede que el mundo real esté mucho más cerca del peor de los mundos posibles. De hecho, si hay una constante cosmológica que en rige la futura evolución del universo, la vida está realmente condenada. Se puede demostrar que ese universo será conducido rápidamente hacia la muerte térmica, al menos a la escala temporal de las argumentaciones que he utilizado. El universo alcanzará una temperatura constante y ya no será posible desarrollar ningún trabajo eficaz. Por supuesto que en tal universo, si persiste indefinidamente, siempre se desarrollarán fluctuaciones en ciertos puntos. Estas fluctuaciones localizadas pueden ser suficientes como para que la vida vuelva a surgir de un modo u otro. Pero siempre estará condenada a extinguirse. En un universo semejante, la vida siempre puede existir en alguna parte pero su aparición es fugaz.

Por supuesto, siempre es posible que en ese universo haya nuevos fenómenos que nos permitan escapar de lo que ahora nos parece el futuro inevitable. Puede que la física exótica de la gravedad cuántica nos permita crear universos nuevos donde podamos insertar parte de los restos de nuestra conciencia antes de que desaparezcan en un agujero negro. Pero estas especulaciones son sólo eso. Por ahora, siguen siendo sólo pasto de las películas de ciencia ficción.

Hasta aquí la vida. ¿Y nuestro átomo, el auténtico héroe de nuestra historia? Comencé esta narración con la idea de que nuestros átomos, no nosotros, podrían tener realmente un atisbo de la eternidad. Desde luego, la historia de nuestro átomo de oxígeno hace que toda la historia humana parezca insignificante.

Pero así como la vida puede extinguirse antes que el Sol, los días de nuestro átomo pueden también estar contados. Ya he señalado que puede salir indemne de nuestra galaxia y nuestro cúmulo de galaxias, en lo que parece un viaje eterno por la oscuridad. Pero en el interior de los protones y neutrones que componen el corazón de nuestro átomo puede haber un reloj que lleva haciendo tic-tac más de 10.000 millones de años, esperando una señal incorporada en el inicio mismo del tiempo. Y al sonar esa señal, de la misma manera que nuestro Sol y nuestra galaxia terminarán su existencia, también lo hará nuestro átomo.

Regresamos a donde empezamos, al agua diáfana dentro de un túnel dentro de de una montaña de Japón. La historia que conté en los primeros capítulos de este libro es la historia de un accidente extraordinario a partir del cual un universo sin materia se convirtió de pronto en un universo lleno de materia. Pero si fue así, los mismísimos procesos que crearon la materia que compone el universo de nuestra experiencia harán que nuestro polvo, gradualmente, vuelva a la nada algún día. Ya he apuntado que lo que hace interesante el universo es una desviación del equilibrio. Sin esa desviación, nada digno de mención habría ocurrido. Pero, por lo mismo, es inevitable volver al equilibrio. Como resultado, la vida puede extinguirse. Y también la materia.

Si la materia puede, literalmente, surgir de la nada —en nuestro caso un mar primigenio de materia y antimateria que de otro modo habría estado destinado a aniquilarse en la radiación—, entonces la materia está destinada a regresar también a la nada. Las inexorables leyes de la física nos dicen que la energía almacenada en protones y neutrones es tan provisional como la almacenada en la vida.

El gargantuesco detector Super-Kamiokande, o su futuro descendiente diseñado para ser diez veces mayor y que actualmente se halla en fase de preparación, tiene la llave del misterio del destino final de nuestro átomo. Un día, a lo largo de mi vida o puede que en vida de mi hija, uno de estos detectores nos ofrecerá tal vez una señal no ambigua de un único protón que termina su existencia. Como ya afirmé cuando nos embarcamos en nuestro viaje, en el detector Super-Kamiokande hay 10^{34} protones. Que ninguno de ellos se haya desintegrado durante sus años de funcionamiento nos indica que los protones viven, por término medio, considerablemente más que 10^{33} años, una eternidad según los estándares actuales.

Pero recuerdo también al lector que las pruebas indirectas de la física de partículas elementales parecen indicar que estamos fascinantemente cerca de ver cómo se desintegra un protón. Los cálculos de la vida de los protones, según los modelos fundamentales que están de actualidad, son del orden de 10^{34} a 10^{35} años. Puede que cambien, por supuesto, pero si estos modelos son correctos según los conocemos, un detector diez veces mayor que el Super-Kamiokande debería ser capaz de registrar la desintegración de un único protón a lo largo de un año de funcionamiento.

Sería un día trascendental en la historia de la ciencia. Una observación como ésta no sólo confirmaría nuestras ideas acerca de la unidad última de las fuerzas de la naturaleza sino que nos permitiría poner a prueba nuestra comprensión del origen de la materia en el universo. Una de las maravillas de la ciencia —que me anima a seguir cuando tengo un mal día— es que un experimento con tubos de vidrio en un gran depósito de agua puede detectar una señal que nos haga volver directamente casi hasta el inicio del tiempo.

Pero por maravillosa que sea esa capacidad, la observación proporcionará una prueba definitiva de que los días de nuestro átomo están contados. Tal vez prosiga su viaje cósmico a través del universo durante un tiempo que puede parecer una eternidad. Todos los recuerdos de la estrella que albergó al planeta que contuvo al átomo durante unos breves 10.000 millones de años habrán desaparecido tiempo atrás. Nuestro átomo se encontrará realmente solo en el universo. Nadie estará cerca para contemplar sus últimos momentos. A una escala mil cuatrillones de veces mayor que la vida de la combustión nuclear de la estrella de existencia más prolongada de todo nuestro universo, después de que un montón de civilizaciones hayan aparecido y desaparecido, un día cualquiera un único protón de nuestro átomo de oxígeno hará *plaf*. Luego, quizá un sixtillón de años después, el segundo protón morirá. El proceso continuará hasta que ya no haya átomos en el universo, hasta que nuestro átomo deje de existir. Sus vidas habrán llegado a término.

Es probable que hace 12.000 millones de años un accidente de la naturaleza causara una leve imperfección en el universo, una pequeña desviación del equilibrio. Ello condujo a su vez a la existencia de la materia y finalmente a la de los átomos de nuestro universo. Es probable que esta imperfección se vea reparada 10^{35} años más tarde. Estará en juego el futuro de la materia. Pero puede que, incluso después de la desaparición de protones y neutrones, no todo esté perdido. Si éstos dejan de existir, podrán desintegrarse a su vez en electrones y en sus antipartículas respectivas, los positrones. En esa época, el universo será lo bastante difuso como para que electrones y positrones se encuentren en el desierto de un espacio fundamentalmente vacío. Tal vez los electrones y positrones no se desintegren. ¿Puede tener sentido un universo semejante, que quizás disponga de un sólo electrón en una región del espacio que ahora contiene miles de millones de galaxias? Es difícil imaginarlo. Pero la ciencia nos enseña que el universo no está limitado por nuestra imaginación.

Puede que no haya propósito en nuestra existencia o en la de nuestros átomos. Puede que el universo empeore inimaginablemente o tal vez no. Puede que no haya recompensa en el cielo. Pero el hecho de que tengamos, como seres conscientes, alguna esperanza de desvelar los secretos de un misterioso universo en el tiempo que se nos ha concedido, es un don preciado que no debemos despilfarrar.

Nuestros átomos son inquietos mensajeros del pasado y anuncian el futuro. Nos conectan con todo lo que vemos de un modo concreto. Disfrutemos con ellos de nuestro momento al Sol.

Epílogo

Me atrae el océano. Mientras camino a lo largo de la playa, las olas son calmas y el sol cálido. Sé que hace mucho, en estas mismísimas aguas, la forma surgió de lo informe. He vivido y respirado los dos últimos años a través de mi amigo atómico, y así como sabía, o creía saber, de qué iba esta historia, en realidad no estaba preparado para todos los lugares a donde iba a llevarme.

Me sigue pareciendo casi surreal imaginar lo mucho que ha tenido que suceder para que sea posible el simple acto de que yo esté de pie aquí. ¿Pueden todos los átomos del aire que respiro haber pasado verdaderamente por el infierno y haber regresado de él, afrontado el tremendo frío del espacio y el calor brutal de las estrellas, haberse estrellado contra la Tierra y sumergido bajo los continentes y el lecho oceánico para volver a emerger otra vez? ¿Han sido estos átomos parte de incontables vidas y muertes? ¿Viajarán por todo el cosmos, por cuya exploración daría un ojo de la cara?

Regreso una vez más con la imaginación al museo de París para caminar entre mis antiguos amigos, las obras aparentemente eternas de la fantasía de Rodin. Hoy no me conmueve tanto la transformación de la piedra en piel como darme cuenta de que también el agua está allí por todas partes: Adán y Eva en el agua, Paolo y Francesca abrazados eternamente entre las olas.

Entro en las olas que tengo ante mí. Me sumerjo, sin saber por un instante si volveré a salir otra vez a la superficie. Sobreviva o no, sé que es probable que mis átomos regresen a las profundidades del océano. Lo que les ocurra después de que haya dejado de existir queda fuera de mi control y su futuro está inevitablemente escrito, independientemente de mis esperanzas y mis sueños. Sólo soy una morada temporal y mi vida es un momento sin trascendencia en su vasta eternidad.

Pero salgo a flote. No me abruma un sentimiento de futilidad. Emerjo por encima de las olas para hacer una profunda inspiración porque sé que con cada aspiración me adentro cada vez más hondamente en una gran historia de misterio y no puedo acallarla. El universo sigue lleno de misterios así, desde el origen de la vida hasta el futuro definitivo del cosmos. Ellos nos hacen avanzar.

Siempre me ha consolado el mito de Sísifo, que empujaba su enorme piedra hacia la cima de la montaña para sufrir durante toda la eternidad la condena de que volviera a rodar hasta abajo. La odisea de nuestro átomo tal vez nos enseña que las catástrofes justifican la esperanza y que nadie sabe realmente qué nos espera a la vuelta de la esquina. Quizás nos aguarden nuevas experiencias maravillosas que justifiquen más que de sobra el esfuerzo de dar el siguiente paso. Como Camus, siempre he creído que Sísifo sonreía.

Fuentes y agradecimientos

Una de las alegrías de escribir, y también uno de los retos, es la experiencia de averiguar lo que uno no sabía de antemano sobre diversos temas. Sin embargo, con la excepción de *La física de Star Trek*, que me exigió una investigación que supuso numerosas sesiones de vídeo durante noches, el resto de mis libros ha estado centrado en asuntos sobre los que creía disponer de antemano de cierta experiencia profesional.

Incluso en estos casos descubrí que escribir cada uno de esos libros era una notable experiencia de aprendizaje, lo cual es, sin duda, una de las razones por las que me sigue atrayendo escribir. En cualquier caso, cuando decidí afrontar el reto de este libro supe que la experiencia sería cualitativamente distinta de cualquier otra sentida anteriormente. La idea de utilizar las vidas de un átomo para presentar una visión narrativa de la historia del universo, incluida la aventura de nuestro propio drama humano, se hizo tanto más seductora cuanto más la pensaba. También quedó claro que el relato no sólo precisaría de la física y la astrofísica sino cómo mínimo también de la geofísica, la geología, la astronomía, la biología y la paleontología. A decir verdad, este reto fue también inicialmente un atractivo. Me di cuenta de que si en un nuevo libro me centraba sólo en la física, sería demasiado tentador caer en la trampa de repetirme. Por añadidura, quería tener la oportunidad de dirigirme a un público más amplio y sentí que la amplitud del tema elegido estaba a la altura de mis ambiciones.

Sin embargo, a medida que se fue haciendo más clara la escala de la tarea asumida, el reto que tenía por delante también se me hizo mucho más evidente. Sabía cuáles eran las líneas maestras de lo que quería decir, pero para poder contar buena parte de la historia, tenía que asimilar antes yo mismo muchos de los detalles. A lo largo de los dos años pasados me he aprovechado de la sabiduría y el conocimiento profesional de unas cuantas personas, a algunas de las cuales me gustaría agradecérselo aquí explícitamente.

Los campos de la geología y la biología representaban dos de los huecos más evidentes en mi formación, y para comenzar a llenarlos me dirigí a colegas de la universidad con quienes me sentía lo suficientemente cómodo como para hacerles preguntas idiotas. Ralph Harvey y Sam Savin, del Departamento de Geología de la Case Western Reserve University, fueron lo bastante amables como para compartir conmigo largos almuerzos durante los cuales les bombardeé con preguntas sobre la evolución química de la Tierra. Por añadidura, y de pura chiripa, a lo largo de varios años de conferencias en relación con *La física de Star Trek*, me las había apañado para ir conociendo a diversos expertos en campos de importancia clave para este libro. En primer lugar agradezco a Lisa Stubbs, del Lawrence Livermore National Laboratory, por proporcionarme, en las comidas y los descansos de una reunión de varios días organizada por el Departamento de Energía de EE UU, una puesta al día en genética moderna. En Washington tuve la gran suerte de conocer, en otra reunión, a Andy Knoll, del Departamento de Biología Organísmica y Evolutiva de Harvard. Andy no sólo es uno de los grandes expertos en la evolución de la vida en la Tierra, y seguramente en otros lugares, sino un maestro muy amable y paciente. Además de contestar a mis primeras preguntas sobre los orígenes y evolución de la vida, leyó después y criticó un borrador de este manuscrito y me indicó varios errores y confusiones, enormes o no, que se me habían pasado. Me sentí especialmente afortunado al contar con la sabiduría de Andy y sólo espero poder devolverle el favor. Finalmente, en otra conferencia pronunciada por mí (esta vez en relación con mi investigación científica), organizada por la Academia Nacional de Ciencias, tuve la suerte de conocer y escuchar a Daniel Schrag, de Harvard, uno de los autores de la hipótesis Tierra Bola de Nieve. Fue muy amable al proporcionarme algunos de sus artículos sobre el tema, que complementaron muy adecuadamente lo que yo había podido encontrar en los libros de divulgación.

Pedí a varios colegas que echaran un vistazo a diversas versiones del manuscrito. Mi amigo y frecuente colaborador Frank Wilczek, que, además de ser un experto en física ha leído sobre casi cualquier tema científico, hizo varias sugerencias útiles. También agradezco a Freeman Dyson, que me señaló algunas fuentes interesantes. Mi maravillosa y sabia agente, amiga y ex-correctora Susan Rabiner fue un elemento muy valioso en cada fase de elaboración del manuscrito, desde la propuesta inicial del libro a las revisiones finales, y se mostró muy generosa con sus sugerencias y críticas. Por último, me gustaría dar las gracias a los tres correctores de Little, Brown and Co., Rick Kot, Bill Phillips y Deborah Baker, que se han visto implicados en este libro en distintas ocasiones. Cada uno de ellos ha colaborado de modo destacado para ayudar a sacar adelante el proyecto. Loti Rotar, mi ayudante en la editorial, fue de gran ayuda para el intercambio de información entre el personal de Little, Brown and Co. y yo.

Sin embargo, los debates con mis colegas, por bien informados que estén, no pueden proporcionar formación suficiente para una tarea de este tipo. Tuve la suerte de encontrar muchas excelentes monografías acerca de la mayor parte de los temas clave sobre los que sabía que tenía que aprender. Además, como deseaba incluir los resultados más recientes en una amplia diversidad de campos, me fueron muy útiles las noticias y artículos publicados en diversas revistas científicas, como *Nature, Science* y *Scientific American*.

Por último, hay otras dos personas que merecen un agradecimiento especial. Jan Willem Nienhuys recibió mi manuscrito original para ayudarle a preparar la traducción holandesa de este libro. En una serie de correos electrónicos que sumaron más de 100 páginas de comentarios, me inundó de preguntas, repasando todos los cálculos del libro y descubriendo numerosos gazapos y errores, instruyéndome en todo el proceso sobre un montón de materias. Nunca hubiera podido soñar con contratar a un investigador con el amplio bagaje y la atención al detalle que demostró. Por último, quiero dar las gracias a mi esposa, Kate. Es una crítica incisiva, y sus consejos al leer mis primeros intentos influyeron de manera importante en mi escritura, como influyen también su buen sentido y su espíritu animoso en todas las facetas de mi vida.

Como es natural, acepto la responsabilidad de los errores que puedan quedar. Espero que mis muchos tutores perdonen cualquier interpretación imperfecta del conocimiento que me impartieron.

Como no es éste, estrictamente hablando, un texto académico, no me ha parecido apropiado dar continuas referencias explícitas. Pero sí quiero ofrecer una lista de aquellos libros que he encontrado especialmente útiles, concentrándome sobre todo, aunque no exclusivamente, en aquellas áreas ajenas a mis propios campos de investigación en física y cosmología, a los cuales puede dirigirse el lector interesado para saber más:

Adams, F. y G. Laughlin, *The Five Ages of the Universe*, The Free Press, Nueva York, 1999. Este reciente libro de divulgación presenta una revisión reflexiva y fiable de la evolución de las estrellas a largo plazo.

Beatty, J.K., C. C. Petersen y A. Chaikin, eds., *The New Solar System*, Cambridge University Press, Cambridge, 1999. Esta recopilación de artículos sobre todas las facetas de la astronomía y la geología de nuestro sistema solar contiene información puesta al día sobre casi cualquier cuestión que uno pueda plantear en la ciencia de los planetas.

Brack, André, *The Molecular Origins of Life: Assembling the Pieces of the Puzzle*, Cambridge Universirty Press, Cambridge, 1998. Estas actas de unas jornadas proporcionan una introducción útil y puesta al día sobre diversas áreas, por ejemplo análisis interesantes sobre los cometas y el origen de la vida.

Celebrating the Neutrino. Los Alamos Science, nº 25, 1997. Un buen repaso, en una sola revista, a los muchos aspectos de la física de los neutrinos. He encontrado particularmente útiles sus análisis sobre la física de las supernovas.

Clayton, Donald D., *Principles of Stellar Evolution and Nucleosynthesis*, University of Chicago Press, Chicago, 1983. He vuelto muchas veces a este clásico libro de texto universitario (publicado originalmente en 1968) como referencia sobre la estructura y la evolución de las estrellas.

Eddington, Arthur Stanley, *The Internal Constitution of the Stars*, Cambridge University Press, Cambridge, 1926. El texto clásico que sentó las bases de la moderna astrofísica de las estrellas ofreció asimismo un modelo de escritura académica que muy pocos pueden igualar.

Fortey, Richard, *Life: A Natural History of the First Four Billion Years of Life on Earth*, Knopf, Nueva York, 1998. Una lectura maravillosa y una introducción increíblemente buena a casi cualquier asunto relacionado con la evolución de la Tierra y la vida que alberga. [Hay trad. cast.: *La vida: una biografía no autorizada*, Taurus, Madrid, 1999].

Ingraham, Lloyd L., *The Biochemistry of Dyoxygen*, Cambridge University Press, Cambridge, 1985. Una revisión completa y detallada de la bioquímica básica del oxígeno.

Jakosky, Bruce, *The Search for Life on Other Planets*, Cambridge University Press, Cambridge, 1998. Una revisión puesta al día de los temas importantes relacionados con el origen de la vida, entre ellos los factores asociados con la posible existencia de vida en otros lugares del sistema solar o fuera de él. [Hay trad. cast.: *La búsqueda de vida en otros planetas*, Cambridge University Press, Madrid, 1999].

Levi, Primo, *The Periodic Table*, Schocken, Nueva York, 1984. El último capítulo presenta la vida de un átomo de carbono en el mismo espíritu de mi libro pero con un estilo literario que indudablemente avergüenza al mío. [Hay trad. cast.: *El sistema periódico*, El Aleph, Barcelona, 2004].

Margulis, Lynn, *Early Life*, Jones and Bartlett, Sudbury, 1984. Ofrece una revisión resumida de aspectos clave relacionados con el origen de la vida y presenta muy bien la tesis de Margulis sobre los orígenes de los orgánulos en las células eucariotas.

Mason, Stephen F., *Chemical Evolution, Origin of the Elements, Molecules, and Living Systems*, Clarendon Press, Oxford, 1991. Una obra maestra académica. Rara vez he encontrado en un solo libro una introducción tan legible y sólida sobre campos tan diversos. El autor presenta un panorama coherente de la evolución química en muchos campos, ofreciendo análisis importantes sobre astronomía, geología, geoquímica, cosmoquímica, biología y bioquímica.

Shklovskii, Iosif S., *Stars, Their Birth, Life, and Death*, W. H. Freeman, Nueva York, 1978. Aunque está ya desfasado en distintas áreas, este libro de divulgación sobre diversos aspectos de la formación de las estrellas proporciona una buena introducción a muchas de las ideas centrales en esta materia.

Thomas, P., C. Chyba y C. McKay, eds., *Comets and the Origin and Evolution of Life*, Springer-Verlag, Nueva York, 1997. Parecido en estilo y contenido al libro de Brack, presenta una visión complementaria de varios temas de esta disciplina.

Wallace, R.A., J. L. King y G. P. Sanders, *Biosphere: The Realm of Life*, Scott, Foresman, Nueva York, 1984. Un texto de introducción a la moderna biología evolutiva a nivel de instituto. Proporciona buenos análisis generales sobre la biología energética de la célula y los procesos metabólicos clave de la base de la vida.

Índice